21 世纪高职高专精品课程建设规划教材

机械设计基础

主编 庄 严 郭在云

北京理工大学出版社
BEIJING INSTITUTE OF TECHNOLOGY PRESS

内 容 提 要

本书是根据高职院校人才培养目标、教育部制定的机械设计基础课程教学基本要求和最新国家标准，并总结编者多年的教学经验和教改实践经验编写而成。

本书以应用为目的，以理论适度、概念清楚、突出应用为重点，将机械原理与机械零件的内容有机地结合在一起，并增加了实训教学内容，培养学生的初步机械设计能力。各章内容是按照工作原理、结构特点和强度计算的顺序编写的。全书共分15章，包括机械设计基础概述、平面机构的运动简图及自由度、平面连杆机构、凸轮机构、间歇运动机构、连接、挠性件传动、直齿圆柱齿轮传动、斜齿圆柱齿轮传动、直齿圆锥齿轮传动、蜗杆传动、轮系、轴承、轴及其他常用零部件。

本书可作为高等专科学校、成人高校及职业技术学院机械类、机电类、模具类、近机械类各专业的教学教材使用，也可供有关工程技术人员参考。

版权专有　侵权必究

图书在版编目（CIP）数据

机械设计基础／庄严，郭在云主编. —北京：北京理工大学出版社，2022.1重印

ISBN 978 - 7 - 5640 - 5518 - 9

Ⅰ. ①机… Ⅱ. ①庄…②郭… Ⅲ. ①机械设计 - 高等学校 - 教材 Ⅳ. ①TH122

中国版本图书馆CIP数据核字（2012）第002996号

出版发行／北京理工大学出版社
社　　址／北京市海淀区中关村南大街5号
邮　　编／100081
电　　话／（010）68914775（办公室）　68944990（批销中心）　68911084（读者服务部）
网　　址／http：∥www.bitpress.com.cn
经　　销／全国各地新华书店
印　　刷／北京虎彩文化传播有限公司
开　　本／710毫米×1000毫米　1/16
印　　张／17.5
字　　数／323千字
版　　次／2022年1月第1版第9次印刷　　　　　　　　　　责任校对／陈玉梅
定　　价／49.80元　　　　　　　　　　　　　　　　　　　责任印制／吴皓云

图书出现印装质量问题，本社负责调换

编写委员会

主　　编　庄　严　郭在云

副 主 编　高炳易　李其钒　钱　红

编写人员　庄　严　郭在云　高炳易
　　　　　李其钒　钱　红　孙余一
　　　　　刘　树　张　敏

前　　言

　　本书为全国高职高专教育精品规划教材，是根据高职高专人才培养目标、教育部制定的《高职高专教育机械设计基础课程教学基本要求》，结合编者多年的教学经验和教改实践编写而成，可供机械类、机电类、模具类、近机械类各专业使用，参考学时为60～80学时。

　　根据高职高专人才培养目标，本教材编写坚持"以应用为目的，以必需、够用为度"的编写原则，结合本课程的教学规律及提高教学效率，对教学内容和体系进行了适当的综合，与传统教材内容相比，本书的主要特点如下。

　　1. 本教材有机地融合了相关课程的内容，主要体现在以下几个方面。

　　（1）弱化了机械原理与机械设计教材的界限。

　　（2）对教学内容和体系进行了适当的综合，如将螺纹连接、键连接、销连接等内容并作"连接"一章。

　　（3）将"机械的润滑与密封"等内容融合到相关章节，不单列成章。

　　2. 突出高职高专教育"理论知识够用，注重能力培养"的特点，精简理论推导，加强基础内容，注重设计公式的应用和结构设计方法，加强学生对图表、手册应用能力的培养。

　　3. 为了体现理论与实践的结合，在主要章节的最后，都安排了该章的实训项目。

　　4. 本书删减了目前其他教材中存在的过时的、已经被当今工程技术所摈弃的理论和方法。

　　5. 采用了最新颁布的国家标准和规范。

　　在编写过程中，我们参考了许多文献、资料，在此对这些文献、资料的编著者表示衷心的感谢！

　　由于我们水平有限，书中错误和不妥之处在所难免，敬请使用本书的广大师生和读者批评指正。

编　者

目 录

第一章 机械设计基础概述 ·· 1
第一节 本课程研究的对象和内容 ································ 1
第二节 本课程的学习方法 ·· 4
第三节 机械设计的基本要求和一般过程 ························ 4
第四节 机械零件的失效形式和设计计算准则 ·················· 6
第五节 机械零件的工艺性和标准化、系列化及通用化 ····· 8
思考题与习题 ··· 10

第二章 平面机构的运动简图及自由度 ····················· 11
第一节 平面运动副及其分类 ··· 11
第二节 平面机构运动简图 ··· 14
第三节 平面机构的自由度及其具有确定运动的条件 ······ 17
实训 机构运动简图的测绘 ·· 21
思考题与习题 ··· 22

第三章 平面连杆机构 ··· 25
第一节 平面四杆机构的基本类型 ································· 25
第二节 铰链四杆机构的演化 ··· 29
第三节 平面连杆机构的基本特性 ································· 33
第四节 平面四杆机构设计 ··· 37
思考题与习题 ··· 40

第四章 凸轮机构 ·· 43
第一节 凸轮机构的组成和分类 ····································· 43
第二节 凸轮机构中从动件常用的运动规律 ··················· 46
第三节 图解法设计凸轮轮廓 ··· 49
第四节 凸轮机构基本尺寸的确定 ································· 53
思考题与习题 ··· 56

第五章 间歇运动机构 ··· 57
第一节 棘轮机构 ·· 57

第二节　槽轮机构 ··· 62
第三节　不完全齿轮机构 ··· 64
思考题与习题 ·· 65

第六章　连接 ··· 66
第一节　螺纹连接的基本类型及标准连接件 ································· 66
第二节　螺纹连接的拧紧与防松 ·· 69
第三节　螺栓的强度计算 ··· 71
第四节　螺栓组的连接设计和受力分析 ······································· 74
第五节　键连接 ·· 78
思考题与习题 ·· 85

第七章　挠性件传动 ··· 86
第一节　带传动的工作原理和类型、特点和应用 ·························· 86
第二节　V 带和带轮的结构 ·· 88
第三节　带传动的工作情况分析 ·· 90
第四节　普通 V 带传动的计算 ·· 93
第五节　带传动的张紧装置、安装及维护 ···································· 101
第六节　链传动的特点和类型 ··· 102
第七节　滚子链和链轮的结构 ··· 103
第八节　链传动的设计简介 ·· 107
第九节　链传动的布置、张紧和润滑 ·· 109
实训　带传动特性的测定及分析 ·· 111
思考题与习题 ·· 114

第八章　直齿圆柱齿轮传动 ··· 115
第一节　齿轮传动概述 ··· 115
第二节　齿廓啮合的基本定律 ··· 118
第三节　渐开线齿廓及特性 ·· 119
第四节　渐开线标准直齿圆柱齿轮的主要参数与几何尺寸 ·············· 121
第五节　渐开线标准齿轮的啮合 ·· 125
第六节　渐开线齿廓的加工方法与根切现象 ································ 127
第七节　齿轮传动的失效形式及设计准则 ···································· 131
第八节　齿轮常用材料和齿轮传动精度 ······································· 133
第九节　渐开线标准直齿圆柱齿轮的受力分析及其计算载荷 ··········· 136
第十节　渐开线标准直齿圆柱齿轮的强度计算 ····························· 137

第十一节　齿轮传动的润滑 …………………………………………………… 146
实训　渐开线直齿圆柱齿轮范成实训 …………………………………………… 147
思考题与习题 ……………………………………………………………………… 149

第九章　斜齿圆柱齿轮传动 …………………………………………………… 151
第一节　斜齿圆柱齿轮概述 ……………………………………………………… 151
第二节　斜齿圆柱齿轮的几何尺寸计算和正确啮合条件 ……………………… 153
第三节　斜齿轮的当量齿数及斜齿轮传动的特点 ……………………………… 156
第四节　斜齿圆柱齿轮传动的强度计算 ………………………………………… 157
思考题与习题 ……………………………………………………………………… 162

第十章　直齿圆锥齿轮传动 …………………………………………………… 164
第一节　锥齿轮概述 ……………………………………………………………… 164
第二节　直齿锥齿轮的齿廓曲面、背锥和当量齿数 …………………………… 165
第三节　直齿锥齿轮的几何尺寸计算和正确啮合条件 ………………………… 167
第四节　直齿圆锥齿轮强度计算 ………………………………………………… 168
思考题与习题 ……………………………………………………………………… 170

第十一章　蜗杆传动 …………………………………………………………… 171
第一节　蜗杆传动的组成、特点和类型 ………………………………………… 171
第二节　蜗杆传动的基本参数和几何尺寸计算 ………………………………… 174
第三节　蜗杆传动的失效形式、设计准则、材料和结构 ……………………… 179
第四节　蜗杆传动的强度计算 …………………………………………………… 181
第五节　蜗杆传动的效率、润滑和热平衡计算 ………………………………… 184
实训　闭式蜗杆传动设计 ………………………………………………………… 188
思考题与习题 ……………………………………………………………………… 191

第十二章　轮系 ………………………………………………………………… 193
第一节　轮系的分类 ……………………………………………………………… 193
第二节　定轴轮系及其传动比 …………………………………………………… 194
第三节　行星轮系及其传动比 …………………………………………………… 196
第四节　混合轮系及其传动比 …………………………………………………… 198
第五节　轮系的应用 ……………………………………………………………… 199
思考题与习题 ……………………………………………………………………… 200

第十三章　轴承 …… 203
第一节　摩擦状态及滑动轴承的类型和特点 …… 203
第二节　滑动轴承的结构及材料 …… 206
第三节　滑动轴承的润滑 …… 210
第四节　滚动轴承的构造及基本类型 …… 214
第五节　滚动轴承的代号 …… 217
第六节　滚动轴承的选择计算 …… 221
第七节　滚动轴承的静强度计算 …… 228
第八节　滚动轴承的润滑与密封 …… 229
第九节　滚动轴承的组合设计 …… 231
思考题与习题 …… 235

第十四章　轴 …… 237
第一节　轴的分类 …… 237
第二节　轴的材料及选用 …… 239
第三节　轴的结构设计 …… 240
第四节　轴的强度计算 …… 245
第五节　轴的刚度计算 …… 250
实训　轴系结构的测绘与分析 …… 251
思考题与习题 …… 252

第十五章　其他常用零、部件 …… 253
第一节　联轴器 …… 253
第二节　离合器 …… 259
第三节　弹簧 …… 262
思考题与习题 …… 266

参考文献 …… 267

第一章 机械设计基础概述

本章要点及学习指导：
　　本章介绍了机械设计的主要内容、性质和任务；机器的组成和特征；机械设计的基本要求、常用设计方法和一般设计过程；机械零件的失效形式和计算准则；机械零件的强度；机械零件的工艺性和标准化问题。
　　通过对本章的学习，要求对机械设计基础课程在教学计划中的地位、作用和本课程所要讲述的基本内容有一个初步的认识；掌握本课程的基础知识；了解机械设计的基本方法和一般过程。

　　机械是人类进行生产以减少体力劳动和提高生产率的主要工具，使用机械进行生产的水平是衡量一个国家的技术水平和现代化程度的重要标志。为了更好地运用、研究和设计机械，对于机械工程技术人员，学习和掌握一定的机械设计基础知识是非常重要的。

第一节　本课程研究的对象和内容

一、机器及其组成

　　在日常生活和生产中，人们广泛地使用着名目繁多的机器，如电动缝纫机、洗衣机、汽车和起重机等。尽管这些机器的结构、性能和用途各不相同，但它们都具有一些共同的特征。
　　图1-1所示的牛头刨床是由床身1、传动齿轮2和3、导杆4、滑块5、连杆6、刨头7以及其他辅助部分（图中未标示）所组成的机器。当电动机带动传动齿轮2转动时，它带动传动齿轮3回转，通过滑块5推动导杆4左右摆动，再经过连杆6带动刨头7做往复直线运动，刨刀装在刨头上做直线切削。由此可见，机器具备3个特征：
　　(1) 它们都是人为的各种实物（构件）的组合体。
　　(2) 组成机器的各实物（构件）间具有确定的相对运动。
　　(3) 能够代替或减轻人的劳动，完成有用的机械功或者实现能量转换。
　　一部完整的机器主要由以下几部分组成。

(1)原动部分:是机器的动力来源,常用的原动机有电动机、内燃机等。

(2)执行部分:处于整个机器传动路线的终端,是直接完成工作任务的部分。如汽车轮、缝纫机针、洗衣机内滚筒等。

(3)传动部分:把原动机的运动和动力传递给执行部分。如齿轮机构、连杆机构、带传动机构等。

(4)控制部分:使操作者能随时实现或终止机器各种预定功能的部分。如机械控制系统、电气控制系统、计算机控制系统等。

二、机构

进一步分析,牛头刨床是由两个主要的机构组成:传动齿轮2、3和床身1组成的齿轮机构;滑块、导杆、连杆、刨头和机架组成的连杆机构。由此可见,机构只具有机器的前两个特征,即机构是若干具有确定相对运动的构件的组合。

机构与机器的区别在于机构主要用来传递或变换运动,而机器却能完成有用的机械功或转换机械能。我们把机构和机器统称为机械。

机器中广泛应用的机构称为常用机构,如连杆机构、齿轮机构、凸轮机构、带传动机构和间歇运动机构等。

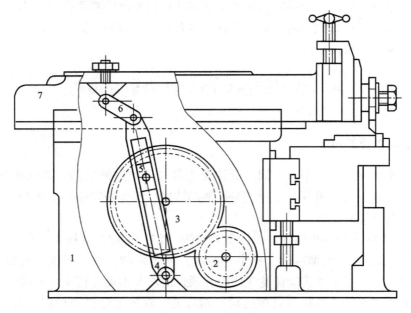

图1-1 牛头刨床
1—床身;2,3—传动齿轮;4—导杆;5—滑块;6—连杆;7—刨头

三、构件、零件

组成机构的构件可以是一个零件(如齿轮机构中的一个齿轮),也可以是由

几个零件构成的刚性组合体。图1-2所示的连杆（构件）是由连杆体、连杆盖、上轴瓦、下轴瓦、螺栓和螺母等零件刚性连接组成的。

显然，构件是独立运动的单元体；零件是加工制造的单元体，是机器的最基本组成要素。各类机器中经常用到的零件称为通用零件，如齿轮、螺栓、螺母、轴、带轮、弹簧等；在专用机器中才能用到的零件称为专用零件。

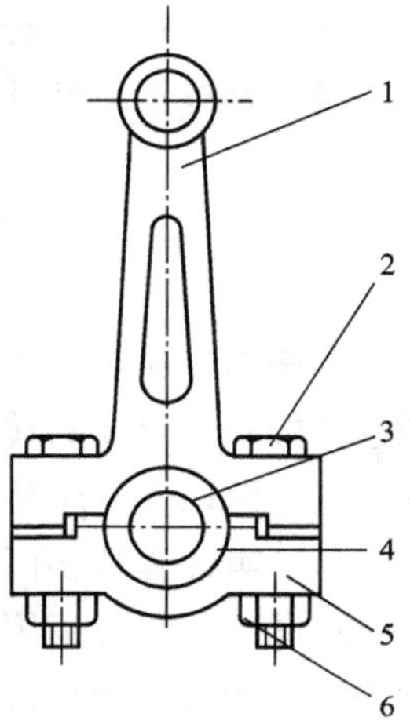

四、本课程研究的对象和内容

1. 课程的地位和作用

机械设计基础课程是机械类、机电类及近机械类专业一门必修的技术基础课，在教学计划中起着承前启后的桥梁作用，是学习专业课程和从事机械产品设计的必备基础。本课程的作用在于培养学生掌握机械设计的基本知识、基本理论和基本方法，使学生具备一般机械设备的维护、改进和设计能力。

图1-2 连杆
1—连杆体；2—螺栓；
3—上轴瓦；4—下轴瓦；
5—连杆盖；6—螺母

2. 课程研究的对象

机械设计研究的对象就是机器和机构。本课程一方面涉及许多生产实际知识；另一方面又综合运用了许多先修课程所提供的基础理论。因此，本课程主要介绍机械设计中的基本共性问题，并重点研究常用机构和一般参数的通用零件的工作原理、结构特点，以及基本的受力分析、计算方法和设计理论。

3. 课程研究的内容

本课程的主要内容可分为两大部分。

一部分是介绍各种常用机构的工作原理、基本类型、性能特点、几何参数和设计方法。常用机构包括平面连杆机构、凸轮机构、齿轮机构、轮系、带传动和间歇机构等。

另一部分是介绍通用零、部件的工作原理、结构特点、材料、失效分析及对策、选用及设计方法等。通用零、部件包括齿轮、带及带轮、连接零件及轴系零件等。

4. 课程的学习任务

本课程的主要任务是通过课堂学习、习题、课程设计和课程实验、实训等教学环节，使学生掌握如下的学习目标：

（1）掌握物体机械运动的一般规律及常用机构的工作原理、运动特性和运动设计的方法；

（2）掌握构件承载能力的计算方法及通用零、部件的原理分析、设计计算方法和选用的基本知识；

（3）树立正确的设计思想，了解机械设计的一般规律；

（4）初步具备一般简单机械的维护、改进和设计能力；

（5）具有运用标准、规范、手册及查阅有关技术资料的能力。

第二节　本课程的学习方法

本课程是从理论性、系统性很强的基础课和专业基础课向实践性较强的专业课过渡的一个重要的转折点。因此，学生学习本课程时必须在学习方法上有所转变，应注意以下几个特点。

（1）本课程将多门先修课程的基本理论应用到实际中去，解决有关实际的问题。本课程要综合运用高等数学、工程力学、金工实习、制图、互换性与技术测量等课程的基本知识去解决常用机构、通用零件的设计等问题。因此先修课程的掌握程度直接影响到本课程的学习。

（2）学生一接触本课程就会产生"没有系统性""逻辑性差"等错觉，这是由于学生习惯了基础课的系统性所造成的。本课程中，虽然不同研究对象所涉及的理论基础不同，且相互之间无多大关系，但最终的研究目的却只有一个，即设计出能应用的机构、零件等。本课程的各部分内容都是按照工作原理、结构、强度计算和使用维护的顺序介绍的，有其自身的系统性，学习时应注意这一特点。

（3）由于实践中的问题很复杂，很难用纯理论的方法来解决。因此，常常采用很多经验公式、参数及简化计算等，这样往往会给学生造成"不讲道理""没有理论"等错觉，这一点必须在学习过程中逐步适应。

（4）计算步骤和计算结果常常不像基础课具有唯一性。

（5）计算对解决设计问题虽然很重要，但并不是唯一所要求的能力。学生必须逐步培养把理论计算与结构设计、工艺等结合起来解决设计问题的能力。

第三节　机械设计的基本要求和一般过程

一、机械设计的基本要求

机械的类型很多，但其设计的基本要求大致相同。主要有以下几点。

1. 满足预定功能的要求

这是指能够按照预期的技术要求顺利地执行机械的全部职能，如机器工作部分的运动形式、速度、运动精度和平稳性、需要传递的功率，以及某些使用上的特殊要求（如耐高温、防潮等）。

2. 满足经济性要求

机械的经济性是指在设计、制造上成本低，使用上效率高，能源和辅助材料消耗少，维护及管理费用低等。

在产品整个设计周期中，必须把产品设计、制造及使用三方面作为一个系统工程来考虑，用价值工程理论指导产品设计，正确使用材料，采用合理的结构尺寸和工艺，以降低产品的成本。

3. 满足工艺要求

设计机器时应尽量减少零件的数量，尽可能地采用标准件，使装配及维修简单等。

4. 满足劳动保护要求

操作方便有利于减轻操作人员的劳动强度，能实现对操作人员的防护，保证人身安全和身体健康。对于技术系统的周围环境和人为导致造成污染和危害，同时要保证机器对环境的适应性。

5. 满足其他特殊要求

必须考虑有些机械由于工作环境和要求不同，而对设计提出某些特殊要求。例如，药品、食品和纺织机械要求防止产品污染，航空航天机械要求减轻质量等。

总之，必须根据所要设计的机械的实际情况，分清应满足的各项设计要求的主次程度，切忌简单照搬或乱提要求。

二、机械设计的一般过程

机械设计方法很多，既有传统的设计方法，也有现代的设计方法。由于各种机械的用途、性能要求不同，设计的具体条件不同，导致设计的步骤和方法也不完全一致，但一般过程和内容是基本一致的。

1. 机械产品设计过程的几个阶段

机械设计的过程通常可分为以下几个阶段。

（1）提出和制定产品设计任务书。设计任务书通常是人们根据市场需求提出，通过可行性分析后确定的，其中包括产品的预期功能、有关指标和限制条件等。

（2）总体方案设计。在满足设计任务书的前提下，由设计人员提出各种设计方案并进行分析比较，从中选择最佳方案。

（3）技术设计。在既定设计方案的基础上，完成机械产品的总体设计、部件设计和零件设计等，设计结果以工程图及计算书等技术文件的形式表达出来。

（4）样机的试制和鉴定。根据技术设计提供的图样和技术文件进行样机试制,并对样机进行试运行,检测样机是否达到设计要求。把发现的问题反馈给设计人员,经过修改完善,最后通过鉴定。

(5) 产品的正式投产。根据鉴定结论,使样机定型。然后,再由生产条件和市场状况确定生产数量。

2. 机构零件设计的一般步骤

当机械的总体方案已经确定,运动学和动力学计算完成后,就要进行主要零、部件的设计。机械零件设计的一般步骤如下。

(1) 根据机器的具体运转情况和简化的计算方案确定零件的载荷。

(2) 根据零件工作情况的分析,判定零件的失效形式,从而确定其计算准则。

(3) 进行主要参数的选择,选定材料,根据计算准则求出零件的主要尺寸,考虑热处理及结构工艺性等。

(4) 进行结构设计。

(5) 绘制零件工作图,制定技术要求,编写计算说明书及有关技术文件。

对于不同的零件和工作条件,以上这些步骤可以有所不同。此外,在设计过程中,这些步骤又是相互交错、反复进行的。

3. 设计过程中的注意事项

产品设计过程是智力活动过程,它体现了设计人员的创新思维活动,设计过程是逐步逼近解决方案并逐步完善的过程。设计过程中还应注意以下几点。

(1) 设计过程要有全局观点,不能只考虑设计对象本身的问题,而要把设计对象看作一个系统,处理"人—机—环境"之间的关系。

(2) 善于运用创造性思维和方法,注意考虑多种方案的解,避免解决问题的局限性。

(3) 设计的各阶段应有明确的目标,注意各阶段的评价和优选,以求出既满足功能要求又有最大实现可能的方案。

(4) 要注意反馈及必要的工作循环。解决问题要由抽象到具体,由局部到全面,由不确定到确定。

第四节 机械零件的失效形式和设计计算准则

机械零件丧失预定功能或预定功能指标降低到许用值以下的现象,称为机械零件的失效。由于强度不够引起的破坏是最常见的零件的失效形式,但并不是零件失效的唯一形式。进行机械零件设计时,必须根据零件的失效形式分析失效的原因,提出防止或减轻失效的措施,根据不同的失效形式提出不同的设计计算准则。

一、失效形式

机械零件最常见的失效形式大致有以下几种。

1. 断裂

机械零件的断裂通常有以下两种情况。

（1）零件在外载荷的作用下，某一危险截面上的应力超过零件的强度极限时将发生断裂（如螺栓的折断）。

（2）零件在循环变应力的作用下，危险截面上的应力超过零件的疲劳强度而发生疲劳断裂。

2. 过量变形

当零件上的应力超过材料的屈服极限时，零件将发生塑性变形。当零件的弹性变形量过大时，也会使机器无法正常工作，如机床主轴的过量弹性变形会降低机床的加工精度。

3. 表面失效

表面失效主要有疲劳点蚀、磨损、压溃和腐蚀等形式。表面失效后通常会增加零件的摩擦，使零件尺寸发生变化，最终造成零件的报废。

4. 破坏正常工作条件引起的失效

有些零件只有在一定的工作条件下才能正常工作，否则就会引起失效，如带传动因过载发生打滑，使传动不能正常地进行。

二、机械零件的设计计算准则

同一零件对不同失效形式的承载能力也各不相同。根据不同的失效原因建立起来的工作能力判定条件，称为设计计算准则，主要包括以下几种。

1. 强度准则

强度是零件应满足的基本要求。强度是指零件在载荷作用下抵抗断裂、塑性变形及表面失效（磨粒磨损、腐蚀除外）的能力。强度可分为整体强度和表面强度（接触与挤压强度）两种。

整体强度的判定准则为：零件在危险截面处的最大应力（σ，τ）不应超过允许的限度（称为许用应力，用 $[\sigma]$ 或 $[\tau]$ 表示），即

$$\sigma \leqslant [\sigma]$$

或

$$\tau \leqslant [\tau]$$

另一种表达形式为：危险截面处的实际安全系数 S 应不小于许用安全系数 $[S]$，即

$$S \geqslant [S]$$

表面接触强度的判定准则为：在反复的接触应力作用下，零件在接触处的接触应力 σ_H 应该不大于许用接触应力值 $[\sigma_H]$，即

$$\sigma_H \leq [\sigma_H]$$

对于受挤压的表面，挤压应力不能过大，否则会发生表面塑性变形、表面压溃等。挤压强度的判定准则为：挤压应力 σ_P 应不大于许用挤压应力 $[\sigma_P]$，即

$$\sigma_P \leq [\sigma_P]$$

2. 刚度准则

刚度是指零件受载后抵抗弹性变形的能力，其设计计算准则为：零件在载荷作用下产生的弹性变形量应不大于机器工作性能允许的极限值。各种变形量计算公式可参考材料力学课程，本书不再赘述。

3. 耐磨性准则

设计时应使零件的磨损量在预定限度内不超过允许量。由于磨损机理比较复杂，通常采用条件性的计算准则，即零件的压强 P 不大于零件的许用压强 $[P]$，即

$$P \leq [P]$$

4. 散热性准则

零件工作时，如果温度过高，将导致润滑剂失去作用，材料的强度极限下降，引起热变形及附加热应力等，从而使零件不能正常工作。散热性准则为：根据热平衡条件，工作温度 t 不应超过许用工作温度 $[t]$，即

$$t \leq [t]$$

5. 可靠性准则

可靠性用可靠度表示，对那些大量生产而又无法逐件试验或检测的产品，更应计算其可靠度。零件的可靠度用零件在规定的使用条件下、在规定的时间内能正常工作的概率来表示，即用在规定的寿命时间内能连续工作的件数占总件数的百分比表示。如有 N_T 个零件，在预期寿命内只有 N_S 个零件能连续可靠工作，则其系统的可靠度为

$$R = N_S/N_T$$

在机械零件设计过程中，要根据上述机械零件设计准则，结合机械产品和机械零件不同的实际工作情况及条件，有针对性地对机械零件进行必要的设计计算。

第五节　机械零件的工艺性和标准化、系列化及通用化

一、工艺性

机械零件的结构，主要由它在机械中的作用，它和其他相关零件的关系及制

造工艺所决定。如果零件的结构在具体生产条件下，能用最少的工时和最低成本制造和装配出来，则这样的零件结构具有良好的工艺性，因此，对零件进行结构设计时，有关工艺性的基本要求如下。

（1）毛坯选择合理。机械制造中毛坯制备的方法有直接利用型材、铸造、锻造、冲压和焊接等。毛坯的选择与具体的生产条件有关，一般取决于生产批量、材料性能和加工可能性等。

（2）结构简单合理和便于机械加工。设计零件的结构形状时，应尽量采用简单的表面（如平面、圆柱面）及其配合，并使加工表面数目最少和加工面积最小。

（3）制造精度及表面粗糙度选择合适。制造精度和表面粗糙度选得越高，加工费用就越高，因此，应在满足使用要求的原则下，恰当地选择制造精度和表面粗糙度。

二、标准化、系列化及通用化

机械零件的标准化是指在不同类型、不同规格的各种机器中，有相当多的零、部件是相同的，如螺纹连接件、滚动轴承等，由于应用范围广泛、用量大，已经高度标准化而成为标准件。设计时只需根据设计手册或产品目录选定型号和尺寸，向专业商店或工厂订购。此外，有很多零件虽然使用范围极为广泛，但在具体设计时随着工作条件的不同，在材料、尺寸、结构等方面的选择也各不相同，这种情况则可对其某些基本参数规定标准的系列化数据，如齿轮的模数等。

机械零件的系列化是指按机械零件（或标准件）的尺寸规格的不同加以系列化，使设计者无需重复设计，可直接从有关手册的标准中选用。

设计中选用标准件时，由于要受到标准的限制而使选用不够灵活，若选用系列化产品，则从一定程度上解决了这一问题。例如，对于同一类型、同一内径的滚动轴承，按照滚动体直径的不同使其形成各种外径、宽度的滚动轴承系列，从而使轴承的选用更为方便、灵活。

机械零件的通用化是指在不同规格的同类产品或不同类产品中采用同一结构和尺寸的零、部件，以减少零、部件的种类，简化生产管理过程，降低成本和缩短生产周期。

标准化、系列化、通用化统称为"三化"。

采用"三化"的重要意义如下。

（1）减轻设计工作量，以便把主要精力用在关键零、部件的设计工作上。

（2）便于安排专门工厂采用先进技术大规模地集中生产标准零、部件，有利于合理使用原材料，保证产品质量和降低制造成本。

（3）选用参数标准化的零件，在机械制造过程中可以减少刀具和量具的规格。

(4) 具有互换性，从而简化机器的安装和维修。

由于标准化、系列化、通用化具有明显的优越性，所以在机械设计中应大力推广"三化"，贯彻采用各种标准。"三化"程度的高低也常是评定产品的指标之一。

我国现行标准分为国家标准（GB）、行业标准和地方标准等，国际上则推行国际标准化组织（ISO）的标准，国家标准将逐步向国际标准接轨。

思考题与习题

1. 什么是机器？什么是机构？机器和机构的主要区别是什么？
2. 什么是构件？什么是零件？试各举两个实例。
3. 什么是通用零件？什么是专用零件？各举两例。
4. 机械设计与机械零件设计的基本要求是什么？
5. 机械设计的一般过程是什么？
6. 什么是机械零件的失效？机械零件可能的失效形式主要有哪些？
7. 常见的机械零件设计计算准则有哪些？
8. 机械零件设计中采用"三化"的重要意义是什么？

第二章 平面机构的运动简图及自由度

本章要点及学习指导：

本章介绍了组成机构最基本的环节——运动副及其类型、工程中常用的机构运动简图的画法、机构自由度的计算方法、机构具有确定运动的条件及其计算机构自由度时应注意的复合铰链、局部自由度和虚约束的使用方法。

通过对本章的学习，要求学习者了解运动副及其分类，熟悉各种平面运动副的一般表达方法；熟练掌握教材中各种平面机构的运动简图；能够正确判断和处理平面机构运动简图中的复合铰链、局部自由度和常见的虚约束，会运用公式进行平面机构自由度的计算，并能判断机构是否具有确定的运动。

为了便于研究机构，在进行分析和设计机构时有必要撇开那些与之无关的构件的外形、结构和尺寸等，仅仅根据那些与运动有关的尺寸，用简单的线条和符号，将机构绘制成运动简图，即把机构简化成便于分析的简单模型。

机构分为空间机构和平面机构。如果组成机构的所有构件在同一平面或相互平行平面内运动，该机构称为平面机构；否则，称为空间机构。平面机构应用最为广泛，因此，本章主要讨论如何绘制平面机构运动简图及平面机构自由度的计算。

第一节 平面运动副及其分类

在机构中，每个构件都以一定的方式与其他构件相互连接。这种连接不同于铆接和焊接之类的连接，它能使相互连接的两构件间存在着一定的相对运动。人们把使两构件直接接触而又能产生一定相对运动的连接称为运动副。根据平面运动副中两构件的接触形式不同，平面运动副可分为低副和高副。

一、低副

低副是指两构件之间以面接触的运动副，按两构件不同的相对运动情况，可分为回转副和移动副，如图2-1所示。

1. 回转副

两构件在接触处只允许做相对转动的运动副称为回转副。如图2-1（a）所

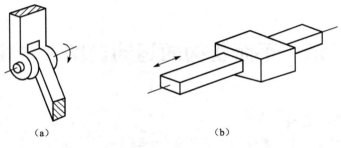

图 2-1 低副
(a) 回转副；(b) 移动副

示，两构件以铰链连接起来构成回转副（轴和轴承的配合也构成回转副）。回转副用如图 2-2 所示的方法表示，回转副在回转中心处用小圆圈表示。图 2-2 (a) 表示两个活动构件形成的回转副。如其中的一个构件是机架，则应在固定件上画上短斜线，如图 2-2 (b) 所示。

图 2-2 回转副的画法
(a) 两活动构件形成的回转副；(b) 活动构件与机架形成的回转副

2. 移动副

两构件在接触处只允许做相对移动的运动副称为移动副。由滑块与导杆组成的移动副如图 2-1 (b) 所示。移动副用如图 2-3 所示的方法表示。同样，其中画斜线的构件表示机架。

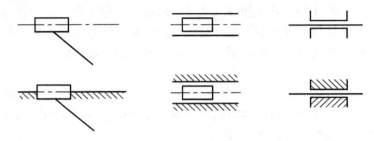

图 2-3 移动副的画法

二、高副

高副指两构件之间以点或线接触的运动副。常见的几种高副接触形式如图 2-4 所示。

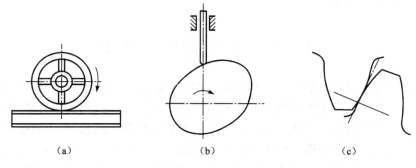

图 2-4 高副
(a) 车轮与轨道接触；(b) 从动件与凸轮接触；(c) 轮齿啮合

图 2-5 (a) 表示一对齿轮的轮齿接触时（高副）端面图画法，即可用一对齿轮的节圆（点画线）表示。有时还在节圆上添加两段齿廓，如图 2-5 (b) 所示。图 2-5 (c) 所示为轴面的画法。

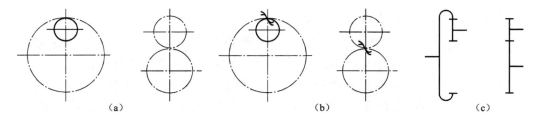

图 2-5 齿轮啮合的画法
(a) 节圆表示；(b) 节圆上添加两段齿廓表示；(c) 轴面画法

图 2-6 所示为凸轮与从动件接触时的画法，通常画出凸轮和从动件的全部轮廓。

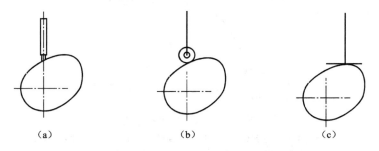

图 2-6 凸轮与从动件接触的画法
(a) 尖顶从动件；(b) 滚子从动件；(c) 平底从动件

低副和高副由于接触部分的几何特点不同,因此在使用上也具有不同的特点。低副的接触面一般是平面或圆柱面,比较容易制造和维修,承受载荷时单位面积压力较小,但低副是滑动摩擦,效率较低。高副由于是点或线的接触,在承受载荷时的单位面积压力较大,构件接触处容易磨损,制造和维修困难,但高副能传递较复杂的运动。

第二节 平面机构运动简图

实际机构一般由外形和结构都较复杂的构件组成,为便于分析和研究机构有必要撇开那些与运动无关的构件外形和运动副具体构造,仅用简单的线条和符号来表示构件和运动副,并按此比例定出各运动副的位置,这种说明机构各构件间相对运动关系的简化图形,称为机构运动简图。机构运动简图保持其实际机构的运动特征,它不仅简明地表达了实际机构的运动情况,而且还可通过该图进行运动分析及动力分析。

一、构件的表示方法

机构运动简图中的构件,可用简单的线条(直线或曲线)表示,将构件上的运动副元素连接起来。

1. 构件上具有两个运动副元素

如果构件上具有两个运动副元素,可用如图2-7所示的形式表示。图2-7(a)所示是具有两个回转副元素的杆状构件,用直线连接两回转副的几何中心来表示,其中构件上两回转副中心连线长度是直接与机构有关的尺寸。图2-7(b)所示是具有一个回转副元素和一个移动副元素的构件,表明回转副几何中心与移动副导路的位置关系。图2-7(c)所示是具有两个移动副元素的构件,表明两移动副导路的位置关系。图2-7(d)所示是具有一个回转副元素和高副元素的构件。

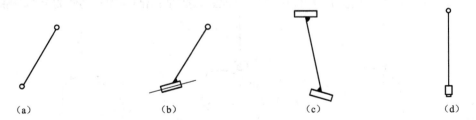

图2-7 构件的表示方法
(a) 有两个回转副元素;(b) 有一个回转副元素和一个移动副元素;
(c) 有两个移动副元素;(d) 有一个回转副元素和高副元素

2. 构件上具有3个或3个以上运动副元素

如果构件上具有3个或3个以上运动副元素，可用如图2-8所示的方法表示，用直线将各运动副连成相应的多边形。其中，图2-8（a）所示为同一构件上有3个回转副元素且位于同一直线上。可用跨越半圆符号来连接两段直线，绝不可用两段简单的连线来表示。因为这将使人误认为两个构件正好位于

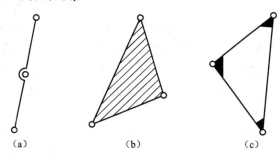

图2-8 构件上有3个运动副表示方法
(a) 3个回转副位于同一直线；
(b) 阴影表示；(c) 焊接符号表示

同一直线上。图2-8（b）、（c）表示构件上具有3个回转副元素且不在同一直线上，则用直线把它们连成多边形，并把多边形画上阴影线，或在相邻两条直线相交处涂以焊接符号。

二、机构中构件的分类

组成机构的构件，根据运动副性质可分为3类。

（1）固定构件（机架）：是用来支承活动构件的构件，如图1-1所示的床身。

（2）原动件（主动件、输入构件）：机构中作用有驱动力或力矩的构件（或运动规律已知的构件），如图1-1所示的传动齿轮。

（3）从动件：机构中除了主动件以外，随着主动件的运动而运动的其余可动件皆称为从动件。其中输出预期运动的从动件称为输出构件，其他从动件则起传递运动的作用。如图1-1所示的导杆是输出构件，连杆、刨头是用于传递运动的从动件。

任何一个机构中，必然有一个构件被相对地看作固定构件。由此可知，机构是由机架、原动件及从动件系统所组成。

三、机构运动简图的绘制

机构运动简图一般可按以下步骤进行试绘。

（1）分析机构运动的传递情况，找出固定件（机架）、原动件和从动件。

（2）从原动件开始，按照运动的传递顺序，分析各构件间的运动副性质，从而确定有多少构件及运动副的类型和数目。

（3）选择视图平面。

（4）选取合适的比例尺 μ_1，确定各运动副之间的相对位置，用简单的线条和规定的运动副符号画出机构运动简图。

$$\mu_l = \frac{\text{构件的实际长度(m)}}{\text{图中线段长度(mm)}}$$

例2-1 试绘制图2-9（a）所示的颚式破碎机主体机构的运动简图。

解：（1）当颚式破碎机的带轮5和偏心轴2一起绕回转中心A转动时，偏心轴2带动动颚3运动。由于在动颚和机架1之间装了肘板4，动颚运动时就不断挫挤岩石。由此分析可知，该机构是由机架1、原动件偏心轴2、动颚3和肘板4等4个构件组成的。

（2）偏心轴2与机架1组成回转副A；偏心轴2与动颚3组成回转副B；肘板4和动颚3组成回转副C；肘板4和机架1组成回转副D。整个机构共有4个回转副。

（3）图2-9（a）所示平面已能清楚表达各构件间的运动关系，所以就选择此平面作为视图平面。

（4）选择适当的比例尺，选定回转副A的位置，然后根据各回转副中心间的尺寸，确定回转副B、C及D的位置，最后用规定的符号绘出机构运动简图，如图2-9（b）所示。

应当说明，机构运动简图2-9（b）中，构件2代表偏心轴，构件2的运动与偏心轴几何中心B绕带轮中心A回转的情况完全相同。

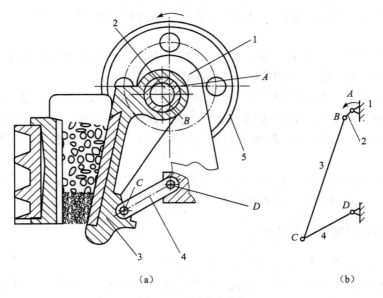

图2-9 颚式破碎机
(a) 颚式破碎机主体机构；(b) 颚式破碎机机构运动简图
1—机架；2—原动件偏心轴；3—动颚；4—肘板；
5—带轮；A，B，C，D—回转副

第三节　平面机构的自由度及其具有确定运动的条件

一、平面运动副对构件的约束

构件的独立运动称为自由度。如图 2-10 所示，一个做平面运动的自由构件具有 3 个独立的运动，即沿 x 轴和 y 轴的移动以及在 xOy 平面内的转动。所以一个做平面运动的自由构件有 3 个自由度。

运动副对构件的运动所加的限制称为约束。每引入一个约束，构件就减少一个自由度。运动副的类型不同，引入的约束数目也不同，图 2-1（a）所示回转副约束了两个移动，只保留一个转动，即约束了两个自由度；图 2-1（b）所示移动副约束了一个移动和一个转动，只保留一个移动，即约束了两个自由度；图 2-4 所示的高副只约束了沿接触处公法线方向的移动，保留了绕接触处的转动和沿接触处公切线方向的移动，即约束了一个自由度。

由上述可知，在平面机构中，低副约束了两个自由度，高副约束了一个自由度。

二、平面机构的自由度计算

机构的自由度是指机构具有确定运动时所必须给予的独立运动的数目。设一个平面机构共有 n 个活动构件（不包括机架）、P_L 个低副、P_H 个高副。则 n 个活动构件共有 $3n$ 个自由度。当用 P_L 个低副与 P_H 个高副连接成机构之后，全部运动副所引入的约束总数为 $(2P_L + P_H)$。因此可动构件的自由度总数减去运动副引入的约束总数，就是该机构中各个构件相对机架独立运动的数目，亦即为该机构的自由度，以 F 表示，则有

$$F = 3n - 2P_L - P_H \tag{2-1}$$

式（2-1）就是计算平面机构自由度的公式。

例 2-2　试计算如图 2-11 所示平面机构的自由度。

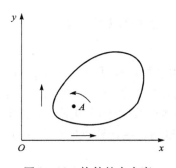

图 2-10　构件的自由度

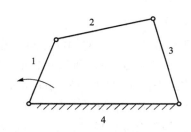

图 2-11　铰链四杆机构

解：该机构活动构件数 $n=3$，低副数 $P_L=4$，高副数 $P_H=0$。根据式 (2-1)，求得该机构的自由度为

$$F = 3n - 2P_L - P_H = 3 \times 3 - 2 \times 4 - 0 = 1$$

三、平面机构具有确定运动的条件

如图 2-12 所示的简图，其自由度 $F = 3n - 2P_L - P_H = 3 \times 2 - 2 \times 3 - 0 = 0$。说明各构件之间没有相对运动，只是构成一个刚性桁架，故不能称为机构。

如图 2-13 所示的简图，其自由度 $F = 3n - 2P_L - P_H = 3 \times 3 - 2 \times 5 - 0 = -1$。说明由于约束过多，已成为超静定桁架，也不能称为机构。

如图 2-14 所示的简图，其自由度 $F = 3n - 2P_L - P_H = 3 \times 4 - 2 \times 5 - 0 = 2$。构件 1 为原动件，当构件 1 处在图示位置时，构件 2、3 和 4 的位置是不确定的，可以处在图中实线位置，也可处在虚线位置或其他位置。

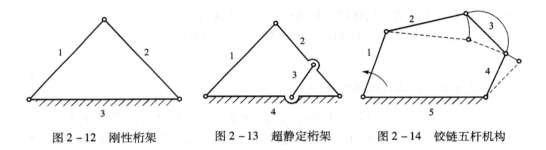

图 2-12 刚性桁架　　图 2-13 超静定桁架　　图 2-14 铰链五杆机构

如图 2-11 所示的简图，如果构件 1、3 都是原动件，原动件数大于自由度数，则最薄弱的构件或运动副可能被破坏。只有当原动件数等于自由度数，各构件之间才能具有确定的相对运动。

综上所述，机构具有确定运动的条件为：自由度大于零且原动件数目等于机构的自由度数。

四、计算平面机构自由度时应注意的事项

在应用式 (2-1) 计算平面机构自由度时，应注意以下几点。

1. 复合铰链

3 个或 3 个以上的构件在同一处以回转副相连接所构成的运动副，称为复合铰链。图 2-15 (a) 所示是 3 个构件在一处构成复合铰链。图 2-15 (b) 所示是其俯视图。由图 2-15 (b) 可知，3 个构件共组成两个回转副。依此类推，k 个构件组合构成的复合铰链共有 $(k-1)$ 个回转副。在计算机构自由度时，应仔细观察是否有复合铰链存在，以免影响计算。

例 2-3 试计算如图 2-16 所示机构的自由度。

解：此机构 B、C、D、E 处都是有 3 个构件组成的复合铰链，因此每处各具有两个回转副。该机构活动构件数 $n=7$，低副数 $P_L=10$，高副数 $P_H=0$。根据式（2-1）求得该机构的自由度为

$$F = 3n - 2P_L - P_H = 3 \times 7 - 2 \times 10 - 0 = 1$$

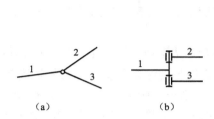

图 2-15 复合铰链
（a）主视图；（b）俯视图

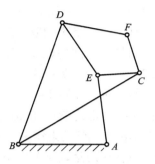

图 2-16 平面连杆机构

2. 局部自由度

机构中一种与整个机构主运动无关的自由度，称为局部自由度，在计算机构自由度时，需要预先排除。在图 2-17（a）所示的凸轮机构中，原动件凸轮 1 旋转，使从动件 2 按预期运动规律上下运动。在整个凸轮机构的运动中，无论滚子 3 转与不转，都不影响从动件 2 的运动（滚子是为了减少高副处的磨损）。因此，滚子的自由度为局部自由度，应予以排除。

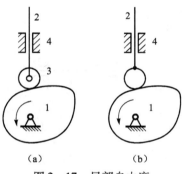

图 2-17 局部自由度
（a）凸轮机构；（b）排除局部自由度

局部自由度最常见的形式是凸轮机构中的滚子，在计算含有滚子的凸轮机构自由度时，可以假想将滚子与从动件焊成一体，如图 2-17（b）所示，然后再计算机构的自由度。

例 2-4 试计算如图 2-17（a）所示凸轮机构的自由度。

解：该机构活动构件数 $n=2$，低副数 $P_L=2$，高副数 $P_H=1$。根据式（2-1）求得该机构的自由度为

$$F = 3n - 2P_L - P_H = 3 \times 2 - 2 \times 2 - 1 = 1$$

3. 虚约束

在机构中与其他约束重复而不起限制运动作用的约束，称为虚约束。在计算机构自由度时应当除去不计。

应当注意，对于虚约束，从机构的运动观点看是多余的，但在工程实际中，

从增加构件的刚度、改善机构受力状况等方面看,却是必需的。虚约束发生的情况较复杂,要注意分析判断,以免计算错误。

平面机构的虚约束常出现在下列场合。

(1) 两构件之间组成多个导路平行的移动副时,只有一个移动副起作用,其余都是虚约束。图 2-18 (a) 所示的凸轮机构中,从动件 2 与机架 4 组成两个移动副,其中一个是虚约束,应按图 2-17 (b) 所示计算自由度。

(2) 两构件之间构成多个轴线重合的回转副时,只有一个回转副起作用,其余都是虚约束,如图 2-18 (b) 所示。

(3) 轨迹重合。图 2-18 (c) 所示的平行四边形机构中,增加了一个构件 5 和两个回转副(虚约束),但构件 5 上 E 点的轨迹与构件 2 上 E 点本来的轨迹是重合的,根本没有起到约束作用,故在计算自由度时应除去构件 5 和回转副 E、F。

(4) 机构中对运动不起独立作用的对称部分。如图 2-18 (d) 所示的行星轮系中,从运动传递来说,只需要一个行星轮 2 即可,另一个行星轮 $2'$ 对传递运动不起独立作用,故行星轮 $2'$ 为虚约束。该机构的自由度为

$$F = 3n - 2P_L - P_H = 3 \times 3 - 2 \times 3 - 2 = 1$$

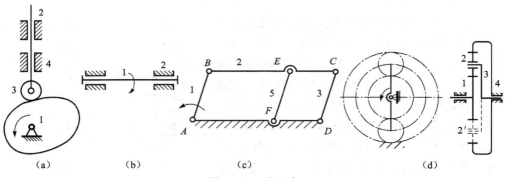

图 2-18 虚约束
(a) 凸轮机构;(b) 轴的回转;(c) 平面连杆机构;(d) 轮系

例 2-5 试计算图 2-19 (a) 所示平面机构的自由度。

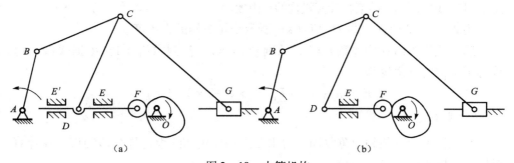

图 2-19 大筛机构
(a) 大筛机构运动简图;(b) 排除局部自由度后的大筛机构运动简图

解：图 2-19（a）中，滚子有一个局部自由度；E 和 E' 处两个导路平行的移动副中之一为虚约束；C 处是复合铰链。如图 2-19（b）所示，该机构活动构件数 $n=7$，低副数 $P_L=9$，高副数 $P_H=1$。根据式（2-1）求得该机构的自由度为

$$F = 3n - 2P_L - P_H = 3\times7 - 2\times9 - 1 = 2$$

实训　机构运动简图的测绘

一、实训目的

（1）掌握平面机构运动简图测绘及其运动尺寸正确标注的基本方法。
（2）掌握平面机构自由度的计算和机构运动是否确定的判别方法。
（3）巩固和扩展对机构的运动及其工作原理的分析能力。

二、实训设备和工具

（1）若干机构实物或机构模型（如简易冲床）。
（2）钢板尺、卷尺，精密测绘时还应配备游标卡尺及内外卡钳。
（3）直尺、铅笔、橡皮（自备）和稿纸（自备）。

三、实训原理

机构的运动取决于机构中的构件数目和运动副的数目、种类及相对位置等，与构件的形状和运动副的具体结构无关。用简单的线条或图形轮廓表示构件，以规定的符号代表运动副，按一定比例尺寸关系确定运动副的相对位置，绘制出能忠实反映机构在某一位置时各构件间相对运动关系的简图，即机构运动简图。

四、实训步骤和方法

（1）缓慢运动被测机构或模型，从原动件开始仔细观察机构中各构件的运动，分出运动单元，确定机构的构件数目，进而确定原动件、执行构件、机架及各从动件。
（2）根据直接接触的两构件的连接方式和相对运动情况，确定各运动副的种类、数目和相对位置。
（3）按类别在某相应的位置上用规定符号画出运动副，并逐个标注运动副代号 A、B、C 等。
（4）将位于同一构件的运动副用简单的线条连接，机架打上斜线表示，高副构件画出构件高副连接处的外廓形状，然后逐个标注上构件的序号 1、2、3 等。
（5）测量出运动副之间的距离和移动副导路的位置尺寸或高度，并将测出的尺寸标注在图上。
（6）选取适当的比例尺、视图平面和原动件位置，将示意图绘制成机构运动

简图。原动件要画上长度比例尺，按下式计算：

$$\mu_1 = \frac{\text{构件的实际长度（m）}}{\text{图中线段长度（mm）}}$$

五、注意事项

（1）测绘出若干个机构的运动简图，计算机构自由度，判断机构运动是否确定。

（2）在机构运动简图中，应正确标注出有关运动构件尺寸的符号，如杆长 l、偏心距 e 等。

（3）注意一个构件在中部与其他构件用转动副连接的表示方法。

（4）机架的相关尺寸不应遗漏。

（5）两个运动副不在同一运动平面时，应注意其相对位置尺寸的测量方法。

六、思考题

（1）一个正确的平面机构运动简图应能说明哪些内容？原动件的位置对机构运动简图有何影响？为什么？

（2）平面机构自由度的计算，对测绘机构的运动简图有何帮助？自由度大于或小于原动件的数目时，会产生什么结果？

（3）计算机构自由度应注意哪些问题？本实训中有无遇到此类问题？若有，你是如何处理的？

平面机构运动简图测绘实训报告

姓名		班级		成绩	
指导教师		组别		实验日期	

测绘分析结果

机构名称	1.			2.		
实测尺寸						
自由度计算	$n=$	$P_L=$	$P_H=$	$n=$	$P_L=$	$P_H=$
	$F=$			$F=$		
机构运动简图						

思考题与习题

1. 什么叫运动副？平面高副、平面低副各有什么特点？

2. 机构具有确定运动的条件是什么？当机构的原动件数少于或多于机构的自由度时，机构的运动将发生什么情况？

3. 在计算机构的自由度时，要注意哪些事项？

4. 如题 4 图所示的压力机，已知 $AB = 80$ mm，$BC = 265$ mm，$CD = CE = 150$ mm，$a = 150$ mm，$b = 300$ mm，试按照适当比例绘制机构运动简图。

5. 如题 5 图所示为一简易冲床，试绘制其机构运动简图。判断该机构是否具有确定相对运动，并提出改进方案。

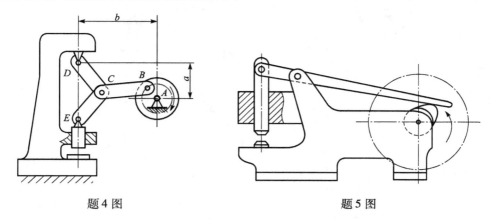

题 4 图　　　　　　　　　　　题 5 图

6. 试计算题 6 图所示机构的自由度，并判断该机构的运动是否确定（图中绘有箭头的构件为原动件）。

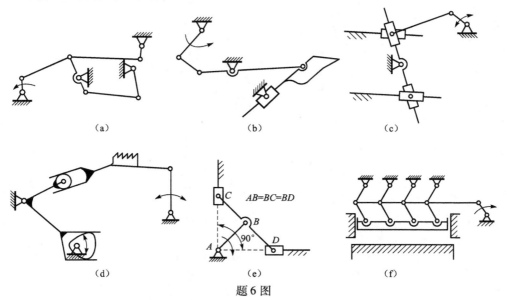

题 6 图

（a）联合收割机清除机构；（b）推土机机构；（c）压缩机的压气机构

（d）缝纫机的缝布机构；（e）椭圆规机构；（f）压床机构

7. 试问题 7 图所示各机构在组成上是否合理？如不合理，请提出修改方案。

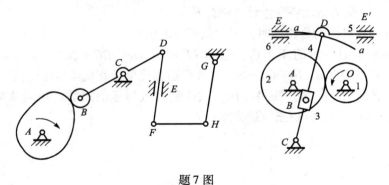

题 7 图

第三章　平面连杆机构

本章要点及学习指导：

本章主要以平面连杆机构中最常见的四杆机构为研究对象，介绍了四杆机构的类型以及铰链四杆机构的演化及应用；重点讨论了平面连杆机构的基本特性以及连杆机构的设计方法。

通过对本章的学习，要求学习者了解平面四杆机构的基本类型及其演化；熟悉组成铰链四杆机构的各构件名称，能根据四杆机构中有曲柄的条件，判断出平面四杆机构的基本形式；掌握平面四杆机构的基本特性，并能确定四杆机构中的压力角、传动角、极位夹角及死点的位置；掌握用图解法按预定的运动规律设计平面四杆机构。

连杆机构由若干个刚性构件用低副连接而组成，若各构件间在平面内做相对运动则称为平面连杆机构，也称平面低副机构。

连杆机构具有以下主要特点。

（1）连杆机构中的运动副都是面接触，传力时压强小，磨损较轻，承载能力较大。

（2）连杆机构中构件的形状简单，易于加工，构件之间的接触由构件本身的几何约束来保持，故工作可靠。

（3）可实现多种运动形式及其转换，满足多种运动规律的要求。

（4）平面连杆机构中的连杆曲线可满足多种运动轨迹的要求。

（5）但由于低副中存在间隙，机构不可避免地存在运动误差，运动精度不高，当主动件匀速运动时，从动件通常为变速运动，存在惯性力，故不适于高速场合。

平面连杆机构常以其组成的构件（杆）数来命名，如由 4 个构件通过低副连接而成的机构称为四杆机构，而五杆或五杆以上的平面连杆机构称为多杆机构。四杆机构是平面连杆机构中最常见的形式，也是多杆机构的基础。本章主要介绍四杆机构。

第一节　平面四杆机构的基本类型

在平面四杆机构中，如果全部运动副都是转动副，则称为铰链四杆机构。如

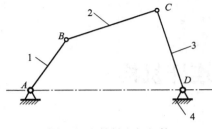

图 3-1 铰链四杆机构

图 3-1 所示，由 3 个活动构件（图中 1、2、3）和一个固定构件 4（即机架）组成。其中，AD 杆是机架，与机架相对的杆（BC 杆）称为连杆，与机架相连的构件（AB 杆和 CD 杆）称为连架杆，能绕机架做 360°回转的连架杆称为曲柄，只能在小于 360°范围内摆动的连架杆称为摇杆。

按连架杆中是否有曲柄存在，可将铰链四杆机构分为曲柄摇杆机构、双曲柄机构和双摇杆机构等 3 种基本形式。

1. 曲柄摇杆机构

两连架杆中一个为曲柄，另一个为摇杆的四杆机构，称为曲柄摇杆机构。曲柄摇杆机构中，当以曲柄为原动件时，可将曲柄的匀速转动变为从动件的摆动。图 3-2 所示为雷达天线机构，当原动件曲柄 1 转动时，通过连杆 2，使与摇杆 3 固接的抛物面天线绕机架 4 做一定角度的摆动，以调整天线的俯仰角度。图 3-3 所示为汽车前窗的刮水器，当主动曲柄 AB 回转时，从动摇杆 CD 做往复摆动，利用摇杆的延长部分实现刮水动作。也有以摇杆为主动件，曲柄为从动件的曲柄摇杆机构。图 3-4 所示为缝纫机的踏板机构，踏板为主动件，当脚蹬踏板时，可将踏板的摆动变为曲柄即缝纫机带轮的匀速转动。

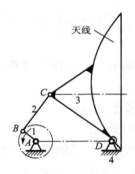
图 3-2 雷达天线机构

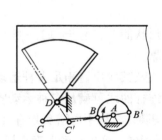
图 3-3 汽车前窗刮水器机构

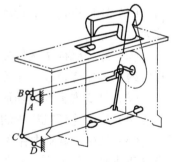
图 3-4 缝纫机踏板机构

2. 双曲柄机构

两连架杆均为曲柄的四杆机构称为双曲柄机构。通常，主动曲柄做匀速转动时，从动曲柄做同向变速转动。图 3-5 所示为插床的主机构，它是以双曲柄机构为基础组成的六杆机构。其中 ABCD 为双曲柄机构，CDE 是一个三副构件。当主动曲柄 AB 转动时，从动曲柄 CDE 通过连杆 4 带动滑块 5 沿导路上下移动，装在滑块上的刀具完成切削动作。

在双曲柄机构中，若相对的两杆长度分别相等，则称为平行双曲柄机构或平行四边形机构，若两曲柄转向相同且角速度相等，则称为正平行四边形机构，见图3-6（a）。两曲柄转向相反且角速度不同，则为反平行四边形机构，见图3-6（b）。

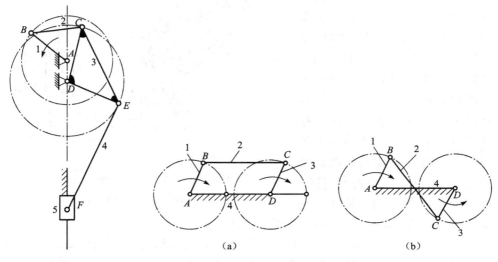

图3-5 插床主机构　　　　　图3-6 平行四边形机构

图3-7（a）所示的机车车轮联动机构和图3-7（b）所示的摄影车座斗机构就是正平行四边形机构的实际应用，由于两曲柄做等速同向转动，从而保证了机构的平稳性。

图3-7（c）所示的车门启闭机构，是反平行四边形机构的一个应用，但AD与BC不平行，因此，两曲柄做不同速反向转动，从而保证两扇门能同时开启或关闭。

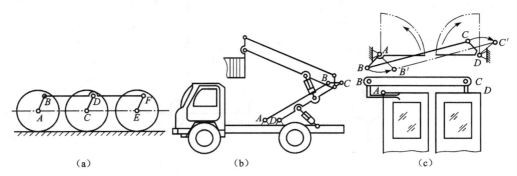

图3-7 平行四边形机构实例
（a）机车车轮联动机构；（b）摄影车座斗机构；（c）车门启闭机构

另外，对平行双曲柄机构，无论以哪个构件为机架都是双曲柄机构。但若取较短构件作机架，则两曲柄的转动方向始终相同。

3. 双摇杆机构

两连架杆均为摇杆的铰链四杆机构称为双摇杆机构。图3-8（a）所示为港口起重机，当CD杆摆动时，连杆CB上悬挂重物的点E在近似水平的直线上移动。图3-8（b）所示的电风扇的摇头机构中，电动机装在摇杆4上，铰链B处装有一个与连杆1固接在一起的蜗轮。电动机转动时，电动机轴上的蜗杆带动蜗轮迫使连杆1绕B点做整周转动，从而使连架杆2和4做往复摆动，达到风扇摇头的目的。

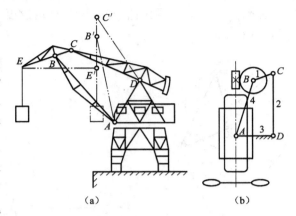

图3-8 双摇杆机构实例（一）
(a) 港口起重机；(b) 电风扇摇头机构

图3-9（a）、（b）所示的飞机起落架及汽车前轮的转向机构等也均为双摇杆机构的实际应用。汽车前轮的转向机构中，两摇杆的长度相等，称为等腰梯形机构，它能使与摇杆固连的两前轮轴转过的角度不同，使车轮转弯时，两前轮的轴线与后轮轴延长线交于点P，汽车四轮同时以点P为瞬时转动中心，各轮相对地面近似做纯滚动，保证了汽车转弯平稳并减少了轮胎磨损。

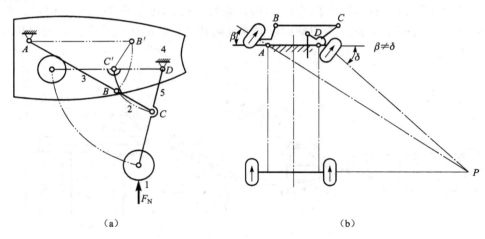

图3-9 双摇杆机构实例（二）
(a) 飞机起落架；(b) 汽车前轮转向机构

第二节 铰链四杆机构的演化

除上述 3 种形式的铰链四杆机构之外,在实际机器中,还广泛地采用其他多种形式的四杆机构。但是这些形式的四杆机构,可认为是通过改变某些构件的形状、改变构件的相对长度、改变某些运动副的尺寸或者选择不同的构件作为机架等方法,由四杆机构的基本形式演化而成的。

一、通过改变构件的形状和相对尺寸而演化成的四杆机构

在图 3-10（a）所示的曲柄摇杆机构中,当曲柄 1 绕轴 A 回转时,铰链 C 将沿圆弧 β 往复运动。现如图 3-10（b）所示,设将摇杆 3 做成滑块形式,并使其沿圆弧导轨做往复运动,显然其运动性质并未发生改变。但此时铰链四杆机构已演化为曲线导轨的曲柄滑块机构。

又如在图 3-10（a）所示铰链四杆机构中,设将摇杆 3 的长度增至无穷大,则铰链 C 运动的轨迹 β 将变为直线,而与之相应,图 3-10（b）中的曲线导轨将变为直线导轨,于是铰链四杆机构将演化成为常见的曲柄滑块机构,如图 3-11 所示。其中图 3-11（a）所示为具有一偏距 e 的偏置曲柄滑块机构；而图 3-11（b）所示为没有偏距的对心曲柄滑块机构。

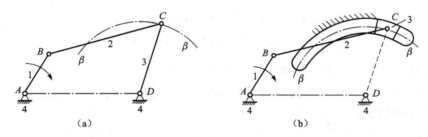

图 3-10 构件的形状变化
（a）曲柄摇杆机构；(b）曲柄滑块机构

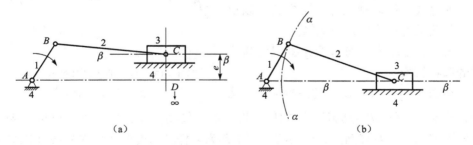

图 3-11 曲柄滑块机构
（a）有偏距的偏置曲柄滑块机构；(b）没有偏距的对心曲柄滑块机构

曲柄滑块机构在冲床、内燃机、空气压缩机等各种机械中得到广泛的应用。通过改变构件的形状和相对尺寸，还可以演化出一些其他形式的四杆机构。

二、通过改变运动副尺寸而演化成的四杆机构

在图 3-12（a）所示的曲柄滑块机构中，当曲柄 AB 的尺寸较小时，由于结构的需要常将曲柄改成如图 3-12（b）所示的一个几何中心不与其回转中心相重合的圆盘，此圆盘称为偏心轮，其回转中心与几何中心间的距离称为偏心距（它等于曲柄长），这种机构则称为偏心轮机构。显然，此偏心轮机构与图 3-12（a）所示的曲柄滑块机构的运动特性完全相同。而此偏心轮机构，则可认为是将图 3-12（a）所示的曲柄滑块机构中的转动副 B 的半径扩大，使之超过曲柄的长度演化而成的。这种机构在各种机床和夹具中广为采用。

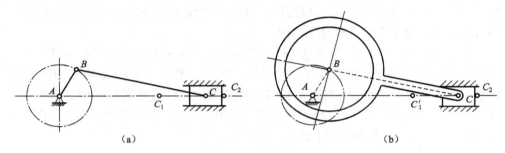

图 3-12 转动副扩大演化为偏心轮过程
(a) 曲柄滑块机构；(b) 偏心轮机构

同样，如图 3-13（a）所示，设将运动副 B 的半径扩大使之超过构件 AB 的长度，将转动副 C 的半径扩大，使之超过构件 AB 和 BC 的长度和，则将演化成为图 3-13（b）所示的双重偏心机构。这种机构在毛纺设备的洗毛机中得到采用。

通过改变运动副尺寸，同样还可以演化出一些其他形式的四杆机构。

三、通过选用不同构件为机架而演化成的四杆机构

在图 3-14（a）所示的曲柄滑块机构

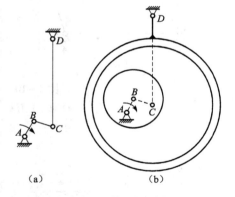

图 3-13 双重偏心轮的演化过程
(a) 演化前；(b) 演化后

中，若改选构件 AB 为机架，则构件 4 将绕轴 A 转动，而构件 3 则将以构件 4 为导轨沿该构件相对移动。这里特将构件 4 称为导杆，而由此演化成的四杆机构称为导杆机构，如图 3-14（b）所示。

在导杆机构中，如果其导杆能做整周转动，则称其为回转导杆机构。

图 3-15 所示为回转导杆机构在一小型刨床中的应用实例。

在导杆机构中,如果导杆仅能在某一角度范围内做往复摆动,则称为摆动导杆机构。

同样,在图 3-14(a)所示的曲柄滑块机构中,若改造构件 BC 为机架,则将演化成为曲柄摇块机构,如图 3-14(c)所示。其中滑块 3 仅能绕点 C 摇摆,图 3-16 所示的液压作动筒,即为此种机构的应用实例,液压作动筒的应用很广泛。图 3-17 所示的自卸卡车的举升机构即为应用的又一实例。

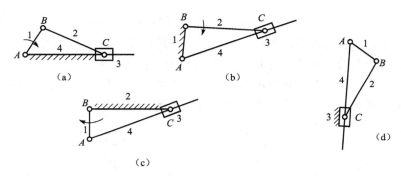

图 3-14 机架变化演化成导杆机构过程
(a)曲柄滑块机构;(b)导杆机构;
(c)曲柄摇块机构;(d)直动滑杆机构

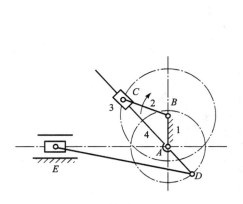

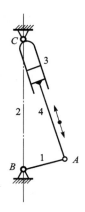

图 3-15 刨床中的导杆机构   图 3-16 液压作动筒机构

又若在图 3-14(a)所示的曲柄滑块机构中改选滑块为机架,则将演化成为直动滑杆机构,如图 3-14(d)所示。图 3-18 所示的手摇唧筒即为其应用实例。

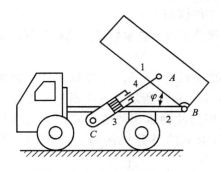
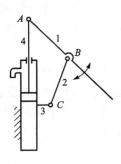

图 3-17 自卸卡车的举升机构　　　　图 3-18 手摇唧筒机构

又如在图 3-19（a）所示的具有两个移动副的平面四杆机构。当选择构件 2 或 4 为机架，就演化成所谓的正弦机构。若改选构件 3 为机架，如图 3-19（b）所示则演化成双滑块机构，而取构件 1 为机架，如图 3-19（c）所示时，便演化成双转块机构。图 3-20 所示的椭圆机构和图 3-21 所示的用在两平行传动轴间距离很小时的十字沟槽联轴器分别为应用实例。

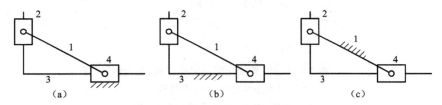

图 3-19 含两个移动副的四杆机构机架变化
(a) 平面四杆机构；(b) 双滑块机构；(c) 双转块机构

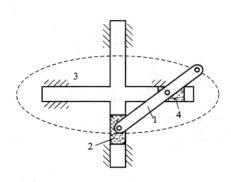

图 3-20 椭圆机构

由上述可见，四杆机构的形式虽然多种多样，但是根据上述演化的概念则为认识和研究这些四杆机构提供了方便。

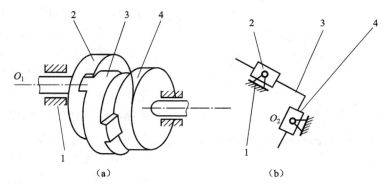

图 3-21 十字沟槽联轴器
（a）外形；（b）运动简图
1—机架；2—左半联轴器；3—十字滑块；4—右半联轴器

第三节 平面连杆机构的基本特性

一、平面四杆机构中曲柄存在的条件

铰链四杆机构 3 种基本类型的区别在于连架杆是否为曲柄及曲柄的数目。由于低副运动的可逆性，根据四杆机构的机架变化，可得到存在曲柄的充要条件是：

（1）最长杆与最短杆的长度之和不大于其余两杆长度之和（即杆长之和条件）。

（2）最短杆或其相邻杆为机架。

根据有曲柄的条件可知：

（1）当不满足杆长之和条件时，即为双摇杆机构。

（2）当满足杆长之和条件，同时满足以下 3 种条件之一：

① 最短杆为机架时，得到双曲柄机构。

② 最短杆的相邻杆为机架时，得到曲柄摇杆机构。

③ 最短杆的相对杆为机架时，得到双摇杆机构。

二、平面四杆机构的急回运动和行程速比系数

以图 3-22 所示的曲柄摇杆机构为例，当曲柄为原动件时，摇杆做往复摆动的左、右两个极限位置，称为极位；曲柄在摇杆处于两极位时的对应位置所夹的锐角称为极位夹角，用 θ 表示；摇杆的两个极位所夹的角度称为最大摆角，用 ψ 表示。

图 3-22 中，当主动曲柄逆时针从 AB_1 转到 AB_2，转过角度 $\varphi_1 = 180° + \theta$，摇杆从 C_1D 转到 C_2D，时间为 t_1，C 点的平均速度为 v_1。曲柄继续逆时针从 AB_2 转

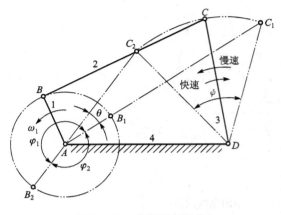

图 3-22 曲柄摇杆机构

到 AB_1,转过角度 $\varphi_2 = 180° - \theta$,摇杆从 C_2D 回到 C_1D,时间为 t_2,C 点的平均速度为 v_2。曲柄是等速转动,其转过的角度与时间成正比,因 $\varphi_1 > \varphi_2$,故 $t_1 > t_2$,由于摇杆往返的弧长相同,而时间不同,$t_1 > t_2$,所以 $v_2 > v_1$,说明当曲柄等速运动时,摇杆来回摆动的速度不同,返回速度较大。摇杆的这种运动称为急回运动。

为了表明急回运动的相对程度,通常用行程速比系数 K 来衡量,即

$$K = \frac{\text{从动件回程平均速度}}{\text{从动件工作平均速度}} = \frac{\overparen{C_1C_2}/t_2}{\overparen{C_2C_1}/t_1} = \frac{t_1}{t_2} = \frac{180° + \theta}{180° - \theta} \quad (3-1)$$

$$\theta = 180° \times \frac{K-1}{K+1} \quad (3-2)$$

上述分析表明,机构的急回程度取决于极位夹角的大小,只要 θ 不为零,即 $K > 1$,则机构就有急回特性;θ 越大,K 值越大,机构的急回特性就越显著。

对于对心曲柄滑块机构,因 $\theta = 0°$,则 $K = 1$,机构无急回特性;而对偏置式曲柄滑块机构(见图 3-23)和摆动导杆机构(见图 3-24),因 $\theta \neq 0°$,则 $K > 1$,机构有急回特性。

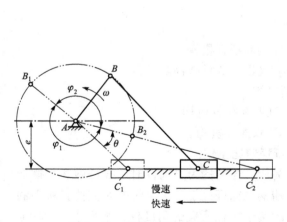

图 3-23 偏置曲柄滑块机构

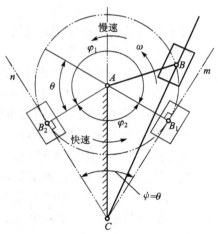

图 3-24 摆动导杆机构

四杆机构的急回特性可以节省非工作循环时间,提高生产效率,如牛头刨床中退刀速度明显高于工作速度,就是利用了摆动导杆机构的急回特性。

三、平面四杆机构的传动角和死点

平面四杆机构在生产中需要同时满足机器传递运动和动力的要求,具有良好的传力性能,可以使机构运转轻快,提高生产效率。要保证所设计的机构具有良好的传力性能,应从以下几个方面加以注意。

1. 压力角和传动角

衡量机构传力性能的特性参数是压力角。在不计摩擦力、惯性力和杆件的重力时,从动件上受力点的速度方向与所受作用力方向之间所夹的锐角,称为机构的压力角,用 α 表示,它的余角 γ 称为传动角,即有 $\gamma = 90° - \alpha$。

图 3-25 所示曲柄摇杆机构中,如不考虑构件的重力和摩擦力,则连杆是二力杆,主动曲柄通过连杆传给从动杆的力 F 沿 BC 方向。受力点 C 的速度方向与 F 所夹的锐角即为机构在此位置的压力角 α,F 可分解为沿 C 点速度方向的有效分力 $F_t = F\cos\alpha = F\sin\gamma$ 和沿杆方向的有害分力 $F_n = F\sin\alpha = F\cos\gamma$。显然,$\alpha$ 越小或者 γ 越大,有效分力越大,对机构传动越有利。α 和 γ 是反映机构传动性能的重要指标。由于 γ 更便于观察和测量,工程上常以传动角来衡量连杆机构的传动性能。

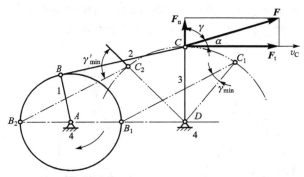

图 3-25 曲柄摇杆机构的传力特性

在机构运动过程中,压力角和传动角的大小是随机构位置而变化的,为保证机构的传力性能良好,设计时须限定最小传动角 γ_{min} 或最大压力角 α_{max}。通常取 $\gamma_{min} \geq 40° \sim 50°$。为此,必须确定 $\gamma = \gamma_{min}$ 时机构的位置,并检验 γ_{min} 的值是否小于上述的最小允许值。

铰链四杆机构在曲柄与机架共线的两位置处将出现最小传动角。

对于曲柄滑块机构,当主动件为曲柄时,最小传动角出现在曲柄与机架垂直的位置,如图 3-26 所示。

图 3-27 所示的导杆机构,由于在任何位置时主动曲柄通过滑块传给从动杆的力的方向,与从动杆受力的速度方向始终一致,所以传动角始终等于 90°。

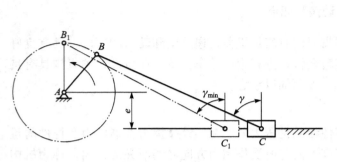
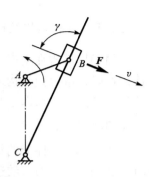

图 3-26　曲柄滑块机构的传力特性　　　图 3-27　导杆机构的传力特性

2. 死点

图 3-28 所示的曲柄摇杆机构中，当摇杆为主动件时，在曲柄与连杆共线的位置出现传动角等于零的情况，这时不论连杆 BC 对曲柄 AB 的作用力有多大，都不能使杆 AB 转动。机构的这种位置（图中虚线所示位置）称为死点。机构在死点位置，将出现从动件转向不定或者卡死的现象，如缝纫机踏板机构采用曲柄摇杆机构，它在死点位置，出现从动件曲柄倒、顺转向不定，见图 3-29（a），或者从动件卡死不动的现象，见图 3-29（b）。曲柄滑块机构中，以滑块为主动件、曲柄为从动件时，死点位置是连杆与曲柄共线位置。

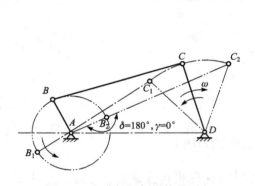
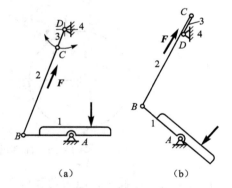

图 3-28　曲柄摇杆机构的死点　　　图 3-29　缝纫机踏板机构的死点
　　　　　　　　　　　　　　　　　（a）从动件曲柄倒、顺转向不定；(b) 从动件卡死不动

摆动导杆机构中，导杆为主动件、曲柄为从动件时，死点位置是导杆与曲柄垂直的位置。

从以上分析可知，死点的出现与原动件的选取有关，上述机构中如采用曲柄为主动件时，则不会出现死点。

对传动而言，机构设计中应设法避免或通过死点位置，工程上常利用惯性法或错开法使机构渡过死点。图 3-4 所示的缝纫机，曲柄与大带轮为同一构件，利用带轮的惯性使机构渡过死点。图 3-30 所示的机车车轮联动机构，当一个机构处于死点位置时，可借助另一个机构来错开死点。死点在机构的运动中是应该加以避免的，但对某些有夹紧或固定要求的机构，则往往在设计中利用死点的特点，来达到夹紧和固定的目的。图 3-31 所示的飞机起落架，当机轮放下时，BC 杆与 CD 杆共线，机构处在死点位置，地面对机轮的力不会使 CD 杆转动，使飞机降落可靠。图 3-32 所示的夹具，工件夹紧后 BCD 成一条线，工作时工件的反力再大，也不能使机构反转，使夹紧牢固可靠。

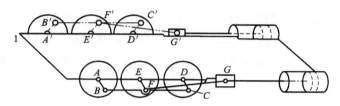

图 3-30　机车车轮联动机构

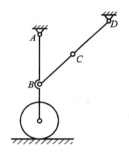

图 3-31　飞机起落架机构

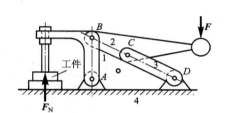

图 3-32　夹具机构

第四节　平面四杆机构设计

平面四杆机构设计的主要任务是：根据机构的工作要求和设计条件选定机构形式及确定各构件的尺寸参数。一般可归纳为两类问题。

（1）实现给定的运动规律。如要求满足给定的行程速比系数以实现预期的急回特性或实现连杆的几个预期的位置要求。

（2）实现给定的运动轨迹。如要求连杆上的某点具有特定的运动轨迹。例如，起重机中吊钩的轨迹为一水平直线，搅面机上 E 点的轨迹为一曲线等。

为了使机构设计得合理、可靠，还应考虑几何条件和传力性能要求等。

设计方法有图解法、解析法和实验法。3 种方法各有特点，图解法和实验法直观、简单，但精度较低，可满足一般设计要求；解析法精确度高，适于用计算机计算。随着计算机的普及，计算机辅助设计四杆机构已成必然趋势。本节主要介绍图解法。

一、用图解法设计四杆机构

1. 按给定连杆位置设计四杆机构

（1）按连杆的 3 个位置设计四杆机构。如图 3-33 所示，已知连杆的长度 BC 以及它运动中的 3 个必经位置 B_1C_1、B_2C_2、B_3C_3，要求设计该铰链四杆机构。

分析：由于连杆上的 B 点和 C 点分别与曲柄上的 B 点和摇杆上的 C 点重合，从铰链四杆机构的运动特点可知，B 点和 C 点的运动轨迹是以曲柄和摇杆的固定铰链中心为圆心的一段圆弧，所以只要找到这两段圆弧的圆心，就确定了 A 点和 D 点的位置。

设计步骤：
1）选取适当的比例尺 μ_1。
2）确定 B 点和 C 点轨迹的圆心 A 和 D（作法略）。
3）连接 AB_1C_1D，则 AB_1C_1D 即为所要设计的四杆机构（见图 3-33）。

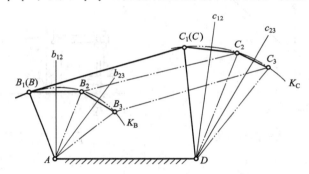

图 3-33　按 3 个位置设计四杆机构

4）量出 AB 和 CD 长度，由比例尺求得曲柄和摇杆的实际长度。
$$l_{AB} = \mu_1 AB; \quad l_{CD} = \mu_1 CD$$

（2）按连杆的两个位置设计四杆机构。由上面的分析可知，若已知连杆的两个位置，同样化为已知圆弧上两点求圆心的问题，而此时的圆心可以为两点中垂线上的任意一点，故有无穷多解。在实际设计中，这一问题是通过给出辅助条件来加以解决的。

2. 按给定的行程速比系数设计四杆机构

设已知行程速比系数 K、摇杆长度 l_{CD}、最大摆角 ψ，试用图解法设计此曲柄摇杆机构。

分析：由曲柄摇杆机构处于极位时的几何特点（见图 3-34），在已知 l_{CD}、

ψ 的情况下,只要能确定固定铰链中心 A 点的位置,则可确定出曲柄和连杆的长度,即设计的实质是确定固定铰链中心 A 点的位置。这样就把设计问题转化为确定 A 点位置的几何问题了。

设计步骤:

1)由式(3-2)计算出极位夹角 θ。

2)任取适当的 C_1D 长度,确定比例 μ_1,求出摇杆的尺寸 CD,根据摆角作出摇杆的两个极限位置 C_1D 和 C_2D,如图 3-34 所示。

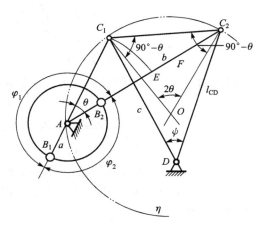

图 3-34 按行程速比系数设计四杆机构

3)连接 C_1C_2 为底边,作 $\angle C_1C_2O = \angle C_2C_1O = 90° - \theta$ 的等腰三角形,以顶点 O 为圆心,C_1O 为半径作辅助圆,由图 3-33 可知,此辅助圆上 C_1C_2 所对的圆心角等于 2θ,故其圆周角为 θ。

4)在辅助圆上任取一点 A,连接 AC_1、AC_2,即能求得满足行程速比系数 K 要求的四杆机构。

$$l_{AB} = \mu_1 (AC_2 - AC_1)/2 \quad l_{BC} = \mu_1 (AC_2 + AC_1)/2$$

应注意:由于 A 点是任意取的,所以有无穷多解,只有加上辅助条件,如机架 AD 长度或位置,或最小传动角等,才能得到唯一确定解。

由上述分析可见,按给定行程速比系数设计四杆机构的关键问题是:已知弦长求作一圆,使该弦所对的圆周角为一给定值。

二、用解析法设计四杆机构

如图 3-35 所示的铰链四杆机构中,已知连架 AB 和 CD 的 3 组对应位置要求,确定各构件的长度 l_1、l_2、l_3、l_4。

如图 3-35 所示,选取直角坐标系 xOy,将各杆分别向 x 轴和 y 轴投影,得

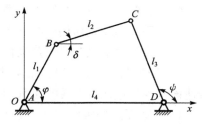

图 3-35 铰链四杆机构

$$\left. \begin{array}{l} l_1\cos\varphi + l_2\cos\delta + l_3\cos\psi = l_4 \\ l_1\sin\varphi + l_2\sin\delta = l_3\sin\psi \end{array} \right\} \quad (3-3)$$

将方程组中的 δ 消去,可得

$$R_1 + R_2\cos\varphi + R_3\cos\psi = \cos(\varphi - \psi) \quad (3-4)$$

式中

$$\left.\begin{aligned} R_1 &= (l_4^2 + l_1^2 + l_3^2 - l_2^2)(2l_1 l_3) \\ R_2 &= -l_4/l_3 \\ R_3 &= l_4/l_1 \end{aligned}\right\} \quad (3-5)$$

将已知的 3 组对应位置 φ_1、ψ_1，φ_2、ψ_2，φ_3、ψ_3，分别代入，可得线性方程组

$$\left.\begin{aligned} R_1 + R_2 \cos \varphi_1 + R_3 \cos \psi_1 &= \cos(\varphi_1 - \psi_1) \\ R_1 + R_2 \cos \varphi_2 + R_3 \cos \psi_2 &= \cos(\varphi_2 - \psi_2) \\ R_1 + R_2 \cos \varphi_3 + R_3 \cos \psi_3 &= \cos(\varphi_3 - \psi_3) \end{aligned}\right\} \quad (3-6)$$

由方程组可解出 R_1、R_2、R_3，然后根据具体情况选定机架长度，则各杆长度由下列各式求出：

$$\left.\begin{aligned} l_1 &= l_4/R_3 \\ l_2 &= \sqrt{l_1^2 + l_3^2 + l_4^2 - 2l_1 l_3 R_1^2} \\ l_3 &= -l_4/R_2 \end{aligned}\right\} \quad (3-7)$$

用解析法设计四杆机构，最重要的是建立正确的数学模型，如式（3-6）所示，然后编制计算程序框图，通过计算机进行运算，可得到较精确的设计结果。要求精度越高，计算工作量就越大，在计算机已经相当普及的今天，解析法设计四杆机构将会越来越普及。

思考题与习题

1. 什么是平面连杆机构？试举出几个常见的平面连杆机构实例。
2. 下列概念是否正确？若不正确，请改正。
（1）极位夹角就是从动件在两个极限位置的夹角。
（2）压力角就是作用于构件上的力和速度的夹角。
（3）传动角就是连杆与从动件的夹角。
3. 四杆机构在什么情况下会出现死点？加大四杆机构原动件的驱动力，能否使该机构越过死点位置？可采用什么方法越过死点位置？
4. 当平面四杆机构在死点位置时，其压力角和传动角是多少？摆动导杆机构中，当曲柄作主动构件时，其导杆上的压力角为多少？

5. 题 5 图示机构，已知各构件尺寸 $l_{AB} = 30$ mm，$l_{BC} = 55$ mm，$l_{AD} = 50$ mm，$l_{CD} = 40$ mm，$l_{DE} = 20$ mm，$l_{EF} = 60$ mm。试用图解法求出：

（1）滑块 F 往返行程的平均速度是否相同？其行程速比系数 K 为多大？

（2）滑块 F 处最小传动角 $\gamma_{\min}$ 之值。

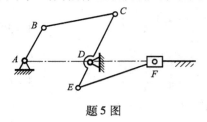

题 5 图

（3）滑块的行程 S 为多少？

6. 如题 6 图所示的机构，若已知 $a = 120$ mm，$d = 240$ mm。试求两种机构的极位夹角 θ 及导杆的最大摆角 ψ。

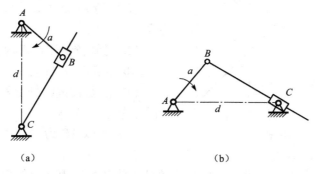

题 6 图

7. 如题 7 图中所示各四杆机构中，若构件 1 为原动件、构件 3 为从动件，试作出该机构的死点位置。

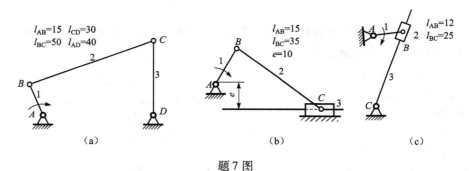

题 7 图

8. 如题 8 图所示的铰链四杆机构 $ABCD$ 中，AB 长为 a，欲使该机构成为曲柄摇杆机构、双摇杆机构，a 的取值范围分别为多少？

9. 如题 9 图所示的偏置曲柄滑块机构，已知行程速比系数 $K = 1.5$，滑块行程 $H = 50$ mm，偏距 $e = 20$ mm，试用图解法求：

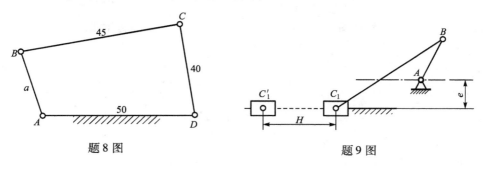

题 8 图   题 9 图

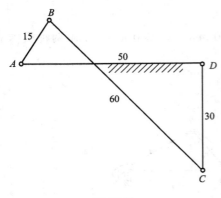

题 10 图

(1) 曲柄长度和连杆长度。

(2) 曲柄为主动件时机构的最大压力角和最大传动角。

(3) 滑块为主动件时机构的死点位置。

10. 已知铰链四杆机构各构件的长度，如题 10 图所示，试问：

(1) 这是铰链四杆机构基本形式中的何种机构？

(2) 若以 AB 为主动件，此机构有无急回特性？为什么？

(3) 当以 AB 为主动件时，此机构的最小传动角出现在机构何位置（在图上标出）？

11. 参照题 11 图所示设计一加热炉门启闭机构。已知炉门上两活动铰链中心距为 500 mm，炉门打开时，门面朝上，固定铰链设在垂直线 yy 上，其余尺寸如图所示。

12. 参照题 12 图所示设计一牛头刨床刨刀驱动机构。已知 $l_{AC} = 300$ mm，行程 $H = 400$ mm，行程速比系数 $K = 2$。

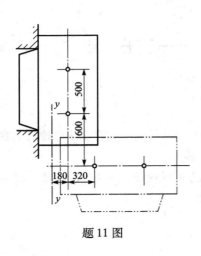

题 11 图

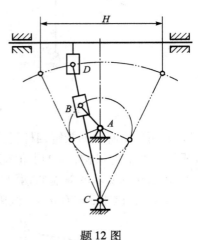

题 12 图

第四章 凸轮机构

本章要点及学习指导:

本章介绍了凸轮机构的基本类型以及凸轮机构中从动件常用的运动规律;重点介绍了用图解法设计盘形凸轮轮廓曲线的基本原理和方法以及凸轮机构基本参数的确定。

通过对本章的学习,学习者应了解凸轮机构的类型;理解从动件常用运动规律的形式、特点、应用;了解凸轮机构的压力角与基圆半径的关系,以及选择滚子半径和确定平底尺寸的原则;掌握运动线图的绘制方法,掌握凸轮轮廓曲线设计的基本原理和直动从动件盘形凸轮机构的凸轮轮廓线设计。

在各种机器中,常常采用凸轮机构实现连杆机构难以准确实现的运动规律。与连杆机构相比,凸轮机构较易实现所规定的运动规律,结构简单,设计方便。因此,凸轮机构在多种机械,尤其是在自动化机械中得到广泛应用。

第一节 凸轮机构的组成和分类

一、凸轮机构的组成

凸轮机构的作用是将凸轮的转动转变为从动件的往复移动或摆动。

如图4-1所示的自动送料机构,当具有凹槽的圆柱凸轮1回转时,其凹槽的侧面迫使推杆2作直线往复运动送料。推杆的速度变化规律取决于凸轮的形状。

图4-2所示为内燃机配气机构。当凸轮1等速转动时,凸轮曲线轮廓通过与气阀2(从动件)的平底接触,迫使气阀2上、下往复移动,从而控制气阀的开启或闭合。气阀开启或闭合时间的长短及运动的速度和加速度的变化规律,则取决于凸轮轮廓曲线的形状。

由以上两个例子可见,凸轮机构是由凸轮、从动件和机架三个基本构件组成。一般以凸轮为主动件,作等速回转运动。

凸轮机构的主要优点是:只要适当地设计凸轮轮廓曲线,即可使从动件实现各种预期的运动规律。其结构简单、紧凑,工作可靠,应用广泛。其主要缺点是：由于凸轮与从动件间为高副接触，易于磨损，因而凸轮机构多用于传递动力不大的自然机械、仪表、控制机构及调节机构中。

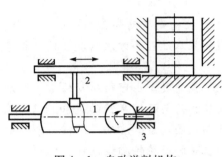

图4-1 自动送料机构
1—凸轮；2—推杆

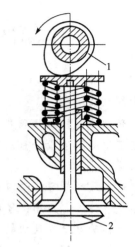

图4-2 内燃机配气机构
1—凸轮；2—气阀

二、凸轮机构的分类

凸轮机构类型繁多，常见的分类方法有以下几种。

1. 按凸轮形状分类

（1）盘形凸轮。一种绕固定轴线转动的盘形构件，具有变化的向径。盘形凸轮是凸轮基本形式，如图4-2所示。

（2）圆柱凸轮。一种在圆柱面上开有曲线凹槽或在圆柱端面上制出曲线轮廓的构件，如图4-1所示。

（3）移动凸轮。可视为回转中心在无穷远处的盘形凸轮，相对机架做往复直线运动，如图4-3所示。

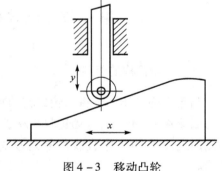

图4-3 移动凸轮

盘形凸轮和移动凸轮与从动件之间的相对运动为平面运动，属于平面凸轮机构；而圆柱凸轮与从动件之间的相对运动不在平行平面内，属于空间凸轮机构。

2. 按从动件形状分类

（1）尖顶从动件。如图4-4（a）所示，尖顶能与任意复杂的凸轮轮廓保持接触，从而保证从动件实现复杂的运动规律。但尖顶与凸轮是点接触，磨损快，故只适宜受力小、低速和运动精确的场合，如仪器仪表中的凸轮控制机构等。

(2) 滚子从动件。如图4-4（b）所示，从动件的尖顶处安装一个滚子，滚子与凸轮之间由滑动摩擦变为滚动摩擦，耐磨损，可以承受较大载荷，在机械中应用最广泛。

(3) 平底从动件。如图4-4（c）所示，从动件与凸轮轮廓表面接触的端面为一平面。其优点是凸轮与从动件之间的作用力始终垂直于平底的平面（不计摩擦时），受力比较平稳，传动效率高，适用于高速传动场合，但它不能应用在有凹槽轮廓的凸轮机构中，因此运动规律受到一定的限制。

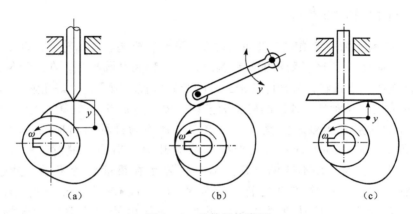

图4-4 凸轮机构类型
(a) 尖顶从动件；(b) 滚子从动件；(c) 平底从动件

以上3种从动件均可做往复直线运动和往复摆动，前者称为直动从动件，后者称为摆动从动件，见图4-4（b）。直动从动件的导路中心线通过凸轮的回转中心时，称为对心从动件，见图4-4（c），否则称为偏置从动件，见图4-4（a）。

3. 按凸轮与从动件的接触方式分类

凸轮机构工作时，必须保证凸轮轮廓与从动件始终保持接触，按凸轮与从动件维持高副接触的方法不同，凸轮机构可分为以下两类。

(1) 力封闭型凸轮机构。利用弹簧力或从动件自身重力使从动件与凸轮轮廓始终保持接触。图4-2所示为利用弹簧力保持从动件与凸轮轮廓接触的实例。

(2) 形封闭型凸轮机构。利用凸轮与从动件的特殊结构形状使从动件与凸轮始终保持接触。如图4-5所示，凸轮轮廓曲线做成凹槽，从动件的滚子置于凹槽中，依靠凹槽两侧的轮廓曲线使

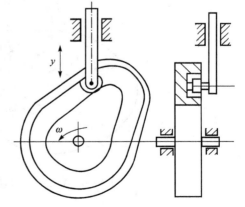

图4-5 形封闭型凸轮机构

从动件与凸轮在运动过程中始终保持接触。

第二节 凸轮机构中从动件常用的运动规律

凸轮机构设计的基本任务是根据工作要求选定合适的凸轮机构类型,确定从动件的运动规律,并按此运动规律设计凸轮轮廓和有关的结构尺寸。因此,确定从动件的运动规律是凸轮设计的前提。

一、凸轮机构的工作过程

图 4-6 所示为一尖顶对心直动从动件盘形凸轮机构。在凸轮上,以凸轮理论轮廓的最小向径 r_b 为半径所作的圆称为基圆,r_b 称为基圆半径。在图示位置,从动件与凸轮在 A 点接触,从动件处于上升的起始位置。当凸轮以等角速度 ω_1 顺时针转动 δ_t 角时,从动件尖顶被凸轮轮廓推动,按一定的运动规律由距回转中心最近的位置 A 点到达最远位置 B 点。这个过程称为推程,对应的凸轮转角 δ_t 称为推程角;从动件上升的最大位移 h 称为升程。当凸轮继续转过 δ_s 角时,由于轮廓 BC 段为向径不变的圆弧,从动件停留在最远位置不动,此过程称为远停程,对应的凸轮转角 δ_s 称为远停程角。当凸轮继续转过 δ_h 角时,向径渐减的轮廓 CD 段使从动件以一定的运动规律由最远位置回到起始位置,此过程称为回程,对应的凸轮转角 δ_h 称为回程角。当凸轮继续转过 δ'_s 角时,由于轮廓 DA 为向径不变的基圆圆弧,从动件又在最近位置停止不动,对应的凸轮转角 δ'_s 称为近停程角。凸轮继续转动,从动件则又开始重复上述升—停—降—停的运动循环。

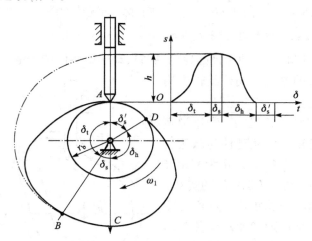

图 4-6 尖顶对心直动从动件盘形凸轮机构

从上述分析可知,从动件的运动规律是与凸轮轮廓曲线的形状相对应的。通常设计凸轮主要是根据从动件的运动规律绘制凸轮轮廓曲线。

二、从动件常用的运动规律

所谓从动件的运动规律,是指从动件的位移 s、速度 v、加速度 a 随凸轮转角 δ(或时间 t)的变化规律。

以从动件的位移 s(速度 v、加速度 a)为纵坐标,以对应的凸轮转角 δ(或时间 t)为横坐标,逐点画出从动件的位移 s(速度 v、加速度 a)与凸轮转角 δ(或时间 t)之间的关系曲线,称为从动件的运动线图。

1. 等速运动规律

从动件在推程或回程的运动速度为常数,称之为等速运动规律。以推程为例,设凸轮以等角速度 ω_1 转动,当凸轮转过推程角 δ_t 时,从动件升程为 h,相对应的推程时间为 t。作出如图4-7所示从动件推程的运动线图。回程时,凸轮转过回程转角 δ_h,从动件的位移由 $s=h$ 逐渐减小到零。亦可得到做等速运动从动件回程段的运动线图。

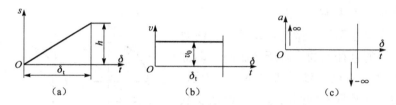

图4-7 等速运动规律曲线
(a)位移线图;(b)速度线图;(c)加速度线图

由速度线图可知,从动件在推程(或回程)开始和终止的瞬时,速度由零突变 v_0,其加速度和惯性力在理论上为无穷大(实际上由于材料的弹性变形,其加速度和惯性力不可能达到无穷大),致使凸轮机构产生强烈的冲击、噪声和磨损,这种冲击称为刚性冲击。因此,等速运动规律只适用于低速、轻载的场合。

2. 等加速等减速运动规律

从动件在推程或回程中,其前半行程做等加速运动,后半行程做等减速运动,这种运动规律称为等加速等减速运动规律。通常其加速度和减速度的绝对值相等,因此,从动件做等加速和等减速运动所经历的时间相等,各占 $t/2$,对应的凸轮转角也各为 $\delta_t/2$,位移 $s=h/2$。如图4-8所示,其位移曲线为一抛物线。

由运动线图可知,这种运动规律的加速度在推程起始位置、前后半程交界处、回程结束位置存在有限的突变,因而在机构中产生的惯性力也是有限的变化,这种由加速度和惯性力的有限变化对机构造成的冲击、振动和噪声较刚性冲击小,称为柔性冲击。因此,等加速等减速运动规律也只适用于中速、轻载的场合。

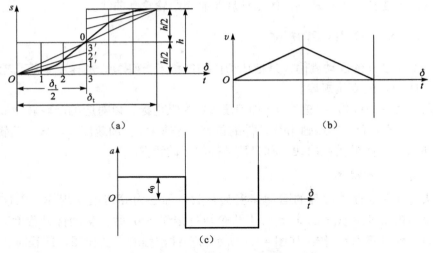

图4-8 等加速等减速运动规律曲线
(a)位移线图;(b)速度线图;(c)加速度线图

3. 简谐运动规律

当一质点在圆周上做匀速运动时,该质点在这个圆的直径上的投影所形成的运动称为简谐运动。其运动线图如图4-9所示。设以从动件的升程 h 为圆的直径,由运动线图可以看出,从动件做简谐运动时,其加速度按余弦曲线变化,故又称余弦加速度运动规律,其位移线图的作法如图4-9所示。

由加速度线图可知,此运动规律在行程的始、末两点,加速度存在有限突变,故也存在柔性冲击,只适用于中速、中载场合。但当从动件做无停歇的升—降—升连续往复运动时,则得到连续的余弦曲线,运动中完全消除了柔性冲击,这种情况下可用于高速传动。

随着生产技术的进步,工程中所采用的从动件运动规律越来越多,如摆线运动规律、复杂多项式运动规律及改进运动规律等。设计凸轮机构时,应根据机器的工作要求,恰当地选择合适的运动规律。

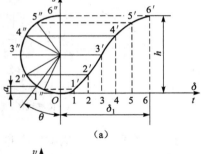

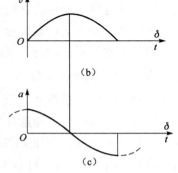

图4-9 简谐运动规律曲线
(a)位移线图;(b)速度线图;
(c)加速度线图

第三节　图解法设计凸轮轮廓

根据机器的工作要求，在确定了凸轮机构的类型和从动件的运动规律后，即可按照给定的从动件的运动规律设计凸轮的轮廓曲线。凸轮轮廓曲线设计的方法有图解法和解析法。图解法简单易行，而且直观，但精确度有限，只适用于一般场合。对高速和高精度的凸轮，则须用解析法设计。本节主要介绍图解法设计的原理和方法。

一、凸轮轮廓设计的基本原理

当凸轮机构工作时，凸轮和从动件都是运动的，而绘制凸轮轮廓曲线时，应使凸轮相对图纸静止。图 4-10（a）所示为一对心尖顶直动从动件盘形凸轮机构，当凸轮以等角速度 ω 绕轴心 O 逆时针旋转时，将推动推杆运动。图 4-10（b）所示为凸轮回转 φ 角时，推杆上升至位移 s 的瞬时位置。假设给整个凸轮机构加一个与凸轮角速度 ω 大小相等、方向相反的公共角速度"$-\omega$"，使其绕凸轮轴心 O 转动。根据相对运动原理可知，这时凸轮与推杆之间的相对运动关系不变，但此时凸轮将静止不动，而推杆连同机架一起以"$-\omega$"的角速度绕 O 点转动，同时推杆又按原定运动规律相对于机架导路做往复移动。由图 4-10（c）可知，推杆在复合运动中，其尖顶始终与凸轮轮廓线接触，故从动件尖顶 A 点的运动轨迹就是该凸轮的轮廓线。

由以上分析可知，设计凸轮轮廓线时，可假定凸轮静止不动，使推杆连同其导路相对于凸轮做反转运动，同时又在其导路内做预期的往复移动，这种设计凸轮轮廓线的方法称为"反转法"。

根据这一原理便可作出凸轮机构的凸轮轮廓曲线。

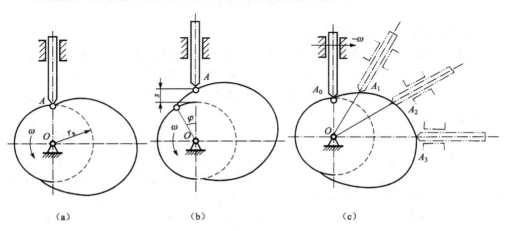

图 4-10　凸轮轮廓设计的基本原理

二、用图解法设计直动从动件凸轮轮廓

1. 尖顶对心直动从动件盘形凸轮

图 4-11（a）所示为一尖顶对心直动从动件盘形凸轮机构。设凸轮的基圆半径为 r_b，凸轮以等角速度 ω_1 顺时针方向转动，从动件运动规律已知。试设计凸轮的轮廓曲线。

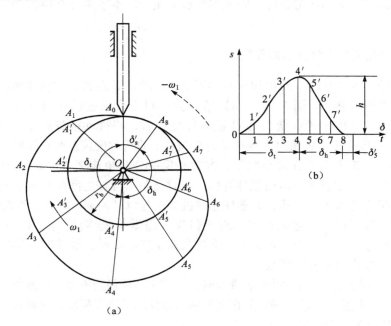

图 4-11 尖顶对心直动从动件盘形凸轮
（a）尖顶对心直动从动件盘形凸轮机构；（b）从动件的位移线图

根据反转法，作图步骤如下。

（1）选取适当的比例尺 μ_l，作出从动件的位移线图，如图 4-11（b）所示。将位移线图的坐标分成若干等分，并过这些等分点分别作垂线 $1-1'$、$2-2'$、$3-3'$、…，这些垂线与位移曲线相交所得的线段 $11'$、$22'$、$33'$、…，即代表相应位置的从动件位移量。

（2）取与位移线图相同的比例尺，以 r_b 为半径作基圆。基圆与导路的交点 A_0，即为从动件尖顶的起始位置。

（3）在基圆上，自 A_0 开始，沿"$-\omega$"方向依次量取角度 δ_t、δ_h、δ_s'（$\delta_s = 0$），并将它们分成与位移线图对应的若干等分，得 A_1'、A_2'、A_3'、…点，连接 OA_1'、OA_2'、OA_3'、…各径向线并延长，便得到反转后从动件导路的各个位置。

（4）量取各个位移量，沿各等分径向线 OA_1'、OA_2'、OA_3'、…由基圆向外量取，使得 $A_1A_1' = 11'$、$A_2A_2' = 22'$、$A_3A_3' = 33'$、…，得反转后推杆尖顶的一系列位

置 A_0、A_1、A_2、A_3、…。将 A_0、A_1、A_2、A_3、…连接成光滑的曲线，即得到所求的凸轮轮廓曲线。

2. 滚子对心直动从动件盘形凸轮机构

图 4-12 所示为滚子对心直动从动件盘形凸轮机构，设计这类凸轮机构的轮廓曲线需分两个步骤进行。

（1）将滚子中心看作尖顶推杆的尖顶，按前述方法设计出轮廓线 η_0，η_0 称为凸轮的理论轮廓曲线。

（2）以凸轮的理论轮廓线 η_0 上的各点为圆心，以滚子半径 r_T 为半径作一系列滚子圆，这些圆的内包络线 η 即为凸轮的实际轮廓曲线（与滚子从动件直接接触的轮廓曲线）。

应当指出，凸轮的实际轮廓曲线与理论轮廓曲线间的法线距离始终等于滚子半径，此外，凸轮的基圆指的是理论轮廓线上的基圆。

3. 偏置直动从动件盘形凸轮机构

图 4-13 所示为偏置尖顶直动从动件盘形凸轮机构，其从动件导路偏离凸轮回转中心的距离 e 称为偏距。以 O 为圆心，以偏距 e 为半径所作的圆称为偏距圆。从动件在反转过程中，其导路中心线必然始终与偏距圆相切。如图 4-13 所示，过基圆上各分点 A_1'、A_2'、A_3'、…作偏距圆的切线，并沿这些切线自基圆向外量取从动件的位移 A_1A_1'、A_2A_2'、A_3A_3'、…。这是与对心从动件凸轮不同的地方，其余作图步骤与对心直动尖顶从动件盘形凸轮轮廓线的作法完全相同。

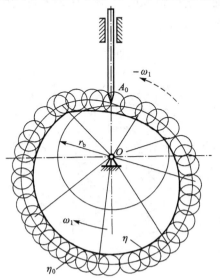

图 4-12 滚子对心直动从动件盘形凸轮

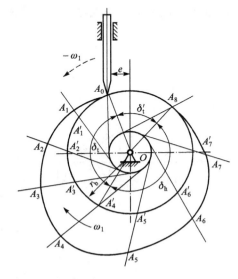

图 4-13 偏置直动从动件盘形凸轮

*三、用图解法设计摆动从动件凸轮轮廓

图 4-14 所示为尖顶摆动从动件盘形凸轮机构。已知:基圆半径为 r_b,凸轮回转中心与摆动从动件轴心的中心距为 l_{OA},摆动从动件的长度为 l_{AB}(或起始角 φ_0),凸轮为顺时针转动,从动件为逆时针摆动(一般取从动件推程摆向与凸轮转向相反),其最大摆角为 φ,当运动规律已定时,凸轮轮廓的画法如下。

(1) 选取适当比例尺画位移线图。由于从动件的位移为角位移,比例尺除 μ_l、μ_δ 外,还应选定角位移比例尺 μ_φ,μ_φ 与 μ_δ 可以不同。位移线图的横轴表示凸轮转角,纵轴表示从动件摆角,画法与前述相同。

(2) 以 O 为圆心,以 $OA = l_{OA}/\mu_l$ 为半径作圆,根据反转法原理,从动件的摆动中心 A 将在此圆周上沿($-\omega$)方向做圆周运动。由 A_0 开始沿凸轮回转的反方向,按位移线图的等分依次取分点 A_1、A_2、…。

(3) 以 A_0 为圆心、$AB = l_{AB}/\mu_l$ 为半径作弧截基圆周于 O' 点,即为轮廓线的起始点。同样以 A_1、A_2、…为圆心,AB 为半径作一系列圆弧交基圆于点 C_1、C_2、…。

(4) 分别从 A_1C_1、A_2C_2、…按从动件摆向量取角位移以 ω_1、ω_2、…(这里 ω_1、ω_2、…是指位移线图上线段长所表示的角度度数),得 A_1B_1、A_2B_2、…。将点 B_1、B_2、…连成光滑曲线即为所求的凸轮轮廓曲线。

需要指出的是,从图 4-14(b)中可以看到,直线 AB 与凸轮轮廓在某些位置有交叉,在运动中必将影响运动规律。发生这种情况时,应在保证 l_{AB} 长度不变的前提下把从动件做成弯杆,以避免干涉。

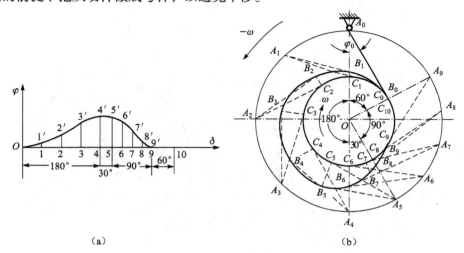

(a) (b)

图 4-14 尖顶摆动从动件盘形凸轮

(a) 给定的从动件位移线图;(b) 图解法设计尖顶摆动从动件盘形凸轮

第四节 凸轮机构基本尺寸的确定

一、滚子半径与运动失真

当采用滚子从动件时,如果滚子的大小选择不适当,从动件将不能实现设计所预期的运动规律,这种现象称为运动失真。

运动失真与理论轮廓的最小曲率半径和滚子半径的相对大小有关。因为对于外凸的凸轮轮廓,其实际廓线的曲率半径 ρ_a,等于理论廓线的曲率半径 ρ 与滚子半径 r_T 之差,即 $\rho_a = \rho - r_T$。若 $\rho > r_T$,则实际廓线为圆滑曲线,如图 4-15(a)所示。若 $\rho = r_T$,则该处实际廓线的曲率半径为零,将出现尖点,如图 4-15(b)所示。若 $\rho < r_T$,则实际廓线必出现交叉,如图 4-15(c)中的阴影部分在制造时不可能制出,致使从动件的运动失真。所以对于外凸的凸轮,应使滚子半径小于理论廓线的最小曲率半径 ρ_{min},一般取 $r_T \leq 0.8\rho_{min}$。

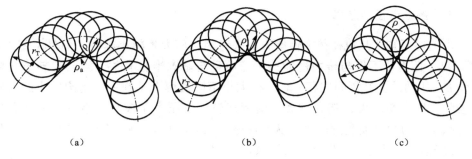

图 4-15 滚子半径的选择
(a) $\rho > r_T$; (b) $\rho = r_T$; (c) $\rho < r_T$

若出现运动失真的情况,可以用减小滚子半径来解决。若由于滚子的结构等原因不能减小其半径时,可适当增大基圆半径 r_b 以增大理论廓线的最小曲率半径。

二、压力角及其许用值

图 4-16 所示凸轮机构在推程的某个位置,当不计摩擦时,凸轮作用于从动件的推力 F 必沿接触点 B 的法线 $n-n$ 方向。作用力 F 与从动件速度 v 所夹的锐角 α 称为凸轮机构在图示位置的压力角。其意义与前述连杆机构的压力角相同。由图可见,压力角 α 越大,推动从动件运动的有效分力 $F_r = F\cos\alpha$ 越小,有害分力 $F_t = F\sin\alpha$ 越大,由此而引起的摩擦阻力也越大。当压力角 α 达到某一数值时,有效分力 F_r 已不能克服由 F_t 所引起的摩擦阻力,于是力 F 无论多大也不能使从动件运动,这种现象就是通常所说的自锁。因此,在凸轮机构设计中常对

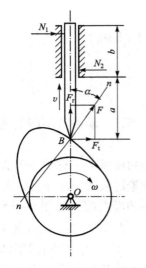

图4-16 凸轮机构的压力角

压力角的最大值加以限制,规定压力角的许用值 $[\alpha]$,称为许用压力角。凸轮机构的实际压力角不应超过此许用值,一般推荐许用压力角 $[\alpha]$ 的数值如下:

移动从动件的推程

$$[\alpha] \leqslant 30° \sim 40°$$

摆动从动件的推程

$$[\alpha] \leqslant 40° \sim 50°$$

在回程时,从动件通常是靠自重或弹簧力的作用而下降,不会出现自锁现象,故压力角可取大些,一般推荐 $[\alpha] \leqslant 70° \sim 80°$。

由于轮廓曲线上各点的曲率不同,所以机构在运动中压力角是变化的,应使凸轮机构的最大压力角 α_{max} 不超过许用值。

三、基圆半径的选择

由上述可知,从机构传力性能方面来考虑,压力角越小越好。但是由图4-17可见,压力角不仅与传力性能有关,而且与基圆半径有关。当凸轮转过相同转角 δ,从动件上升相同位移 s 时,在大小不同的两个基圆上,基圆较小的其廓线较陡,压力角较大,基圆较大的其廓线较缓,压力角较小。显然在相同条件下,减小压力角必使基圆增大,从而使整个机构尺寸增大。因此,在设计中必须适当处理这一矛盾。一般情况下,如果对机构的尺寸没有严格要求时,可将基圆选大一些以减小压力角,使机构有良好的传力性能。如果要求减小机构尺寸,则所选的基圆应保证最大压力角不超过许用值。对于装配在轴上的盘形凸轮,一般基圆半径可初步取为

$$r_b \geqslant (1.6 \sim 2) r_s + r_T$$

式中,r_s 为凸轮轴半径;r_T 为滚子半径。

按初选的基圆半径 r_b 设计凸轮轮廓,然后校核机构推程的最大压力角。在移动从动件盘形凸轮机构的推程中,最大压力角 α_{max} 一般出现在推程的起

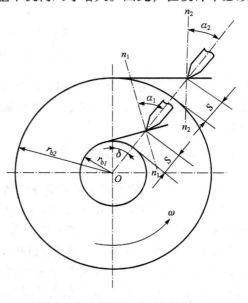

图4-17 基圆与压力角的关系

始位置，或者从动件产生最大速度的附近。校核压力角时，首先在轮廓上根据上述可能出现 α_{max} 的位置确定校核点，然后用图解法求校核点的法线。如图 4-18 所示，设 E 为校核点，该点法线的求法如下：

（1）以 E 为圆心，任选较小的半径 r 作圆交廓线 F、G 两点。

（2）分别以 F 和 G 为圆心，仍以 r 为半径作小圆与中间小圆相交于 H、I 和 J、K。

（3）连 H、I 和 J、K 得两延长线的交点 D，即为廓线上点 E 的曲率中心，过 D 和 E 作直线 $n-n$ 就是廓线上点 E 的法线。再作出该位置从动件的中心线，即可量得最大压力角值，此值应满足 $\alpha_{max} \leq [\alpha]$。如果 α_{max} 超过许用值 $[\alpha]$ 时，可适当加大基圆半径重新设计。

四、偏距的大小及其方位

对于偏置从动件盘形凸轮机构，当凸轮的转向已定时，由图 4-19 可见，若从动件偏置的方位不同，则在轮廓的同一点处其压力角的大小也不同。偏距在与凸轮转向相反的一侧时压力角较小，在与转向相同的一侧时压力角较大。所以为减小机构的压力角，从动件的偏离方向应与凸轮的转向相反，并应适当确定偏距的大小，一般取 $e \leq r_b/4$。

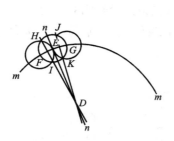

图 4-18 求法线的解法

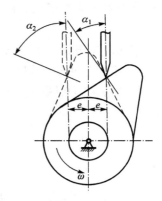

图 4-19 从动件偏置方向比较

五、从动件导路尺寸对传动的影响

如图 4-16 所示，凸轮对从动件的作用力 F 必将引起导路的反力 N_1 和 N_2。由理论力学可知，N_1 和 N_2 的大小与导路长度 b 和从动件悬臂长度 a 的尺寸有关。因此设计时应在结构允许的条件下，适当增大导路的长度 b 和减小悬臂的长度 a，以便在一定程度上改善凸轮机构的工作条件。如果尺寸 a 和 b 确定不当，则可能导致机构发生自锁。

思考题与习题

1. 试比较尖顶、滚子和平底从动件的优、缺点,并说明它们的应用场合。

2. 说明等速、等加速等减速、简谐运动等几种基本运动规律的加速度变化特点和它们的应用场合。

3. 凸轮的基圆指的是哪个圆?

4. 如何用作图法来绘制凸轮的轮廓曲线?怎样从理论廓线来求实际廓线?凸轮的理论廓线与实际廓线有什么关系?

5. 已知从动件的升程 $h=50$ mm,推程转角 $\delta_t=150°$,远停程角 $\delta_s=30°$,回程转角 $\delta_h=120°$,近停程角 $\delta'_s=60°$。试绘制从动件的位移线图,其运动规律如下:

1)以等加速等减速运动规律上升,以等速运动规律下降。

2)以简谐运动规律上升,以等加速等减速运动规律下降。

6. 试用作图法设计一尖顶对心直动从动件盘形凸轮机构。凸轮顺时针匀速转动,基圆半径 $r_b=40$ mm,从动件按题5中第1)种运动规律运动,并校核从动件在升程中速度最大时的压力角。

7. 若将上题改为滚子从动件,设已知滚子半径 $r_T=10$ mm,试设计凸轮的轮廓曲线。

8. 试用作图法设计一尖顶偏置直动从动件盘形凸轮机构,偏距 $e=5$ mm,从动件按题5中第2)种运动规律运动,并校核该凸轮轮廓的压力角。

9. 用作图法求题9图中各凸轮从图示位置转过45°后机构的压力角(在图上直接标注)。

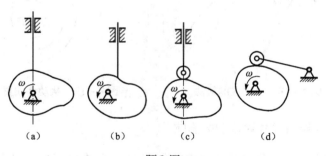

题9图

第五章　间歇运动机构

> **本章要点及学习指导：**
> 　　本章介绍了几种常见的间歇运动机构的组成、工作原理、特点及应用。通过学习，要求学习者了解棘轮机构的组成、工作原理、特点及应用；了解槽轮机构的组成、工作原理、特点及应用；了解不完全齿轮机构和凸轮间歇机构的组成、工作原理、特点及应用等一些基本知识。

　　前面讨论的平面连杆机构、凸轮机构等都是一般机器中最常用的机构。有些机器中，为了某些运动形式的变换，还需应用间歇运动机构。间歇运动机构应用在各类机器中，它的功能是将连续运动转换为间歇运动。常见的间歇运动机构有棘轮机构、槽轮机构、不完全齿轮机构和凸轮间歇机构。

第一节　棘轮机构

一、棘轮机构的组成及工作原理

　　如图 5-1 所示，棘轮机构由棘轮 1、主动棘爪 2、摇杆 4 及机架 6 组成；而曲柄 7、连杆 8、摇杆 4、机架 6 组成曲柄摇杆机构。

　　曲柄摇杆机构将曲柄的连续转动转换成摇杆的往复摆动；如图 5-1 所示，当曲柄 7 顺时针转动时，摇杆 4 先顺时针摆动，与摇杆铰接的主动棘爪 2 啮入棘轮 1 的齿槽中，从而推动棘轮顺时针转动，然后当摇杆摆动到极限位置时，摇杆开始逆时针摆动时，主动棘爪 2 在棘轮的齿背上滑动，此时，棘轮在止退棘爪 5 的止动下停歇不动，扭簧 3 的作用是将棘爪贴紧在棘轮上。这样，曲柄连续转动转换成摇杆的往复摆动，而摇杆连续做往复摆动，使棘轮做单向的间歇转动。

　　摇杆摆动也可由凸轮机构、连杆机构或电磁、液压装置传递。棘轮机构是一种常用的间歇运动机构。

二、棘轮机构的类型

　　棘轮机构可分为齿式棘轮机构和摩擦式棘轮机构两大类。

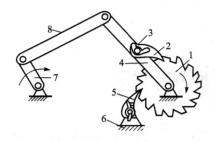
图 5-1　外啮合齿式棘轮机构
1—棘轮；2—主动棘爪；3—扭簧；4—摇杆；
5—止退棘爪；6—机架；7—曲柄；8—连杆

图 5-2　内啮合齿式棘轮机构
1—链轮；2—棘爪；3—轮毂

1. 齿式棘轮机构

齿式棘轮机构按啮合方式，有外啮合（见图 5-1）、内啮合（见图 5-2）两种形式。

按棘轮齿形分，可分为锯齿形齿（见图 5-1、图 5-2）和矩形齿（见图 5-3、图 5-4）两种。

按摇杆摆动一次，棘轮转动的次数，可分为单动式（见图 5-1、图 5-2、图 5-3、图 5-4）和双动式（也称快动式）（见图 5-5、图 5-6）两种。其中，图 5-5、图 5-6 所示棘轮机构有两个主动棘爪 3，它们可以同时工作也可以单独工作。当它们同时工作时，当摇杆 1 往复摆动时，两个棘爪交替推动棘轮 2 转动，即摇杆往复摆动一次，使棘轮转动两次；当提起一个棘爪使另一个棘爪单独工作时，其工作原理与单动式一样。

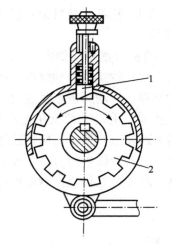
图 5-3　矩形齿式棘轮机构（1）
1—棘爪；2—棘轮

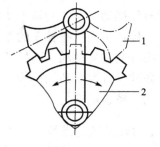
图 5-4　矩形齿式棘轮机构（2）
1—棘爪；2—棘轮

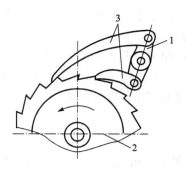
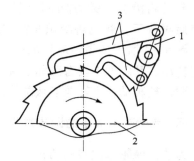

图 5-5 快动式棘轮机构（1）
1—摇杆；2—棘轮；3—主动棘爪

图 5-6 快动式棘轮机构（2）
1—摇杆；2—棘轮；3—主动棘爪

2. 摩擦式棘轮机构

摩擦式棘轮机构工作原理是依靠主动棘爪与无齿棘轮之间的摩擦力来推动棘轮转动的。可以减少棘轮机构的冲击及噪声，并实现转角大小的无级调节。

图 5-7 所示是外摩擦式棘轮机构，由棘爪 1、棘轮 2 和止回棘爪 3 组成。

超越离合器常做成如图 5-8 所示的滚子式内摩擦棘轮机构，该机构由外套 1、星轮 2 和滚子 3 组成。图中滚子 3 起到了棘爪的作用。当外套 1 逆时针转动时，因摩擦力的作用使滚子 3 楔紧在外套 1 与星轮 2 之间，从而带动星轮 2 转动；当外套 1 顺时针转动时，滚子 3 松开，星轮 2 不动。这种摩擦式棘轮机构常应用在扳钳和多轴钻床的夹具上。

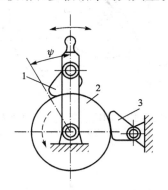
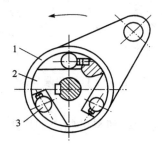

图 5-7 外摩擦式棘轮机构
1—棘爪；2—棘轮；3—止回棘爪

图 5-8 内摩擦式棘轮机构
1—外套；2—星轮；3—滚子

三、棘轮的双向转动

矩形齿可用于双向转动，适用于工作台需要往复移动的机械中。

图 5-3 所示是控制牛头刨床工作台进与退的棘轮机构，棘轮齿为矩形齿，

棘轮 2 可双向间歇转动，从而实现工作台的往复移动。棘爪 1 位于图示位置时，棘轮将沿逆时针方向间歇转动；需变向时，提起棘爪 1，并将棘爪转动 180°后再放下，棘轮将沿顺时针方向间歇转动。

图 5-4 所示的是转动棘爪机构，其实是矩形齿棘轮，同样可以实现棘轮的双向转动，其棘爪 1 设有对称爪端，转动棘爪位于实线状态下，棘轮 2 逆时针转动；通过把转动棘爪转至双点画线位置，棘轮 2 即可实现顺时针转动。

四、棘轮转角大小的调节方法

为了使棘轮每次转动的转角大小满足工作要求，可用以下方法进行调节。

1. 改变摇杆的摆角

改变曲柄长度，可改变摇杆最大摆角的大小，从而调节棘轮转角，如图 5-9 所示。

2. 用覆盖罩调节转角

在摇杆摆角不变的前提下，转动覆盖罩，遮挡部分棘齿，这样，当摇杆逆时针摆动时，棘爪先在罩上滑动，然后才嵌入棘轮的齿槽中推动其运动，起到调节棘轮转角大小的作用，如图 5-10 所示。

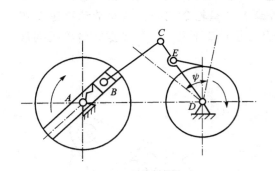
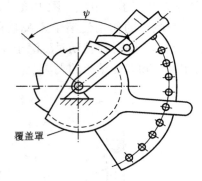

图 5-9　改变摇杆摆角调节棘轮机构　　图 5-10　用覆盖罩调节棘轮机构

五、棘轮机构的特点和应用

1. 棘轮机构的特点

（1）齿式棘轮机构。齿式棘轮机构的主动件和从动件之间是刚性推动，因此转角比较准确，而且转角大小可以调整，棘轮和棘爪的主、从动关系可以互换，但是刚性推动将产生较大的冲击力，而且棘轮是从静止状态突然增速到与主动摇杆同步，也将产生刚性冲击，因此齿式棘轮机构一般只宜用于低速、轻载的场合，如工件或刀具的转位、工作台的间歇送进等。棘爪在棘齿齿背上滑过时，在弹簧力作用下将一次次地打击棘齿根部，发出噪声。

（2）摩擦式棘轮机构。这种机构的结构十分简单，工作起来没有噪声（因此有时也称为"无声棘轮"）；棘轮的转角可调，主动件与从动件的关系也可以互换。但是由于是利用摩擦力楔紧之后传动，因此从动件的转角准确程度较差。通常只适用于低速、轻载场合。

2. 棘轮机构的应用

（1）间歇进给式输送。图 5-3 所示的矩形齿棘轮机构，是用于图 5-11 所示牛头刨床工作台进给机构的。工作台 3 的进给由螺母带动，而丝杠 2 的转动由棘轮 1 带动。当刨刀工作时，棘轮停歇，工作台不动；当刨刀回程时，棘轮带动丝杠转动，丝杠再带动工作台进给。

图 5-12 所示的浇铸式流水线进给装置，由压缩空气为原动力的气缸带动摇杆摆动，通过锯齿式棘轮机构使流水线的输送带做间歇输送运动，输送带不动时，进行自动浇铸。调节气缸活塞的行程，可调节棘轮的转角，从而调节砂型移动的距离。

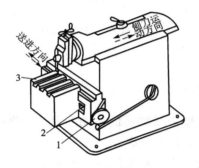

图 5-11 牛头刨床工作台进给机构
1—棘轮；2—丝杠；3—工作台

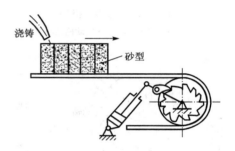

图 5-12 浇铸式流水线进给装置

（2）超越运动与超越离合器。图 5-2 是自行车后轮上飞轮的结构示意图，外缘的链轮与有内齿的棘轮是固定在一起的构件 1，构件 1 与轮毂 3 之间有滚动轴承，两者可相对转动。棘爪 2 固定在轮毂 3 上，轮毂 3 与自行车后轮固连。棘爪 2 用弹簧丝压在构件 1 的棘轮内齿上，当构件 1（链轮）逆时针转动的转速比轮毂 3 的转速快时，构件 1 推动棘爪 2 转动，棘爪 2 带动轮毂 3 转动，从而使自行车后轮转动，轮毂 3 与链轮转速相同，即脚蹬得越快，后轮就转得越快。但当轮毂 3 转速比链轮转速快时，如自行车下坡或脚不蹬踏时链轮不转，轮毂由于惯性仍按原转向飞快地转动。此时，棘爪便在棘背上滑动，轮毂 3 与链轮 1 脱开，各自以不同的转速运动。这种特性称为超越，实现超越运动的组件称为超越离合器，超越离合器广泛应用在机械上。

第二节 槽轮机构

槽轮机构是利用圆销插入轮槽时拨动槽轮,脱离轮槽槽轮停止转动的一种间歇运动机构,它可以实现周期性间歇运动。该机构可分为外槽轮机构和内槽轮机构,分别如图5-13和图5-14所示。

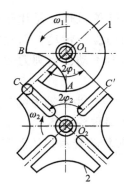

图5-13 外槽轮机构
1—主动拨盘;2—从动槽轮

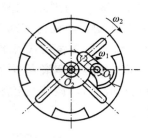

图5-14 内槽轮机构

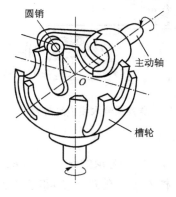

图5-15 空间槽轮机构

一、工作过程

槽轮机构主要由带圆销的主动拨盘1、带径向槽的从动槽轮2和机架组成。

图5-13所示为外槽轮机构。当拨盘1为主动件,以ω_1做匀速转动时,圆销C由左侧插入轮槽,拨动槽轮顺时针转动,然后由右侧脱离轮槽,槽轮停止不动,并由拨盘凸弧通过槽轮凹弧,将槽轮锁住。拨盘转过$2\varphi_1$角,槽轮相应反向转过$2\varphi_2$角。

图5-14所示为内槽轮机构,当主动拨盘转动时,从动槽轮2以相同转向转动;其结构紧凑,运动也较平稳。

图5-15所示为空间槽轮机构,从动槽轮呈半球形,槽和锁止弧分布在球面上。主动的轴线、圆销的轴线都与槽轮的回转轴线汇交于槽轮球心O,故又称为球面槽轮机构。当主动轴连续回转时,槽轮做间歇转动。

二、特点和应用

槽轮机构通过主动拨盘上的圆销与槽的啮入啮出,推动从动槽轮做间歇转动。为防止从动槽轮在生产阻力下运动，拨盘与槽轮之间设有锁止弧。锁止弧是以拨盘中心 O_1 为圆心的圆弧，它只允许拨盘带动槽轮转动，不允许槽轮带动拨盘转动。

槽轮机构结构简单，转位方便，工作可靠，传动平稳性较好，能准确控制槽轮转动的角度。但是槽轮的转角大小受槽数 z 的限制，不能调整，且在槽轮转动的始、末位置加速度变化大，存在冲击。因此，只能用在低速，且要求间歇地转动一定角度的自动机的转位或分度机构中。

图 5-16 所示的槽轮机构是用于六角车床刀架转位的。刀架 3 装有 6 把刀具，与刀架一体的是六槽外槽轮 2，拨盘 1 回转一周，槽轮转过 60°，将下一道工序所需的刀具转换到工作位置上。

图 5-17 所示为电影放映机卷片机构，当拨盘 1 使槽轮 2 转动一次时，卷过一张底片，此过程射灯不发光；当槽轮停歇时，射灯发光，银幕上出现该底片的投影。因为人有"视觉暂留现象"的生理特点，所以断续出现的投影看起来就是连续动作的。

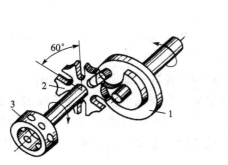

图 5-16 六角车床刀架转位机构
1—拨盘；2—外槽轮；3—刀架

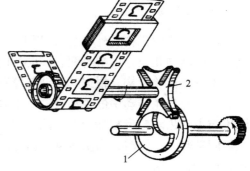

图 5-17 电影放映机卷片机构
1—拨盘；2—槽轮

三、运动系数和主要参数

槽轮机构的主要参数是槽轮槽数 z 和圆销个数 K。销进槽和出槽的瞬时速度方向必须沿着槽轮的径向方向，以避免进、出槽时产生冲击。

从图 5-13 中可以看出：

$$2\varphi_1 + 2\varphi_2 = \pi \tag{5-1}$$

$$2\varphi_1 = \pi - 2\varphi_2 = \pi - \frac{2\pi}{z} = \left(\frac{z-2}{z}\right)\pi$$

主动拨盘 1 转动一周，从动槽轮 2 的运动时间 t_m 与拨盘的运动时间 t 的比值 k_t，称为运动系数，即

$$k_t = \frac{t_m}{t} = \frac{2\varphi_1}{2\pi} = \frac{\left(\frac{z-2}{z}\right)\pi}{2\pi} = \frac{z-2}{2\pi} \tag{5-2}$$

若需增大运动系数，则可用多个圆销。设圆销数为 K 则

$$k_t = K\left(\frac{z-2}{2z}\right) \tag{5-3}$$

很容易证明，槽数 z 必须不少于3，常取 $z=4\sim8$。而圆销数 K 是不能随意选取的，当 $z=3$ 时，$K=1\sim5$；当 $z=4$ 或（$z=5$ 时），$K=1\sim3$；当 $z=6$ 时，$K=1\sim2$。对内槽轮机构，K 只能取1。

第三节　不完全齿轮机构

在一对齿轮传动中的主动齿轮上只保留一个或几个轮齿，这样的齿轮传动机构叫做不完全齿轮机构。不完全齿轮机构是由普通渐开线齿轮演变而成的一种间歇运动机构。

一、工作原理

不完全齿轮机构有外啮合（见图5-18）和内啮合（见图5-19）两种，外啮合两轮转向相反，内啮合两轮转向相同。

不完全齿轮机构，根据其运动与停歇时间的要求，如图5-18和图5-19所示，在一对齿轮传动中的主动齿轮1上只保留一个或几个轮齿，在从动齿轮2上制出与主动齿轮轮齿相啮合的齿间，这样，当主动齿轮匀速转动时，从动齿轮就只做间歇转动，同时，为防止从动齿轮反过来带动主动齿轮转动，与槽轮机构一样，应设锁止弧。

如图5-18所示，将主动齿轮1的轮齿切去一部分，所以当主动齿轮连续转动时，从动齿轮2做间歇转动；从动齿轮停歇时，主动齿轮1的外凸圆弧 g 与从动齿轮2内凹圆弧 f 相配，将从动齿轮2锁住，使之停止在预定位置上，以保证下次啮合。

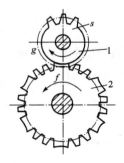
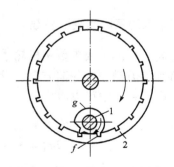

图5-18　外啮合不完全齿轮机构　　　　图5-19　内啮合不完全齿轮机构
　　1—主动齿轮；2—从动齿轮　　　　　　　　1—主动齿轮；2—从动齿轮

二、特点及应用

不完全齿轮机构，由于主动轮被切齿的范围可按需要设计，能满足对从动轮停歇次数、停歇和运行时间等多种要求。与其他间歇运动机构相比，不完全齿轮机构的结构更为简单，工作更为可靠，且传递力大，从动轮转动和停歇的次数、时间、转角大小等的变化范围均较大，在运行过程中较槽轮机构平稳。缺点是：在从动轮运动始、末位置有较大冲击，且工艺比较复杂。只适用于低速、轻载的场合。如在多工位自动、半自动机械中，用作工作台的间歇转位机构及某些间歇进给机构、计数机构等。

如果将不完全齿轮机构中的齿轮之一变为不完全齿条，同样可实现机构的间歇运动，不同的是输出运动是间歇移动，如图 5-20 所示。

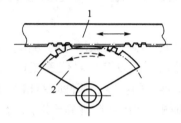

图 5-20　不完全齿轮条机构
1—齿条；2—从动齿轮

思考题与习题

1. 棘轮机构有哪些类型？各有何特点？
2. 棘轮机构和槽轮机构如何从结构上实现间歇运动？
3. 不完全齿轮机构如何从结构上实现间歇运动？
4. 棘轮机构如何调整棘轮每次转过的角度？
5. 槽轮机构的主要参数有哪些？槽轮机构的运动系数，为什么只能在 0 与 1 之间，而不能等于 0 或 1？

第六章 连 接

> **本章要点及学习指导：**
> 本章主要研究螺纹连接、键连接。此外，还对销连接等作了概略介绍。通过对本章的学习，应了解螺纹连接的主要类型及螺纹连接件，掌握螺栓强度计算方法，会查阅相应的国家标准；应理解螺栓的拧紧与防松的概念；了解键连接和销连接的应用；学习时应联系实际，注意观察生活实践中螺纹零件的应用。

连接是将两个或两个以上的零件连成一体的结构。常见的机械连接有两大类：一类是被连接的各零、部件之间可以有相对位置变化，这类连接称为机械动连接（简称动连接）；另一类是被连接的各零、部件间的相对位置固定不变，不允许产生相对运动，这类连接称为机械静连接（简称静连接）。本章主要讨论静连接。

静连接又分为不可拆连接和可拆连接两种。不可拆连接也称永久连接。在拆开这些连接时，至少要破坏或损伤连接中的一个零件，常见的有铆接、焊接和黏接等。可拆连接的特点是装拆方便，装拆时不会损伤连接中的任何零件。可拆连接的类型很多，如螺纹连接、键连接（包括花键连接）和销连接等。本章主要讨论螺纹连接、键连接和销连接的结构特点、性能及应用等。

第一节 螺纹连接的基本类型及标准连接件

螺纹连接是利用具有螺纹的零件构成的一种可拆卸连接。对螺纹连接的基本要求是不断（具有足够的强度）、不松（连接可靠）。

一、螺纹连接的基本类型

螺纹连接的基本形式如图 6-1 所示。

（1）螺栓连接，如图 6-1（a）所示，螺栓连接是将螺栓穿过被连接件的孔（螺栓与孔之间留有间隙），然后拧紧螺母，即将被连接件连接起来。由于被连接件的孔无需切制螺纹，所以结构简单，装拆方便，应用广泛。铰制孔用螺栓，如图 6-1（b）所示，一般用于利用螺栓杆承受横向载荷或固定被连接件相互位置的场合。这时，孔与螺栓杆之间没有间隙，常采用基孔制过渡配合。

（2）双头螺柱连接，如图 6-1（c）所示。这种连接是利用双头螺柱的一端旋紧在被连接件的螺纹孔中，另一端则穿过另一被连接件的孔，拧紧螺母后将被连接件连接起来。这种连接通常用于被连接件太厚不便穿孔，结构要求紧凑或需经常装拆的场合。

(3) 螺钉连接，如图6-1 (d) 所示。这种连接不需要螺母，将螺钉穿过被连接件的孔并旋入另一被连接件的螺纹孔中。它适用于被连接件足够厚且不宜经常装拆的场合。

(4) 紧定螺钉连接，如图6-1 (e) 所示。这种连接利用紧定螺钉旋入一零件的螺纹孔中，并以末端顶住另一零件的表面或顶入该零件的凹坑中以固定两零件的相互位置。

螺纹连接除上述4种基本形式外还有吊环螺钉、地脚螺栓和T形槽螺栓等连接形式。

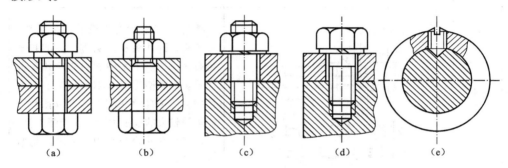

图6-1 螺纹连接的基本形式
(a) 螺栓连接；(b) 铰制孔用螺栓；(c) 双头螺柱连接；(d) 螺钉连接；(e) 紧定螺钉连接

二、标准螺纹连接件

常用的标准螺纹连接件有螺栓、双头螺柱、螺钉、螺母、垫圈。这些标准螺纹连接件的品种、类型很多，其结构、形式和尺寸都已经过标准化，设计时可根据有关标准选用。常用的标准螺纹连接件的结构特点、尺寸关系和应用如表6-1所列。

表6-1 常用标准连接件

类型	图 例	结构特点和应用
六角头螺栓		螺栓头部形状很多，其中以六角头螺栓应用最广。六角头螺栓又分为标准头、小头两种。小六角头螺栓尺寸小、质量轻，但不宜用于拆装频繁、被连接件抗压强度较低或易锈蚀的场合。按加工精度不同，螺栓分为粗制和精制。在机械制造中精制螺栓用得较多。螺栓末端应制成倒角，倒角尺寸按GB 3—1958取定

续表

类型	图例	结构特点和应用
双头螺柱		双头螺柱两端都制有螺纹，在结构上分为 A 型（有退刀槽）和 B 型（无退刀槽）两种
螺钉		螺钉头部形状有半圆头、平圆头、六角头、圆柱头和沉头等。头部起子槽有一字槽、十字槽和内六角孔 3 种形式。十字槽螺钉头部强度高、对中性好，便于自动装配。内六角孔螺钉能承受较大的扳手力矩，连接强度高，可代替六角头螺栓，用于要求结构紧凑的场合
紧定螺钉		紧定螺钉的末端形状常用的有锥端、平端和圆柱端。锥端适用于被紧定零件的表面硬度较低或不经常拆卸的场合；平端接触面积大，不伤零件表面，常用于顶紧硬度较大的平面或经常拆卸的场合；圆柱端压入轴上的凹坑中，适用于紧定空心轴上的零件位置
六角螺母		六角螺母应用最广。根据螺母厚度不同，分为标准、扁、厚 3 种规格。扁螺母常用于受剪力的螺栓上或空间尺寸受限制的场合；厚螺母用于经常拆装、易于磨损的场合。螺母的制造精度和螺栓相同，分为粗制、精制两种，分别与相同精度的螺栓配用

续表

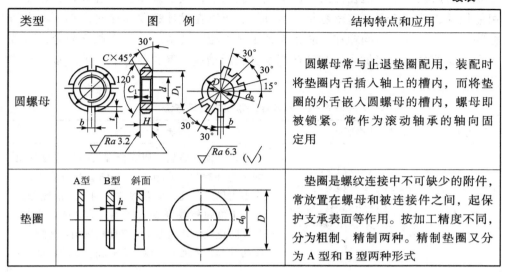

类型	图 例	结构特点和应用
圆螺母		圆螺母常与止退垫圈配用，装配时将垫圈内舌插入轴上的槽内，而将垫圈的外舌嵌入圆螺母的槽内，螺母即被锁紧。常作为滚动轴承的轴向固定用
垫圈		垫圈是螺纹连接中不可缺少的附件，常放置在螺母和被连接件之间，起保护支承表面等作用。按加工精度不同，分为粗制、精制两种。精制垫圈又分为 A 型和 B 型两种形式

第二节　螺纹连接的拧紧与防松

一、螺纹连接的拧紧

绝大多数螺纹连接在装配时需要拧紧，使连接在承受工作载荷之前，预先受到力的作用，这个预加的作用力称为预紧力。预紧的目的是增大连接的紧密性和可靠性。此外，适当地提高预紧力还能提高螺栓的疲劳强度。拧紧时，用扳手施加拧紧力矩 T，以克服螺纹副中的阻力矩 T_1 和螺母支承面上的摩擦阻力矩 T_2，故拧紧力矩 $T = T_1 + T_2$。

为了保证预紧力不致过小或过大，可在拧紧过程中控制拧紧力矩的大小。其方法有采用测力矩扳手，如图 6-2 所示；或定力矩扳手，如图 6-3 所示。必要时测定螺栓伸长量等。

图 6-2　指针式扭力扳手

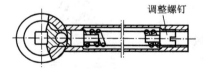

图 6-3　预置式定力扳手

二、螺纹连接的防松

在静载荷作用下，连接螺纹能够满足自锁条件，螺母和螺栓头部承压面处的摩擦也有防松作用。但在冲击、振动或变载荷下，或当温度变化过大时，连接有可能松动，甚至松开，这就容易发生事故。所以在设计螺纹连接时，必须考虑防松问题。防松的根本问题在于防止螺纹副发生相对转动。就工作原理来分，可分为利用摩擦防松、机械防松和破坏螺纹副的运动关系等3种防松方式，如表6-2所列。

表6-2 螺纹连接常用的防松方法

防松方法		结构形式	特点和应用
摩擦防松	对顶螺母	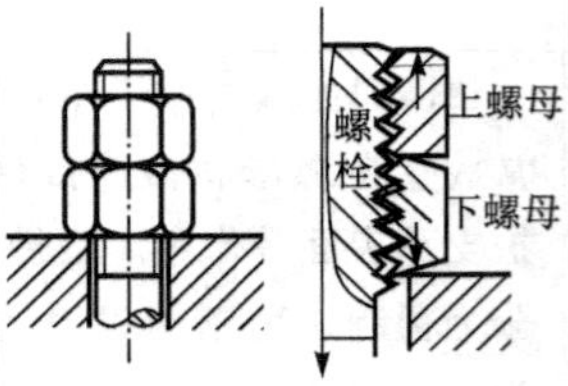	两螺母对顶拧紧后，使旋合螺纹间始终受到附加的压力和摩擦力的作用。工作载荷有变动时，该摩擦力仍然存在，旋合螺纹间的接触情况如图所示，上螺母螺纹牙受力较小，其高度可小些，但为了防止装错，两螺母的高度宜成相等为宜。 结构简单，适用于平稳、低速和重载的连接
	弹簧垫圈	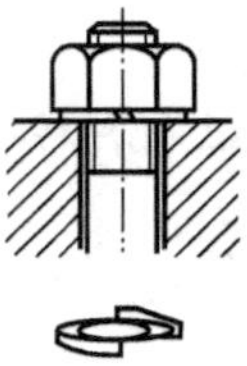	螺母拧紧后，靠垫圈压平而产生的弹性反力使旋合螺纹间压紧。同时，垫圈斜口的尖端抵住螺母与被连接件的支承面也有防松作用。 结构简单、防松方便。但由于垫圈的弹力不均，在冲击、振动的工作条件下，其防松效果较差。一般用于不甚重要的连接
	自锁螺母	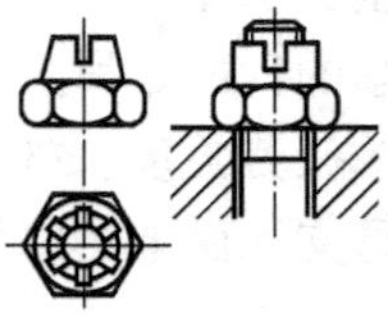	螺母一端制成非圆形收口或开缝后径向收口。当螺母拧紧后，收口涨开，利用收口的弹力使旋合螺纹间压紧。 结构简单，防松可靠，可多次装拆而不降低防松性能。适用于较重要的连接
机械防松	开口销与槽形螺母	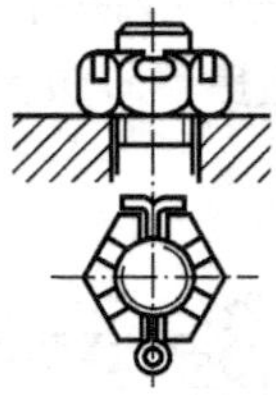	槽形螺母拧紧后将开口销穿入螺栓尾部小孔和螺母的槽内。并将开口销尾部掰开与螺母侧面贴紧。也可用普通螺母代替槽形螺母，但需拧紧螺母后再配钻销孔。 适用于较大冲击、振动的高速机械中的连接
	止动垫圈	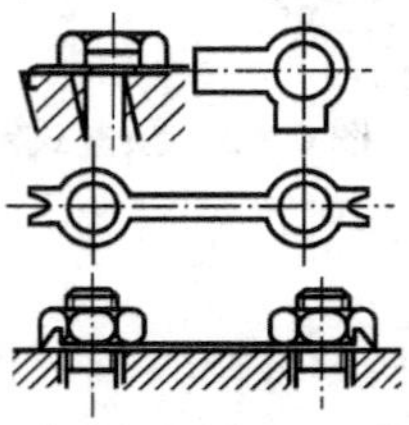	螺母拧紧后，将单耳或双耳止动垫圈分别向螺母和被连接件的侧面折弯贴紧，即可将螺母锁住。若两个螺栓需要双联锁紧时，可采用双联止动垫圈，使两个螺母相互制动。 结构简单，使用方便，防松可靠

续表

防松方法		结构形式	特点和应用
机械防松	串联钢丝	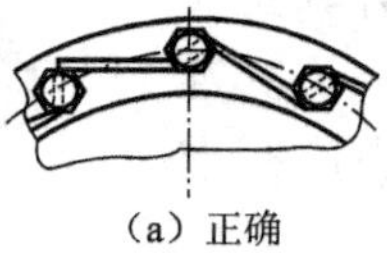 (a) 正确 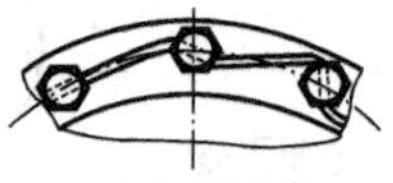 (b) 不正确	用低碳钢丝穿入各螺钉头部的孔内,将各螺钉串联起来,使其相互制动。使用时必须注意钢丝的穿入方向（上图正确；下图错误）。 适用于螺钉组连接,防松可靠,但装拆不便
铆冲防松	端铆	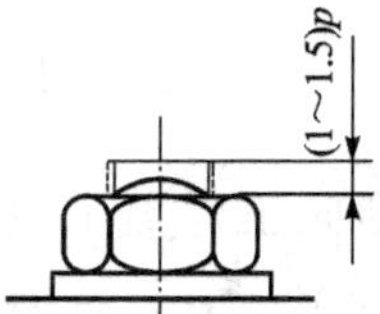	螺母拧紧后,把螺栓末端伸出部分铆死。防松可靠,但拆卸后连接件不能重复使用。适用于不需拆卸的特殊连接
	冲点	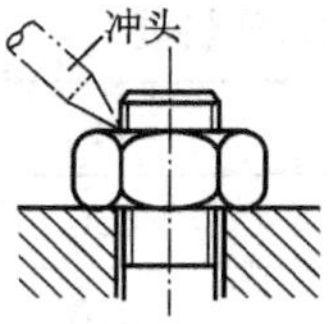	螺母拧紧后,利用冲头在螺栓末端与螺母的旋合缝处打冲。利用冲点防松。 防松可靠,但拆卸后连接件不能重复使用。适用于不需拆卸的特殊连接

利用摩擦防松简单方便,而机械防松则比较可靠,且两者还可结合使用。至于破坏螺纹副运动关系的方法,多用于很少拆开或不拆的连接。

第三节　螺栓的强度计算

螺栓连接的受载形式很多,它所传递的载荷主要有两类:一类为外载荷沿螺栓轴线方向,称轴向载荷;另一类为外载荷垂直于螺栓轴线方向,称横向载荷。对螺栓来讲,当传递轴向载荷时,螺栓受的是轴向拉力,故称受拉螺栓。可分为不预紧的松连接和有预紧的紧连接。当传递横向载荷时:一种是采用普通螺栓,靠螺栓连接的预紧力使被连接件接合面间产生的摩擦力来传递横向载荷,此时螺栓所受的是预紧力,仍为轴向拉力;另一种是采用铰制孔用螺栓,螺杆与铰制孔间是过渡配合,工作时靠螺杆受剪,杆壁与孔相互挤压来传递横向载荷,此时螺杆受剪切力作用,故称受剪螺栓。

一、普通螺栓的强度计算

静载荷作用下受拉螺栓常见的失效形式多为螺纹的塑性变形或断裂。实践表明,螺栓断裂多发生在开始传力的第一、第二圈旋合螺纹的牙根处,因其应力集中的影响较大。

在设计螺栓连接时,一般选用的都是标准螺纹零件,其各部分主要尺寸已按等强度条件在标准中作出规定,因此螺栓的强度计算主要是求出或校核螺纹危险剖面的尺寸,即螺纹小径 d_1。螺栓的其他尺寸及螺母的高度和垫圈的尺寸等,均按标准选定。

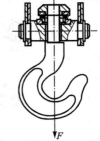

图 6-4 起重吊钩

1. 松螺栓连接的强度计算

图 6-4 所示起重吊钩为松螺栓连接的实例。如已知螺杆所受最大拉力为 F,则螺纹部分的强度条件为

$$\sigma = \frac{F}{\pi d_1^2/4} \leq [\sigma] \qquad (6-1)$$

式中,d_1 为螺纹小径(mm);F 为螺栓承受的轴向工作载荷(N);σ 和 $[\sigma]$ 分别为松螺栓连接的拉应力和许用拉应力(N/mm^2),$[\sigma]$ 查表 6-3、表 6-4。

表 6-3 螺纹紧固件常用材料的力学性能 N/mm^2

钢 号	Q215	Q235	35	45	40Cr
强度极限 σ_b	340~420	410~470	540	650	750~1 000
屈服极限 σ_s	220	240	320	360	650~900

表 6-4 螺纹连接的许用应力和安全系数

连接情况	受载情况	许用应力和安全系数
松连接	静载荷	$[\sigma] = \sigma_s/S$,$S = 1.2 \sim 1.7$
紧连接	静载荷	$[\sigma] = \sigma_s/S$,S 取值:控制预紧力时 $S = 1.2 \sim 1.5$,不严格控制预紧力时 S 查表 6-5
铰制孔用螺栓连接	静载荷	$[\tau] = \sigma_s/2.5$,连接件为钢时 $[\sigma]_p = \sigma_s/1.25$,连接件为铁时 $[\sigma]_p = \sigma_s/(2 \sim 2.5)$
	变载荷	$[\tau] = \sigma_s/(3.5 \sim 5)$,$[\sigma]_p$ 按静载荷的 $[\sigma]_p$ 值降低 20%~30%

2. 紧螺栓连接的强度计算

(1)只受预紧力作用的螺栓。预紧螺栓连接螺栓杆除受沿轴向的预紧力 F' 的拉伸作用外,在拧紧螺母时还受螺纹力矩 T_1 的扭转作用。F' 和 T_1 将分别使螺纹部分产生拉应力 σ 及扭转剪应力 τ,当螺栓采用塑性材料时,螺纹部分的强度条件为

$$\sigma = 1.3 \times \frac{F'}{\pi d_1^2/4} \leq [\sigma] \qquad (6-2)$$

式中，F' 为螺栓承受的预紧力（N）；d_1 为螺纹小径（mm）；σ 和 $[\sigma]$ 分别为紧螺栓连接的拉应力和许用拉应力（N/mm²），$[\sigma]$ 查表6-4。

比较式（6-1）和式（6-2）可知，考虑扭转剪应力的影响，相当于把螺栓的轴向拉力增大30%后按纯拉伸来计算螺栓的强度。

(2) 受预紧力和轴向静工作拉力的螺栓连接。这种连接比较常见，图6-5所示汽车气缸盖螺栓连接就是典型的实例。由于螺栓和被连接件都是弹性体，在受有预紧力 F' 的基础上，因受到两者弹性变形的相互制约，故总拉力 F_0 并不等于预紧力 F' 与工作拉力 F 之和，它们的受力关系属静不定问题。根据静力平衡条件和变形协调条件，可求出各力之间的关系式：

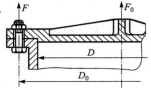

图6-5 气缸盖连接螺栓受力情况

$$F_0 = F' + \frac{c_1}{c_1 + c_2}F \tag{6-3}$$

$$F' = F''' + \left(1 - \frac{c_1}{c_1 + c_2}\right)F \tag{6-4}$$

式中，$c_1/(c_1+c_2)$ 称为螺栓的相对刚度，其大小与连接的材料、结构形式、尺寸大小及载荷作用方式等有关，一般设计时对于钢制被连接件可取：金属垫（或无垫）0.2~0.3、皮革垫0.7、铜皮石棉垫0.8、橡胶垫0.9；F' 为螺栓拧紧后所受的预紧力；F''' 为螺栓受载变形后的剩余预紧力，应大于零，一般当工作拉力 F 无变化时取 $F''' = (0.2~0.6)F$，当 F 有变化时取 $F''' = (0.6~1.0)F$；对要求紧密性的螺栓连接，取 $F''' = (1.5~1.8)F$。

从式（6-3）可以看出，总拉力 F_0 并不等于预紧力 F' 与工作拉力 F 之和，而是预紧力 F' 与部分工作拉力之和。

考虑到螺栓工作时可能被补充拧紧，在螺纹部分产生扭转剪应力，将总拉力 F_0 增大30%作为计算载荷，则受拉螺栓螺纹部分的强度条件为

$$\sigma = \frac{4 \times 1.3 F_0}{\pi d_1^2} \leq [\sigma] \quad \text{或} \quad d_1 \geq \sqrt{\frac{4 \times 1.3 F_0}{\pi [\sigma]}} \tag{6-5}$$

式中各符号意义同前。

对于受有预紧力 F' 及工作拉力 F 作用的螺栓连接，其设计步骤大致为：① 根据螺栓受载情况，求出单个螺栓所受的工作拉力；② 根据连接的工作要求，选定剩余预紧力 F'''，并按式（6-4）求得所需的预紧力 F'；③ 按式（6-3）计算螺栓的总拉力 F_0；④ 按式（6-5）计算螺栓小径 d_1，查阅螺纹标准，确定螺纹公称直径 d。此外，若轴向载荷在 $0~F$ 之间周期性变化，则螺栓的总载荷 F_0 将在 $F' ~ [F' + Fc_1/(c_1+c_2)]$ 之间变化。受轴向变载荷螺栓的简化计算仍可按式（6-5）进行，但连接螺栓的许用应力 $[\sigma]$ 应另参考有关手册选取。

二、铰制孔用螺栓连接的强度计算

如图6-6所示,这种连接是将螺栓穿过与被连接件上的铰制孔并与之过渡配合。其受力形式为:在被连接件的接合面处螺栓杆受剪切;螺栓杆表面与孔壁之间受挤压。因此,应分别按挤压强度和抗剪强度计算。

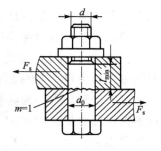

图6-6 铰制螺纹孔受力情况

这种连接所受的预紧力很小,所以在计算中不考虑预紧力和螺纹摩擦力矩的影响。

螺栓杆与孔壁的挤压强度条件为

$$\sigma_p = \frac{F_s}{d_0 l_{\min}} \leqslant [\sigma]_p \tag{6-6}$$

螺栓杆的抗剪强度条件为

$$\tau = \frac{4F_s}{\pi d_0^2 m} \leqslant [\tau] \tag{6-7}$$

式中,F_s 为单个螺栓所受的横向工作载荷(N);$l_{\min}$ 为螺栓杆与孔壁挤压面的最小高度(mm);d_0 为螺栓剪切面的直径(mm);m 为螺栓受剪面数;$[\sigma]_p$ 为螺栓或孔壁材料中较弱者的许用挤压应力(N/mm²),可查表6-3、表6-4取得;$[\tau]$ 为螺栓材料的许用切应力(N/mm²),可查表6-3、表6-4取得。

表6-5 紧螺栓连接的安全系数 S(静载不控制预紧力时)

材料	螺栓		
	M6~M16	M16~M30	M30~M60
碳钢	4~3	3~2	2~1.3
合金钢	5~4	4~2.5	2.5

第四节 螺栓组的连接设计和受力分析

在实际应用中,螺纹连接通常都是成组使用的。在设计螺栓组连接时,通常是先进行结构设计,即确定接合面的形状、螺栓布置方式和数目,然后按螺栓组的结构和承载状况进行受力分析,确定螺栓的尺寸。

一、螺栓组连接的结构设计

设计螺栓组的结构时,应注意以下几点。
(1)连接的接合面应尽可能设计成轴对称的简单几何形状,螺栓对称布置,使接合面受力也比较均匀,如图6-7所示。

(2) 螺栓的布置应尽可能使各螺栓受力均匀。受力矩作用的螺栓组,螺栓布置应尽量远离螺栓组的几何中心。圆周上的螺栓数宜采用3、4、6、8、12等,这样可便于加工时分度、画线。

(3) 螺栓排列应有合理的间距、边距和必要的扳手空间,如图6-8所示,对于压力容器等紧密性要求较高的重要连接,要保证一定的间距。扳手空间和螺栓间距的尺寸可查阅有关设计手册。

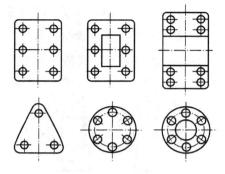

图6-7 螺栓组连接常见的接合面形状

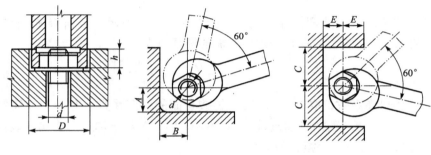

图6-8 扳手空间

(4) 应保证螺栓与螺母的支承面平整,并与螺栓轴线相垂直,以避免引起偏心载荷。一般将被连接件的支承表面制成凸台或沉头座。

二、螺栓组的受力分析

受力分析的目的是,找出受力最大的螺栓,求出其所受力的大小和方向,再按单个螺栓进行强度计算,利用上节计算公式校核螺栓强度或求出螺栓直径,最后确定螺栓尺寸。螺栓组的其余螺栓可按受力最大螺栓的直径选取。分析是在四点假设下进行的:① 被连接件不变形,为刚性,只有地基变形;② 各螺栓材料、尺寸和拧紧力均相同;③ 受力后材料变形(应变)在弹性范围内;④ 接合面型心与螺栓组型心重合,受力后其接合面仍保持平面。

1. 受轴向载荷的螺栓组连接

特点:只能用普通螺栓,有间隙,螺栓杆受F拉伸作用,如图6-5气缸螺栓所示。

单个螺栓工作载荷为

$$R = \frac{F}{z} \tag{6-8}$$

式中，F 为轴向外载荷；z 为螺栓个数。

2. 受横向载荷的螺栓组连接

特点：普通螺栓，铰制孔用螺栓皆可用，如图 6-9 所示。

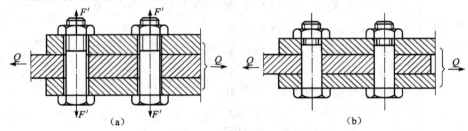

图 6-9 受横向载荷的螺栓组连接
(a) 普通螺栓组连接；(b) 铰制孔螺栓组连接

(1) 普通螺栓。受 F' 拉伸作用，如图 6-9 (a) 所示，载荷 Q 靠被连接件接合面的摩擦力平衡。因此每个螺栓所需的预紧力为

$$F' = \frac{K_s Q}{z f i} \tag{6-9}$$

式中，K_s 为可靠系数，取 1.1~1.5；f 为接合面的摩擦系数，对于钢或铸铁 f = 0.10~0.15，当接合面沾有油质时 f = 0.06~0.10，对于未加工的钢构件表面 f = 0.3；z 为螺栓数目；i 为接合面对数。

(2) 铰制孔螺栓。受横向载荷剪切、挤压作用。

每个螺栓所承受的横向载荷相等，则

$$R = \frac{Q}{z} \tag{6-10}$$

式中，z 为螺栓数目。

3. 受横向扭矩的螺栓组连接

(1) 普通螺栓连接，如图 6-10 (a) 所示。

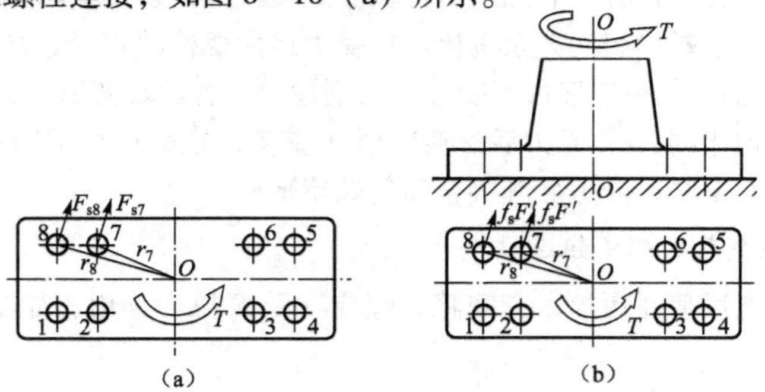

图 6-10 螺栓组
(a) 普通螺栓组；(b) 铰制孔螺栓组

特点：取连接板为受力对象，由静平衡条件 $\sum F = 0$ 得连接件不产生相对滑动的条件

$$r_1 fF' + r_2 fF' + \cdots + r_z fF' \geq T = K_s T$$

则各个螺栓所需的预紧力为

$$F' = \frac{K_s T}{f(r_1 + r_2 + \cdots + r_z)} = \frac{K_s T}{f \sum_{i=1}^{z} r_i} \qquad (6-11)$$

式中，f 为接合面间摩擦系数；r_i 为第 i 个螺栓轴线至螺栓组中心距离；z 为螺栓个数；T 为扭矩（N·mm）；K_s 为防滑系数（可靠性系数）；$K_s = 1.1 \sim 1.3$。

（2）铰制孔螺栓连接组。特点如前，求单个螺栓最大工作剪力 R_{max}（由变形协调条件可知，各个螺栓的变形量和受力大小与其中心到接合面型心的距离成正比），如图 6-10（b）所示。

由变形协调条件

$$\frac{R_1}{r_1} = \frac{R_2}{r_2} = \cdots = \frac{R_z}{r_z}$$

再找 R_1、R_2、$\cdots$、R_z 之间关系，假设板为刚体不变形，工作后仍保持平面，与半径 r 成正比。在材料弹性范围内，应力与应变成正比，即

$$\frac{R_i}{r_i} = \frac{R_{max}}{r_{max}} 得 R_i = \frac{R_{max}}{r_{max}} r_i \qquad (6-12)$$

取板为受力对象，由静平衡条件 $\sum T = 0$，得

$$r_1 R_1 + r_2 R_2 + \cdots + r_z R_z = T \qquad (6-13)$$

将式（6-12）代入式（6-13）得

$$R_{max} = \frac{T r_{max}}{\sum_{i=1}^{z} r_i^2} \qquad (6-14)$$

式中符号同前。对圆形接合面，单个螺栓所受横向载荷 $R = \frac{T}{zr}$，T 为扭矩（N·mm），r 为分布圆半径。

4. 受倾覆（纵向）力矩螺栓组连接

特点：M 在铅直平面内，绕 $O-O$ 回转，只能用普通螺栓，如图 6-11 所示。取板为受力对象，由静平衡条件 $\sum M_{O-O} = 0$ 得

$$F_1 L_1 + F_2 L_2 + \cdots + F_i L_i = M$$

同理，由变形协调条件有

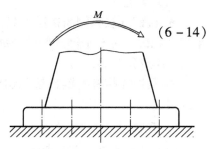
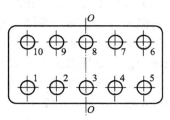

图 6-11 受倾覆力矩螺栓组连接

$$\frac{F_1}{L_1} = \frac{F_2}{L_2} = \cdots = \frac{F_i}{L_i} = \frac{F_{\max}}{L_{\max}}$$

将 $F_i = \frac{F_{\max}}{L_{\max}} L_i$ 代入上式得

$$F_{\max} = \frac{M L_{\max}}{\sum_{i=1}^{z} L_i^2} \tag{6-15}$$

式中，$F_{\max}$ 为受力最大单个螺栓的工作载荷（N）；$L_{\max}$ 为距回转轴线 $O-O$ 最远距离（mm）；L_i 为第 i 个螺栓离回转轴线 $O-O$ 的距离。图 6-11 中，$F_{\max}$ 出现在第 1、10 号螺栓。

在实际使用中，螺栓组连接所受的载荷是以上 4 种简单受力状态的不同组合。计算时只要分别计算出螺栓组在这些简单受力状态下每个螺栓的工作载荷，然后按向量叠加起来，便得到每个螺栓的总工作载荷，再对受力最大的螺栓进行强度计算即可。

第五节 键 连 接

键是一种标准件，通常用于连接轴与轴上旋转零件或摆动零件，起周向固定零件的作用，以传递旋转运动或扭矩。而导键、滑键及花键还可用作轴上移动的导向装置。

一、键连接的类型与构造

两大类型：
- 松键连接靠侧面挤压承载，受圆周方向剪切力，工作前不拧紧。有平键、半键和花键 3 种，平键分普通平键、薄型平键、导向平键和滑键。普通平键又分 A 型、B 型和 C 型。
- 紧键连接有楔键连接和切向键连接，靠摩擦力工作，切向键连接工作前不拧紧。

1. 平键

（1）普通平键：用于静连接，即轴与轮毂间无相对轴向移动。如图 6-12 所示，两侧面为工作面，靠键与槽的挤压和键的剪切传递扭矩。轴上的槽用指状铣刀加工，如图 6-12（b）、（d）所示，或盘铣刀加工，如图 6-12（c）所示，轮毂槽用拉刀或插刀加工。普通平键有 A、B、C 3 种形式：A 型，如图 6-12（b）所示，两头呈半圆形，键与槽同形以防止键转动，键顶面与毂留有间隙不接触；B 型，如图 6-12（c）所示，键两头切平呈方形，用紧定螺钉固定以防止移动；C 型，如图 6-12（d）所示，键一头切平呈方形，另一头呈半圆形，用于轴端与轮毂连接。

第六章 连接

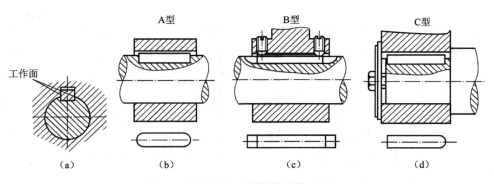

图 6-12 平键的连接

(a) 普通平键连接；(b) A 型普通平键连接；(c) B 型普通平键连接；(d) C 型普通平键连接

表 6-6 普通平键和键槽的尺寸（摘自 GB1095—75、GB1096—79）　mm

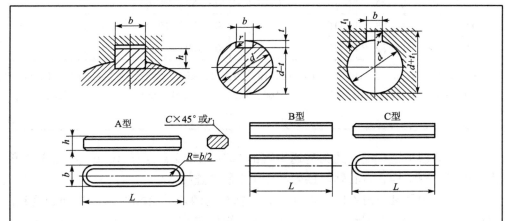

标记示例：

圆头普通平键（A 型），$b=16$、$h=10$、$L=100$ 的标记为：键 16×100　GB1096—79

平头普通平键（B 型），$b=16$、$h=10$、$L=100$ 的标记为：键 B16×100　GB1096—79

单圆头普通平键（C 型），$b=16$、$h=10$、$L=100$ 的标记为：键 C16×100　GB1096—79

轴的直径	键的尺寸				键槽的尺寸		
	b	h	C 或 r	L	t	t_1	半径 r
自 6~8	2	2	0.16~0.25	6~20	1.2	1	0.08~0.16
>8~10	3	3		6~36	1.8	1.4	
>10~12	4	4		8~45	2.5	1.8	
>12~17	5	5	0.25~0.4	10~56	3.0	2.3	0.16~0.25
>17~22	6	6		14~70	3.5	2.8	
>22~30	8	7		18~90	4.0	3.3	

续表

轴的直径	键的尺寸				键槽的尺寸			
	b	h	C 或 r	L	t	t_1	半径 r	
>30~38	10	8		22~100	5.0	3.3		
>38~44	12	8		28~140	5.0	3.3		
>44~50	14	9	0.4~0.6	36~160	5.5	3.8	0.25~0.4	
>50~58	16	10		45~180	6.0	4.3		
>58~65	18	10		50~200	7.0	4.4		
>65~75	20	12		56~220	7.5	4.9		
>75~85	22	14		63~250	9.0	5.4		
>85~95	25	14	0.6~0.8	70~280	9.0	5.4	0.4~0.6	
>95~100	28	16		80~320	10.0	6.4		
>100~130	32	18		90~360	10	7.4		
键的长度系列：6, 8, 10, 12, 14, 16, 18, 20, 22, 25, 28, 32, 36, 40, 45, 50, 56, 63, 70, 80, 90, 100, 110, 125, 140, 160, 180, 200, 220, 250, 280, 320, 360, 400, 450, 500								

（2）薄型平键：键高约为普通平键的60%~70%，也有A、B、C这3种形式，用于薄臂结构、空心轴等径向尺寸受限制的连接。

（3）导向平键与滑键用于动连接，即轴与轮毂之间有相对轴向移动的连接。图6-13（a）所示为导向平键，键不动，轮毂轴向移动，适用于短距离移动；图6-13（b）所示为滑键，键随轮毂移动，滑移距离较大（>200 mm）时适用。因用于动连接，故要求表面粗糙度低，摩擦小。

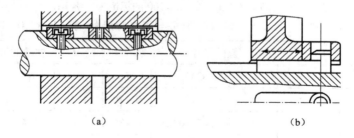

图6-13　导向平键
(a) 导向平键；(b) 滑键

2. 半圆键连接

半圆键（如图6-14所示）用于静连接，键的两侧面为工作面。半圆键用圆钢切制或冲压后磨制，轴上键槽用半径与键相同的盘形铣刀铣出，故键能在轴槽中绕其几何中心摆动，以适应毂槽底面的倾斜。其优点为工艺性较好，易于定心，装配方便。缺点是键槽较深，对轴的强度削弱较大，且不能实现轴上零件的轴向固定，所以不能承受轴向力。主要用于轻载荷和锥形轴端。

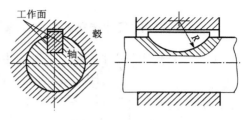

图 6-14 半圆键连接

3. 楔键连接与切向键连接

楔键和切向键只能用于静连接。楔键（如图 6-15 所示）的上、下两面是工作面，分别与毂和轴上键槽的底面贴合。键的上表面具有 1∶100 的斜度。装配后，键楔紧于轴毂之间。工作时，靠键与轴、毂之间的摩擦力传递转矩；也能传递单向的轴向力。当过载而使轴与毂发生相对转动时，键的两个侧面能像平键侧面那样地参加工作，不过这一特点只有在单向且无冲击的载荷条件下才能利用。键在楔入过程中破坏了轴毂之间的对中性。在冲击、振动和承受变载荷时易松动。仅适用于传动精度要求不高，载荷平稳和低速的场合。

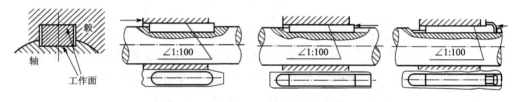

图 6-15 楔键连接

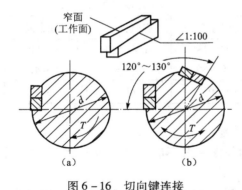

图 6-16 切向键连接
(a) 一对切向键连接；(b) 两对切向键连接

切向键（如图 6-16 所示）由两个斜度为 1∶100 的单边倾斜楔键组成。装配后，两键以其斜面相互贴合，共同楔紧在轴毂之间。切向键的上、下两个相互平行的窄面为工作面，键在连接中必须有一个工作面处于包含轴心线的平面之内，当切向键连接工作时，工作面上的挤压力沿轴的切向作用，靠挤压力传递扭矩。一对切向键只能传递一个方向的扭矩。若传递双向扭矩，须用两对切向键，一般两个键槽互隔 120° 布置。切向键承载能力很大，但对中性差，键槽对轴的削弱较大。适用于对中要求不严，载荷很大，大直径轴的连接。

二、平键连接的尺寸选择和强度验算

（1）平键连接的尺寸选择。平键的主要尺寸为键宽 b、键高 h 和长度 L。设计时，键的剖面尺寸可根据轴的直径 d 按见表 6-6 选择。键的长度一般略短于轮毂宽度 5~10 mm，但所选定的键长应符合标准中规定的长度系列。

（2）平键连接的强度验算。对于平键连接，可能的失效形式有较弱零件（通常为毂）的工作面被压溃（静连接）或磨损（动连接）和键的剪断等。对于实际采用的材料组合和标准尺寸来说，压溃常是主要的失效形式。因此，通常只作键连接的挤压强度计算。如果忽略摩擦，键连接传递转矩时键轴一体的受力如图 6-17 所示。

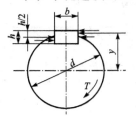

图 6-17 平键连接的受力情况

在计算中，假设载荷沿键的长度和高度均布，则其强度条件为

$$\sigma_p = \frac{4T}{dhl} \leq [\sigma]_p \text{（MPa）} \quad (6-16)$$

对于导向平键、滑键连接，计算依据是磨损，应限制压强，即

$$p = \frac{4T}{dhl} \leq [p] \text{（MPa）} \quad (6-17)$$

式中，$[\sigma]_p$ 为许用挤压应力；$[p]$ 为许用压强（MPa）见表 6-7；T 为扭矩（N·mm）；l 为工作长度（mm）。对 A 型键 $l=L-b$，B 型键 $l=L$，C 型键 $l=L-b/2$；L 为公称长度（mm）；d 为轴径（mm）；h 为键的高度（mm）。

表 6-7 键连接的许用挤压应力 $[\sigma]_p$ 和压强 $[p]$　　　MPa

连接的工作方式	连接中较弱零件的材料	$[\sigma]_p$ 或 $[p]$		
		静载荷	轻微冲击	冲击载荷
静连接，用 $[\sigma]_p$	碳钢、铸钢	125~150	100~120	60~90
	铸铁	70~80	50~60	30~45
动连接，用 $[p]$	锻钢、铸钢	50	40	30

如果验算结果强度不够，可采取以下措施：

① 适当增加键和轮毂的长度，但键的长度一般不应超过 $2.5d$；否则，挤压应力沿键的长度方向分布将很不均匀。

② 可在同一轴毂连接处相隔 180°布置两个平键。考虑到载荷分布不均匀性，且对轴的削弱很大，双键连接的强度只按 1.5 个计算。

例 6-1 已知齿轮减速器输出轴与齿轮之间用键连接，传递的转矩为 700 N·m，轴的直径为 60 mm，轮毂宽 85 mm，载荷有轻微冲击，齿轮材料为铸钢。试设计该键连接。

解：(1) 选择键的类型。为保证齿轮传动啮合良好，要求轴毂对中性好，故选用 A 型普通平键。

(2) 选择键的尺寸。按轴径 $d = 60$ mm，从表 6-6 中选择键的尺寸 $b \times h = 18$ mm $\times$ 11 mm，根据轮毂宽取键长 $L = 80$ mm，标记为：键 18×80，GB 1096—1979。

(3) 校核键连接强度。由表 6-6 查铸钢材料 $\sigma_p = 100 \sim 120$ MPa，由式 (6-16) 计算键连接的挤压强度为

$$\sigma_p = \frac{4T}{dhl} = \frac{4 \times 700 \times 10^3}{60 \times 11 \times (80-18)} = 68.4 \text{（MPa）} \leqslant [\sigma]_p$$

故所选键连接强度足够。

三、花键连接

花键连接是由多个键齿与键槽在轴和轮毂孔的周向均布而成，如图 6-18 所示。花键齿侧面为工作面，适用于动、静连接。

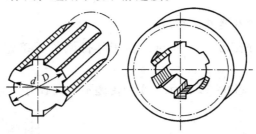

图 6-18 花键连接

1. 花键特点

(1) 齿较多、工作面积大、承载能力较强。

(2) 键均匀分布，各键齿受力较均匀。

(3) 齿槽浅，齿根应力集中小，对轴的强度削弱减少。

(4) 轴上零件对中性好。

(5) 导向性较好。

(6) 加工需专用设备，制造成本高。

2. 花键类型

按齿形分有矩形花键和渐开线花键。

(1) 矩形花键，如图 6-19 所示，已标准化。制造容易、应用广泛，分轻、中、重及补充系列。定心方式为小径定心，定心精度高，定心稳定性好，配合面均要研磨，能用磨削消除热处理后变形。

(2) 渐开线花键（GB 34781—1983），如图 6-20 所示。齿廓为渐开线，可

用齿轮机床加工，工艺性较好，制造精度高，齿根圆角大，应力集中小，易于对心。但加工花键孔用渐开线拉力制造，工艺复杂，成本高，适宜于大直径轴传递大扭矩的场合。

图 6-19　矩形花键

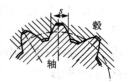
图 6-20　渐开线花键

渐开线花键常用齿形定心，当齿受载时，齿上的径向力能起到自动定心作用，有利于各齿均载。花键连接的强度计算方法与平键相类似，可参见有关的机械设计手册。

四、销连接

1. 销连接按用途分类及其功用

（1）定位销，如图 6-21 所示，用于零件间位置确定，定位销不应少于两个。

（2）连接销，如图 6-22 所示，用于传递不大的载荷（均有标准）。

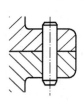
图 6-21　定位销

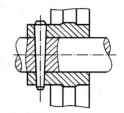
图 6-22　连接销

（3）安全销，用于安全保护装置中作剪断元件。

2. 销连接按结构形状分类及其特点

（1）圆柱销，不宜多拆装，否则定位精度降低。

（2）圆锥销（1:50 锥度），可自锁，定位精度较高，允许多拆装且便于拆卸。

3. 销的选择

（1）定位销、连接销，按定位零件（轴、厚度）和连接或传递载荷而定，查手册确定尺寸，不进行强度校核。销的材料常用 35、45（也用 Q235）钢。

（2）安全销，直径由过载时被剪断的条件确定。

思考题与习题

1. 螺纹的主要参数有哪些？螺距与导程有什么不同？
2. 螺栓、双头螺柱和螺钉在应用上有什么不同？紧定螺钉呢？
3. 受拉、受剪和受拉受剪螺栓各是怎样受力的？
4. 受拉、受剪和受拉受剪螺栓连接，可能的损坏有哪些？螺栓危险部位在何处？
5. 螺栓连接预紧力的大小怎样选择，怎样控制？为什么在重要的受拉螺栓紧连接，不宜用小于 M12～M16 的螺栓？
6. 平键连接的工作原理和主要失效形式是什么？
7. 轴毂连接若采用一个键强度不够，而需采用两个平键、两个楔键或两个半圆键时，它们在轴上各应如何布置？为什么？
8. 平键和楔键在结构和使用性能上有何区别？为什么平键应用较广？
9. 半圆键与普通平键连接相比，有什么优、缺点？它适用于什么场合？
10. 如题 10 图所示，用两个 M10 的螺钉固定一牵拽钩，若螺钉材料为 Q235 钢，装配时控制预紧力，接合面摩擦系数 $f = 0.15$，求其允许的牵拽力。
11. 如题 11 图所示的机构中，凸缘联轴器若采用 M16 螺栓连成一体，以摩擦力来传递转矩，螺栓材料为 45 钢，接合面摩擦系数 $f = 0.15$，安装时不控制预紧力，试决定螺栓数（螺栓数常取偶数）。

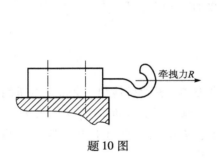

题 10 图

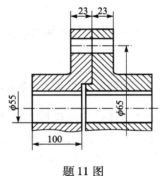

题 11 图

12. 选择并校核齿轮与轴的键连接。该齿轮传递的功率为 7.2 kW，轴的转速为 110 r/min，轴径 65 mm，齿轮轮毂长 100 mm，轮毂材料为铸铁，轴的材料为 45 钢，该齿轮轴工作有轻微冲击。

第七章 挠性件传动

本章要点及学习指导：
  本章首先介绍了带传动和链传动的原理、类型、特点，然后对其进行结构分析、受力分析，再引入带链传动的设计计算，最后介绍张紧装置和润滑措施等。通过对本章的学习，要求学习者熟悉带传动的特点和类型；掌握V带的标准、受力分析和设计计算；了解带传动的受力分析方法，了解弹性滑动、打滑的概念及区别。了解链传动失效形式、布置形式及润滑。

挠性件传动包括带传动和链传动等，其主动轮和从动轮通过中间挠性件（带或链）来传递运动和动力。带传动和链传动的区别在于：带传动是依靠带与带轮间的摩擦力实现传动，链传动则是依靠链条与链轮轮齿的啮合作用实现传动。与其他传动方式（如齿轮传动）相比较，挠性件传动具有结构简单、成本低廉、传动中心距大等优点，因而在各种机械中得到广泛的应用。传动比不够准确，是它的主要缺点。

第一节 带传动的工作原理和类型、特点和应用

一、带传动的工作原理和类型

带传动是通过中间挠性元件传递运动和动力的一种机械传动，带传动中所用的挠性元件是各种形式的传动带，按工作原理分为摩擦型带传动和啮合型带传动。

带传动与齿轮传动相比，具有结构简单、成本低，适用于中心距较大的场合。因此在工业中被广泛应用。

摩擦型带传动通常是由主动轮1、从动轮2和紧套在两轮上的传动带3所组成的，如图7-1所示。由于传动带是以一定的张紧力紧套在带轮上，所以在接触面间产生压力，当主动轮转动时，依靠带与带轮间的摩擦力使从动轮转动，以传递运动和动力。

上述摩擦型传动带，按截面形状可分为平带传动、V带传动、圆带和多楔带等，如图7-2（a）、图7-2（b）、图7-2（c）、图7-2（d）所示。

平带的横截面为扁平矩形，工作面是与轮面接触的内表面。与其他带传动相

比，结构简单，加工方便，适用于中心距较大的场合。

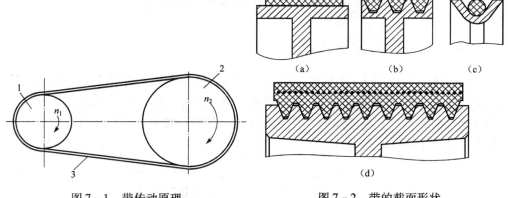

图 7-1 带传动原理
1—主动轮；2—从动轮；3—传动带

图 7-2 带的截面形状
（a）平带；（b）V 带；（c）圆带；（d）多楔带

V 带的横截面为等腰梯形，工作面是与轮槽相接触的两个侧面，根据槽面摩擦原理，在同样的张紧力下，V 带传动较平带传动能产生更大的摩擦力，由于 V 带传动具有摩擦力大、结构紧凑等优点，因而 V 带传动应用广泛，为此，本章主要介绍 V 带传动。

多楔带以扁平部分为基体，下面有若干等距纵向楔形槽，工作面是侧面。它具有平带的弯曲应力小和 V 带的摩擦力大等优点，常用于传递功率大又要求结构紧凑的场合，传动比可达 10，带速可达 40 m/s。

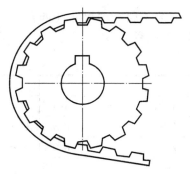

圆带的横截面为圆形，传递功率小，常用于仪器和家用机械中。

啮合型带传动依靠带内侧齿与带轮轮齿的啮合来传递运动和动力，这种带传动称为同步带传动，如图 7-3 所示。它除了摩擦型传动带

图 7-3 啮合型带传动

传动的优点外，还具有传递功率大、传动比准确等特点，故多用于要求传动平稳、传动精度较高的场合。

二、带传动的特点和应用

带传动的主要优点是传动平稳、噪声小、缓冲吸振和过载打滑及可防止其他零件损坏等，且结构简单、成本低廉，尤其适用于两轴中心距较大的传动。

缺点是外廓尺寸较大，不能保证准确的传动比，效率较低，带的寿命短以及不宜用于高温、易燃、易爆场合。

第二节 V带和带轮的结构

一、V带的结构、标准

V带的结构如图7-4所示,由顶胶、抗拉体、底胶、包布4部分组成。抗拉体的结构有绳芯结构和帘布芯结构两种。其中帘布芯结构V带制造方便,抗拉强度高,应用较广;绳芯结构V带柔性较好,抗弯强度高,适用于转速较高,带轮直径较小的场合。

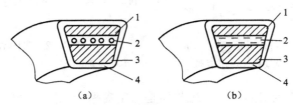

图7-4 普通V带的结构
(a)绳芯结构;(b)帘布芯结构
1—顶胶;2—抗拉体;3—底胶;4—包布

按V带截面尺寸(如表7-1所示)的大小,普通V带分Y、Z、A、B、C、D、E七种类型。

表7-1 普通V带截面尺寸   mm

型号	Y	Z	A	B	C	D	E
顶宽 b	6.0	10.0	13.0	17.0	22.0	32.0	38.0
节宽 b_p	5.3	8.5	11.0	14.0	19.0	27.0	32.0
高度 h	4.0	6.0	8.0	11.0	14.0	19.0	23.0
楔角 α	40°						
每米质量 $q/(\mathrm{kg \cdot m^{-1}})$	0.02	0.06	0.10	0.17	0.30	0.62	0.90

V带在工作时,会发生弯曲变形,顶胶伸长,底胶缩短,但两者之间有一层长度不变,称为节面,其宽度称节宽 b_p;与带的节面宽度重合处的带槽宽度,称为带槽的基准宽度 b_d,$b_d = b_p$;带槽基准宽度所在的圆,称为基准圆。其直径 d_d 称为带轮的基准直径,带轮的基准直径系列值见表7-8;带的节面长度称为带的基准长度 L_d,也称带的公称长度,其长度系列见表7-2。

普通V带的标记由型号、基准长度和标准号三部分组成,如基准长度为1 600 mm 的A型普通V带,其标记为:A1600GB11544—97。V带标记通常压印在带的顶面。

表 7-2　普通 V 带的长度系列（GB/T 1154—1997）　　　　mm

Y	Z	A	B	C	D	E
200	405	630	930	1 565	2 740	4 660
224	475	700	1 000	1 760	3 100	5 040
250	530	790	1 100	1 950	3 330	5 420
280	625	890	1 210	2 195	3 730	6 100
315	700	990	1 370	2 420	4 080	6 850
355	780	1 100	1 560	2 715	4 620	7 650
400	820	1 250	1 760	2 880	5 400	9 150
450	1 080	1 400	1 950	3 080	6 100	12 230
500	1 330	1 550	2 180	3 520	6 840	13 750
		1 420	1 600	2 300	4 060	7 620	15 280
		1 540	1 750	2 500	4 600	9 140	16 800
			1 940	2 700	5 380	10 700	
			2 050	2 870	6 100	12 200	
			2 200	3 200	6 815	13 700	
			2 300	3 600	7 600	15 200	
			2 480	4 060	9 100		
			2 700	4 430	10 700		
				4 820			
				5 370			
				6 070			

二、普通 V 带轮的材料与结构

带传动一般安装在传动系统的最高级处，带轮的转速较高，故要求带轮要有足够的强度。带轮常用灰铸铁铸造，有时也采用铸钢、铝合金或非金属材料。当带轮圆周速度 $v<25$ m/s 时，采用 HT150；当 $v=25\sim30$ m/s 时，采用 HT200；速度更高时，采用铸钢或钢板冲压后焊接；传递功率较小时，带轮材料可采用铝合金或工程塑料。

带轮的结构一般由轮缘、轮毂、轮辐等部分组成。轮缘是带轮具有轮槽的部分。轮槽的形状和尺寸与相应型号的带截面尺寸相适应。规定：梯形轮槽的槽角为 32°、34°、36°、38°等 4 种，都小于 V 带两侧面的楔角 40°。这是由于带在带轮上弯曲时，截面变形将使其楔角变小，以使胶带能紧贴轮槽两侧。

铸造带轮的结构如图 7-5、图 7-6 所示。带轮直径 $d_d \leqslant (2.5\sim3)d$（$d$ 为带轮轴的直径，mm）时，可采用实心式［如图 7-5（a）所示］；$d_d<300$ mm 时，可采用腹板式［如图 7-5（b）所示］；当 $d_d \leqslant 400$ mm 时，可采用孔板式［如图 7-6（a）所示］；$d_d>400$ mm 时，可采用轮辐式［如图 7-6（b）所示］。带轮结构的具体尺寸可查阅《机械工程设计手册》。

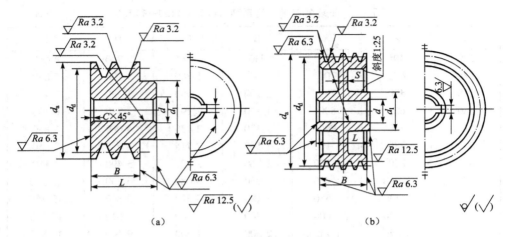

图 7-5 实心式和腹板式带轮
(a) 实心式;(b) 腹板式

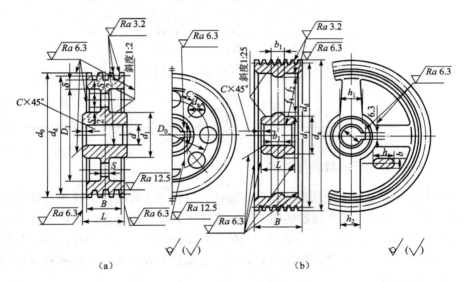

图 7-6 孔板式和轮辐式带轮
(a) 孔板式;(b) 椭圆截面轮辐式

第三节 带传动的工作情况分析

一、带传动的受力分析

带传动安装时,传动带必须张紧在带轮上,使带和带轮的接触面间产生足够的摩擦力。因此静止时,带已受到初拉力 F_0 的作用,这时带轮两边拉力相等,如图 7-7 (a) 所示。

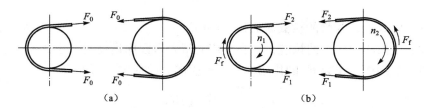

图 7-7 带传动的受力分析
(a) 传动带安装时的受力图; (b) 传动带工作时的受力图

工作时, 带在主动轮段所受摩擦力方向与主动轮转向 n_1 相同, 带在从动轮段所受摩擦力与从动轮转向 n_2 相反。由于摩擦力作用使带轮两边的拉力不再相等, 进入主动轮的一边, 拉力由 F_0 增大至 F_1 称为紧边。进入从动轮的一边, 拉力由 F_0 降至 F_2, 称为松边, 如图7-7 (b) 所示, 两边拉力之差称为带的有效拉力 F, 也就是带所能传递的圆周力 F。

$$F = F_1 - F_2 \tag{7-1}$$

有效拉力实际上就是带和带轮接触面间摩擦力的总和, 所以当初拉力 F_0 一定时, 摩擦力的总和有一极限值, 如果带传动工作时需要传递的圆周阻力超过了这个极限值, 带与带轮将发生显著的相对滑动, 这种现象称为打滑。打滑使带的磨损加剧, 带和带轮处于不稳定的运动状态, 传动失效。

有效拉力 F (N)、带速 v (m/s) 和传递功率 P (kW) 之间的关系为

$$P = \frac{Fv}{1\,000} \text{ (kW)} \tag{7-2}$$

可用欧拉公式表示出带即将打滑时, 紧边和松边拉力之间的关系

$$F_1 = F_2 e^{f\alpha} \tag{7-3}$$

式中, f 为带和带轮间的摩擦系数; α 为小带轮的包角 (rad) (带与小带轮接触弧所对的圆心角); e 为自然对数的底, e≈2.718。

由式 (7-1) 和式 (7-3) 可得

$$F = F_1 \left(1 - \frac{1}{e^{f\alpha}}\right) \tag{7-4}$$

由此可知增大包角 α、增大摩擦系数 f 都可提高带传动所能传递的圆周力。

二、带传动的应力分析

带工作时, 带中应力有三部分。
(1) 由紧边和松边拉力产生的拉应力。

紧边拉应力 $\quad\quad\quad\quad\quad \sigma_1 = \frac{F_1}{A}$ (MPa)

松边拉应力
$$\sigma_2 = \frac{F_2}{A} \text{ (MPa)}$$

以上两式中 A 为带的横截面面积（mm^2）。

（2）由离心力产生的拉应力。当带绕入带轮做圆周运动时产生离心力，该离心力使带受到离心拉力 F_c 的作用，从而产生离心拉应力，可推得

$$\sigma_c = \frac{F_c}{A} = \frac{qv^2}{A} \text{ (MPa)}$$

式中，q 为传动带单位长度的质量（kg/m），见表 7-1。

离心力虽仅产生于传动带做圆周运动的弧段，但由其引起的离心拉力 F_c 作用于带的全长，故离心拉应力 σ_c 亦作用于带的全长上。

（3）带弯曲时产生的弯曲应力。传动带绕过带轮时，因受弯曲而产生弯曲应力，由材料力学得

$$\sigma_b \approx E \frac{h}{d} \tag{7-5}$$

式中，h 为带的高度（mm）；E 为带的弹性模量（MPa）；d 为带轮直径（mm）（对 V 带轮为基准直径）。

弯曲应力仅产生在带包围带轮上的弧段，显然，从式（7-5）可知，带在两轮上产生的弯曲应力的大小与带轮基准直径成反比，故小轮上的弯曲应力较大。带工作时各段的合成应力如图 7-8 所示，由图可见，作用在某截面上的应力是随带的工作位置不同而变化的，带是在变应力状态下工作，易产生疲劳破坏，带的最大应力在紧边绕上小带轮处，即

$$\sigma_{max} = \sigma_1 + \sigma_{b1} + \sigma_c \text{ (MPa)}$$

三、带传动的弹性滑动和传动比

由于带具有弹性，在拉力作用下产生弹性伸长，而紧边拉力大于松边拉力，所以紧边的弹性伸长量大于松边的弹性伸长量。当带绕过主动轮时，拉力由 F_1 逐渐降至 F_2，其弹性伸长量随之减小，带在带轮上微微向后收缩，而主动轮的圆周速度 v_1 保持不变，所以带的速度逐渐落后于主动轮的圆周速度，从绕上主动轮时的 v_1 逐渐降至 v_2，在带和带轮之间局部出现相对滑动，如图 7-9 所示。这种现象亦发生在从动轮上。这种由于材料的弹性变形产生的滑动称为弹性滑动。显然，弹性滑动是靠摩擦力工作的带传动不可避免的物理现象。由于弹性滑动使从动轮的圆周速度 v_2 低于主动轮的圆周速度 v_1，其相对降低率用滑动率 ε 表示，即

$$\varepsilon = \frac{v_1 - v_2}{v_1} = \frac{\pi d_1 n_1 - \pi d_2 n_2}{\pi d_1 n_1}$$

由此可得

$$i = \frac{n_1}{n_2} = \frac{d_2}{d_1(1-\varepsilon)} \qquad (7-6)$$

或

$$i = \frac{n_1 d_1 (1-\varepsilon)}{d_2} \qquad (7-7)$$

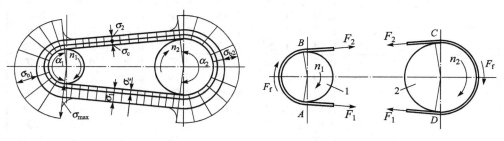

图 7-8 带传动的应力分析　　　图 7-9 带的弹性滑动

在一般传动中，$\varepsilon = 0.01 \sim 0.02$，其值不大，可不予考虑。

第四节　普通 V 带传动的计算

一、带传动的失效形式和设计准则

1. 带传动的失效形式

V 带传动的主要失效形式有两种，即打滑和疲劳损坏。

（1）打滑将加剧带的磨损并使传动失效。

（2）带在工作时的应力随着带的运转而变化，是交变应力。转速越高，单位时间内带绕过带轮的次数越多，带的应力变化次数越频繁。长时期工作，传动带在交变应力的反复作用下会产生脱层、撕裂，最后导致疲劳断裂，从而使带传动失效。

2. 带传动的设计准则

针对带传动的主要失效形式，带传动的设计准则是：在保证不打滑的前提下，同时具有足够的疲劳强度和一定的使用寿命。

二、单根 V 带的额定功率

根据既不打滑又有一定疲劳寿命这两个条件，在特定的条件下得到的单根 V 带所能传递的功率称为单根 V 带的基本额定功率。在包角 $\alpha = 180°$，特定带长，工作平稳的条件下，单根普通 V 带的基本额定功率 P_0 见表 7-3。当实际工作条件与上述特定条件不同时，应对 P_0 值加以修正，修正后的值称为许用功率 $[P_0]$。

表 7-3　单根普通 V 带的基本额定功率 P_0　　　　　　　　　　　　　　kW

带型	小带轮基准直径 d_{d1}/mm	小带轮转速 n_1/(r·min^{-1})						
		400	730	800	980	1 200	1 460	2 800
Z	50	0.06	0.09	0.10	0.12	0.14	0.16	0.26
	63	0.08	0.13	0.15	0.18	0.22	0.25	0.41
	71	0.09	0.17	0.20	0.23	0.27	0.31	0.50
	80	0.14	0.20	0.22	0.26	0.30	0.36	0.56
A	75	0.27	0.42	0.45	0.52	0.60	0.68	1.00
	90	0.39	0.63	0.68	0.79	0.93	1.07	1.64
	100	0.47	0.77	0.83	0.97	1.14	1.32	2.05
	112	0.56	0.93	1.00	1.18	1.39	1.62	2.51
	125	0.67	1.11	1.19	1.40	1.66	1.93	2.98
	140	0.78	1.31	1.41	1.66	1.96	2.29	3.48
B	125	0.84	1.34	1.44	1.67	1.93	2.20	2.96
	140	1.05	1.69	1.82	2.13	2.47	2.83	3.85
	160	1.32	2.16	2.32	2.72	3.17	3.64	4.89
	180	1.59	2.61	2.81	3.30	3.85	4.41	5.76
	200	1.85	3.05	3.30	3.86	4.50	5.15	6.43
C	200	2.41	3.80	4.07	4.66	5.29	5.86	5.01
	224	2.99	4.78	5.12	5.89	6.71	7.47	6.08
	250	3.62	5.82	6.23	7.18	8.21	9.06	6.56
	280	4.32	6.99	7.52	8.65	9.81	10.74	6.13
	315	5.14	8.34	8.92	10.23	11.53	12.48	4.16
	400	7.06	11.52	12.1	13.67	15.04	15.51	

$$[P_0] = (P_0 + \Delta P_0) K_\alpha K_L \qquad (7-8)$$

式中，ΔP_0 为功率增量，考虑传动比 $i \neq 1$ 时，带在大带轮上弯曲应力较小，故在寿命相同条件下，可增大传动的功率，ΔP_0 的值见表 7-4；K_α 为包角修正系数，考虑 $\alpha_1 \neq 180°$ 时对传动能力的影响，见表 7-5；K_L 为带长修正系数，考虑带长不为特定长度时对传动能力的影响，见表 7-6。

表 7-4　单根普通 V 带额定功率的增量 ΔP_0　　　　　　　　　　　　　kW

带型	小带轮转速 n_1/(r·min^{-1})	传动比								
		1.00~1.01	1.02~1.04	1.05~1.08	1.09~1.12	1.13~1.18	1.19~1.24	1.25~1.34	1.35~1.51	1.52~1.99	≥2.0
Z	400	0.00	0.00	0.00	0.00	0.00	0.00	0.00	0.00	0.01	0.01
	730	0.00	0.00	0.00	0.00	0.00	0.00	0.01	0.01	0.01	0.02
	800	0.00	0.00	0.00	0.00	0.00	0.01	0.01	0.01	0.02	0.02
	980	0.00	0.00	0.00	0.00	0.01	0.01	0.01	0.01	0.02	0.02
	1 200	0.00	0.00	0.00	0.01	0.01	0.01	0.01	0.02	0.02	0.03
	1 460	0.00	0.00	0.01	0.01	0.01	0.02	0.02	0.02	0.02	0.03
	2 800	0.00	0.01	0.02	0.02	0.03	0.03	0.03	0.04	0.04	0.04

续表

带型	小带轮转速 n_1/(r·min^{-1})	传动比									
		1.00~1.01	1.02~1.04	1.05~1.08	1.09~1.12	1.13~1.18	1.19~1.24	1.25~1.34	1.35~1.51	1.52~1.99	≥2.0
A	400	0.00	0.01	0.01	0.02	0.02	0.03	0.03	0.04	0.04	0.05
	730	0.00	0.01	0.02	0.03	0.04	0.05	0.06	0.07	0.08	0.09
	800	0.00	0.01	0.02	0.03	0.04	0.05	0.06	0.08	0.09	0.10
	980	0.00	0.01	0.03	0.04	0.05	0.06	0.07	0.08	0.10	0.11
	1 200	0.00	0.02	0.03	0.05	0.07	0.08	0.10	0.11	0.13	0.15
	1 460	0.00	0.02	0.04	0.06	0.08	0.09	0.11	0.13	0.15	0.17
	2 800	0.00	0.04	0.08	0.11	0.15	0.19	0.23	0.26	0.30	0.34
B	400	0.00	0.01	0.03	0.04	0.06	0.07	0.08	0.10	0.11	0.13
	730	0.00	0.02	0.05	0.07	0.10	0.12	0.15	0.17	0.20	0.22
	800	0.00	0.03	0.06	0.08	0.11	0.14	0.17	0.20	0.23	0.25
	980	0.00	0.03	0.07	0.10	0.13	0.17	0.20	0.23	0.26	0.30
	1 200	0.00	0.04	0.08	0.13	0.17	0.21	0.25	0.30	0.34	0.38
	1 460	0.00	0.05	0.10	0.15	0.20	0.25	0.31	0.136	0.40	0.46
	2 800	0.00	0.10	0.20	0.29	0.39	0.49	0.59	0.69	0.79	0.89
C	400	0.00	0.04	0.08	0.12	0.16	0.20	0.23	0.27	0.31	0.35
	730	0.00	0.07	0.14	0.21	0.27	0.34	0.41	0.48	0.55	0.62
	800	0.00	0.08	0.16	0.23	0.31	0.39	0.47	0.55	0.63	0.71
	980	0.00	0.09	0.19	0.27	0.37	0.47	0.56	0.65	0.74	0.83
	1 200	0.00	0.12	0.24	0.35	0.47	0.59	0.70	0.82	0.94	1.06
	1 460	0.00	0.14	0.28	0.42	0.58	0.71	0.85	0.99	1.14	1.27
	2 800	0.00	0.27	0.55	0.82	1.10	1.37	1.64	1.92	2.19	2.47

表 7-5 包角修正系数 K_α

包角 α_1	180°	175°	170°	165°	160°	155°	150°	145°	140°	135°	130°	125°	120°
K_α	1.00	0.99	0.98	0.96	0.95	0.93	0.92	0.91	0.89	0.88	0.86	0.84	0.82

表 7-6 带长修正系数 K_L

基准长度 L_d/mm	K_L				基准长度 L_d/mm	K_L			
	Y	Z	A	B		Z	A	B	C
200	0.81				1 600	1.16	0.99	0.93	0.84
224	0.82				1 800	1.18	1.01	0.95	0.85
250	0.84				2 000		1.03	0.98	0.88

续表

基准长度 L_d/mm	K_L				基准长度 L_d/mm	K_L			
	Y	Z	A	B		Z	A	B	C
280	0.87				2 240		1.06	1.00	0.91
315	0.89				2 500		1.09	1.03	0.93
355	0.92				2 800		1.11	1.05	0.95
400	0.96	0.87			3 150		1.13	1.07	0.97
450	1.00	0.89			3 550		1.17	1.10	0.98
500	1.02	0.91			4 000		1.19	1.13	1.02
560		0.94			4 500			1.15	1.04
630		0.96	0.81		5 000			1.18	1.07
710		0.99	0.82		5 600				1.09
800		1.00	0.85		6 300				1.12
900		1.03	0.87	0.81	7 100				1.15
1 000		1.06	0.89	0.84	8 000				1.18
1 120		1.08	0.91	0.86	9 000				1.21
1 250		1.11	0.93	0.88	1 000				1.23
1 400		1.14	0.96	0.90					

三、主要参数选择

设计 V 带传动时,通常已知带传动的用途、工作条件、传递功率、带轮的转速及外廓尺寸要求等。

设计计算的主要内容是确定 V 带的型号、长度、根数、中心距、带轮直径、材料、结构以及作用在轴上的压力等。

设计计算的一般步骤如下。

(1) 确定计算功率 P_c,选择 V 带型号。

计算功率
$$P_c = K_A P \quad (7-9)$$

式中,P 为传递的名义功率 (kW);K_A 为工作情况系数,见表 7-7。

表 7-7 工作情况系数 K_A

载荷性质	工作机	原动机					
		I 类			II 类		
		每天工作时间/h					
		<10	10~16	>16	<10	10~16	>16
载荷平稳	离心式水泵、通风机 (≤7.5 kW)、轻型输送机、离心式压缩机	1.0	1.1	1.2	1.1	1.2	1.3

续表

载荷性质	工作机	原动机 Ⅰ类			原动机 Ⅱ类		
		每天工作时间/h					
		<10	10~16	>16	<10	10~16	>16
载荷变动小	带式运输机、通风机（>7.5 kW）、发电机、旋转式水泵、机床、剪床、压力机、印刷机、振动筛	1.1	1.2	1.3	1.2	1.3	1.4
载荷变动较大	螺旋式输送机、斗式提升机、往复式水泵和压缩机、锻锤、磨粉机、锯木机、纺织机械	1.2	1.3	1.4	1.4	1.5	1.6
载荷变动很大	破碎机（旋转式、颚式等）、球磨机、起重机、挖掘机、辊压机	1.3	1.4	1.5	1.5	1.6	1.8

注：Ⅰ类——普通笼型交流电动机、同步电动机、直流电动机（并激），$n \geqslant 600$ r/min 内燃机。

Ⅱ类——交流电动机（双笼型、滑环式、单相、大转差率），直流电动机，$n \leqslant 600$ r/min 内燃机。

V 带的型号常根据 P_c 和小带轮的转速 n_1，由图 7-10 选取。

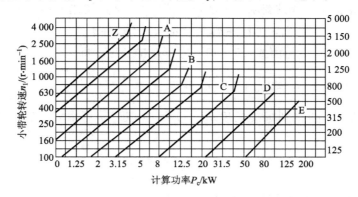

图 7-10 普通 V 带选型

(2) 确定带轮直径 d_{d1}、d_{d2}，校核带速 v。表 7-8 列出了 V 带轮的最小基准直径和带轮的基准直径系列，选择小带轮基准直径时，应使 $d_{d1} \geqslant d_{min}$，以减小带

内的弯曲应力。大带轮的基准直径如按下式计算 d_{d2}，即

$$d_{d2} = \frac{n_1}{n_2} d_{d1} (1-\varepsilon)$$

并按表 7-8 进行圆整。

表 7-8 普通 V 带轮最小基准直径　　　　　　　　　　mm

型　　号	Y	Z	A	B	C	D	E
最小基准直径 d_{dmin}	20	50	75	125	200	355	500

注：带轮基准直径系列：20、22.4、25、28、31.5、35.5、40、45、50、56、63、71、75、80、85、90、95、100、106、112、118、125、132、140、150、160、170、180、200、212、224、236、250、265、280、300、315、335、355、375、400、425、450、475、500、530、560、600、630、670、710、750、800、900、1 000、1 060、1 120、1 250、1 400、1 500、1 600、1 800、2 000、2 240、2 500

带速
$$v = \frac{\pi d_{d1} n_1}{60 \times 1\,000} \tag{7-10}$$

带速 v 一般应在 5~25 m/s 的范围内，其中以 10~20 m/s 为最佳。若 $v>25$ m/s，则因带绕过带轮时离心力过大，使带与带轮之间的压紧力减小，摩擦力降低而使传动能力下降，而且离心力过大降低了带的疲劳强度和寿命。而当 $v<5$ m/s 时，在传递相同功率时带所传递的圆周力增大，使带的根数增加。

(3) 确定中心距 a、带长 L_d 和核算包角 α。传动比和带速一定时，中心距增大，将有利于增大包角和减少单位时间内的应力循环次数，但中心距太大则使结构外廓尺寸大，还会因载荷变化引起带的颤动，从而降低其工作能力。若已知条件未对中心距提出具体的要求，一般可按式 (7-11) 初选中心距 a_0，即

$$0.7(d_{d1} + d_{d2}) < a_0 < 2(d_{d1} + d_{d2}) \tag{7-11}$$

初选中心距 a_0 后再由式 (7-12) 求得基准长度，即

$$L_0 = 2a_0 + \frac{\pi}{2}(d_{d1} + d_{d2}) + \frac{(d_{d2} - d_{d1})^2}{4a_0} \tag{7-12}$$

并由表 7-2 圆整到标准长度 L_d，实际中心距 a 可由式 (7-13) 近似计算，即

$$a \approx a_0 + \frac{L_d - L_0}{2} \tag{7-13}$$

考虑安装、调整的需要，中心距变动范围为

$$(a - 0.015L_d) \sim (a + 0.03L_d)$$

包角 α 的大小影响传动能力，α 小，传动能力降低，易打滑，故对包角 α 有一定的要求，即

$$\alpha = 180° - \frac{d_{d2} - d_{d1}}{a} \times 57.3° \geqslant 120° \qquad (7-14)$$

若不满足，应增大中心距或 a 降低传动比，也可加张紧轮。

(4) 确定 V 带的根数 z。

$$z \geqslant \frac{P_c}{(P_0 + \Delta P_0) K_\alpha K_L} \qquad (7-15)$$

式中，z 应取整，且为使带受力均匀，一般应使 $z < 10$。

(5) 作用在带轮轴上的压力 F_Q。为了设计带轮轴和轴承，必须计算出带轮对轴的压力，如图 7-11 所示，可按式 (7-16) 近似计算，即

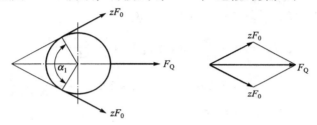

图 7-11 带传动作用在轴上的压力

$$F_Q = 2zF_0 \sin\frac{\alpha_1}{2} \qquad (7-16)$$

F_0 为带的初拉力，保持适当的初拉力是带传动工作的首要条件。初拉力不足，极限摩擦力小，传动能力下降；初拉力过大，将增大作用在轴上的压力并降低带的寿命。单根普通 V 带合适的初拉力 F_0 可按式 (7-17) 计算，即

$$F_0 = \frac{500 P_c}{zv}\left(\frac{2.5}{K_\alpha} - 1\right) + qv^2 \qquad (7-17)$$

(6) 带轮结构设计。带轮结构设计见本章第二节。

例 7-1 设计一带式输送机的普通 V 带传动，已知电动机功率 $P = 5.5$ kW，转速 $n_1 = 960$ r/min，工作机的转速 $n_2 = 350$ r/min，根据空间尺寸，要求中心距约为 500 mm。带传动每天工作 16 h，试设计该 V 带传动。

解：(1) 确定计算功率 P_c。

根据 V 带传动工作条件，查表 7-7，可得工作情况系数 $K_A = 1.2$，所以

$$P_c = K_A P = 1.2 \times 5.5 = 6.6 \text{ (kW)}$$

(2) 选取 V 带型号。

根据 P_c、n_1，由图 7-10，选用 A 型 V 带。

(3) 确定带轮基准直径 d_{d1}、d_{d2}。

由表 7-8，根据 $d_{d1} \geqslant d_{dmin}$，选 $d_{d1} = 140$ mm。

从动轮的基准直径为

$$d_{d2} = \frac{n_1}{n_2}d_1(1-\varepsilon) = \frac{960}{350} \times 140 \times (1-0.02) = 376 \text{ (mm)}$$

根据表 7-8，选 $d_{d2} = 375$ mm。

（4）验算带速 v。

$$v = \frac{\pi d_{d1} n_1}{60 \times 1\,000} = \frac{3.14 \times 140 \times 960}{60 \times 1\,000} = 7.03 \text{ (m/s)}$$

v 在 5~15 m/s 范围内，故带的速度合适。

（5）确定 V 带的基准长度和传动中心距。

因题目要求中心距约为 500 mm，故初选中心距 $a_0 = 500$ mm。

根据式（7-12）计算带所需的基准长度

$$L_0 = 2a_0 + \frac{\pi}{2}(d_{d1} + d_{d2}) + \frac{(d_{d2} - d_{d1})^2}{4a_0}$$

$$= 2 \times 500 + \frac{\pi}{2} \times (140 + 375) + \frac{(375-140)^2}{4 \times 500}$$

$$= 1\,836.6 \text{ (mm)}$$

由表 7-2，选取带的基准长度 $L_d = 1\,750$ mm。

按式（7-13）计算实际中心距

$$a \approx a_0 + \frac{L_d - L_0}{2} = 500 + \frac{1\,750 - 1\,836.6}{2} = 456.7 \text{ (mm)}$$

（6）验算主动轮上的包角 α_1。

由式（7-14）得

$$\alpha = 180° - \frac{d_{d2} - d_{d1}}{a} \times 57.3°$$

$$= 180° - \frac{375-140}{456.7} \times 57.3° = 150.52° > 120°$$

故主动轮上的包角合适。

（7）计算 V 带的根数 z。

由式（7-15）得

$$z \geq \frac{P_c}{(P_0 + \Delta P_0) K_\alpha K_L}$$

由 $n_1 = 960$ r/min，$d_{d1} = 140$ mm，查表 7-3 得 $P_0 = 1.63$ kW（用内插法求），查表 7-4 得 $\Delta P_0 = 0.11$ kW，查表 7-5 得 $K_\alpha = 0.92$，查表 7-6 得 $K_L = 1.01$，所以

$$z = \frac{6.6}{(1.36 + 0.11) \times 0.92 \times 1.01} = 4.08$$

取 $z = 5$ 根。

（8）计算 V 带合适的初拉力 F_0。

由式（7-17）得

$$F_0 = \frac{500P_c}{zv}\left(\frac{2.5}{K_\alpha} - 1\right) + qv^2$$

查表 7-1 得 $q = 0.1$ kg/m，所以

$$F_0 = \frac{500 \times 6.6}{5 \times 7.03} \times \left(\frac{2.5}{0.92} - 1\right) + 0.1 \times 7.03^2 = 166.2 \text{ (N)}$$

（9）计算作用在带轮轴上的压力 F_Q。

由式（7-16）得

$$F_Q = 2zF_0\sin\frac{\alpha_1}{2} = 2 \times 5 \times 166.2 \times \sin\frac{150.52}{2} = 1607.3 \text{ (N)}$$

（10）带轮结构设计（略）。

第五节　带传动的张紧装置、安装及维护

一、带传动的张紧装置

带传动是靠带与带轮的摩擦力工作的，故安装传动带必须以一定的初拉力紧套在带轮上，但传动带不是完全的弹性体，工作一定时间后会产生松弛，使传动能力下降，所以带传动设有张紧装置，常见的有以下几种。

1. 定期张紧

装有带轮的电动机安装在移动导轨上，旋转调节螺钉以增大或减小中心距，从而达到张紧或松开的目的，如图 7-12（a）所示。另一种是把电动机安装在摆动底座上，通过旋转调整螺母来调节中心距，达到张紧的目的，如图 7-12（b）所示。

2. 自动张紧

把电动机安装在摇摆架上，利用电动机的自重，使带轮随电动机绕固定轴摆动，以达到自动张紧的目的，如图 7-12（c）所示。

3. 采用张紧轮

若中心距不能调整，可采用张紧轮张紧，如图 7-12（d）所示。张紧轮一般安装在松边内侧，使带只受单弯曲；同时尽量靠近大带轮，以免减小小带轮的包角。张紧轮直径可小于小带轮直径，其轮槽尺寸与带轮相同。

二、带传动的安装、维护

为了延长使用寿命，保证正常运转，须正确地安装、使用与维护。

（1）带传动在安装时，必须使两带轮轴线平行，轮槽对正，否则会加剧磨损。安装时应缩小中心距后套上，然后调整。

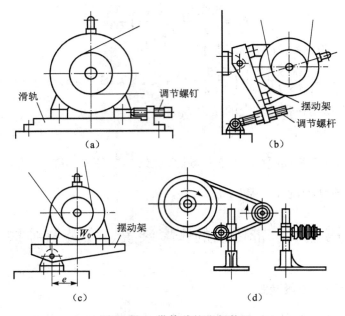

图 7-12 带传动的张紧装置

(a) 移动导轨或定期张紧装置；(b) 摆动式定期张紧装置；(c) 自动张紧装置；(d) 张紧轮装置

（2）严防与矿物油、酸、碱等腐蚀性介质接触，也不宜在阳光下曝晒。

（3）为保证安全，带传动应加防护罩。

（4）定期检查胶带，一旦发现其中一根松弛或损坏，应全部更换成新带，不能新旧带混合使用。

第六节 链传动的特点和类型

一、链传动的工作原理和特点

如图 7-13 所示，链传动由主动链轮、链条、从动链轮组成。链轮具有特定的齿形，链条套装在主动链轮和从动链轮上。工作时，通过链条的链节与链轮轮齿的啮合来传递运动和动力。

链传动具有下列特点：

（1）链传动结构较带传动紧凑，过载能力强。

（2）链传动有准确的平均传动比，无滑动现象，但传动平稳性差，工作时有噪声。

（3）作用在轴和轴承上的载荷较小。

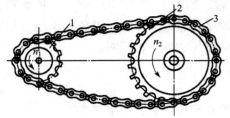

图 7-13 链传动

1—主动链轮；2—从动链轮；3—链条

(4) 可在温度较高、灰尘较多、湿度较大的不良环境下工作。
(5) 低速时能传递较大的载荷。
(6) 安装精度高，制造成本较高。

二、链的类型和应用

由于链的用途不同，链可分为传动链、起重链和牵引链 3 种。传动链用于一般机械中传递动力和运动；起重链用于起重机械中提升重物；牵引链用于链式输送机中移动重物。

常用的传动链根据其结构的不同，可分为滚子链和齿形链两种。齿形链是由一组带有两个特定齿形的链板左右交错并列铰接而成，如图 7 - 14 所示。工作时，通过链板上的链齿与链轮轮齿

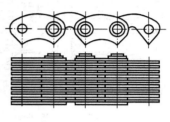

图 7 - 14　齿形链

相啮合来实现传动。与滚子链相比，齿形链传动平稳，噪声小，承受冲击性能好，工作可靠；但结构复杂，价格较高，且制造较难。故多用于高速或运动精度要求较高的传动装置中。

链传动通常用于要求有准确的平均传动比，两轴平行且中心距较大，不宜应用带传动和齿轮传动的场合。因链传动能在恶劣条件下工作，故在矿山、冶金、建筑、石油、农业和化工机械中获得广泛应用。

第七节　滚子链和链轮的结构

一、滚子链

滚子链由内链板 1、套筒 2、销轴 3、外链板 4 和滚子 5 组成，如图 7 - 15 所示。

内链板与套筒以过盈配合连接，套筒与滚子以间隙配合相连，构成活动铰链，滚子可绕套筒自由转动。外链节由外链板和销轴组成，它们之间以过盈配合连接在一起。内链节和外链节之间用套筒和销轴以间隙配合相连。当链屈伸时，套筒能够绕销自由转动，起着铰链的作用。滚子是松套在套筒上的，故滚子与轮齿为滚动摩擦，可减轻它们之间的磨损。

链条上相邻两销轴中心的距离 p 叫做节距，它是链传动的重要参数。节距 p 越大，承载能力越高，但在链轮齿数一定时链轮尺寸和质量也随之增大。因此，设计时在保证承载能力的前提下，应尽量采取较小的节距。载荷较大时可选用双排链，如图 7 - 16 所示，或多排链，但排数一般不超过 3 排或 4 排，以免由于制造和安装误差的影响使各排链受载不均。

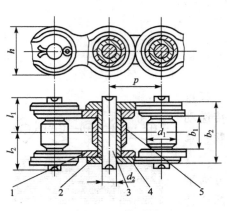
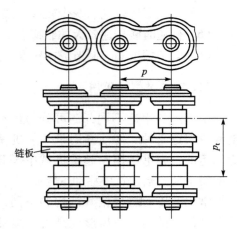

图 7-15 滚子链　　　　　　　图 7-16 双排链

1—内链板；2—套筒；3—销轴；4—外链板；5—滚子

链条的长度用链节数表示，一般选用偶数链节，使链接头处可采用普通链板，只需开口销或弹簧卡片来作轴向固定即可，如图 7-17（a）、（b）所示，前者用于大节距链，后者用于小节距链。当链节为奇数时，需采用过渡链节，如图 7-17（c）所示，由于过渡链节的链板两端受力不在同一直线上，产生附加弯矩，一般应避免采用。

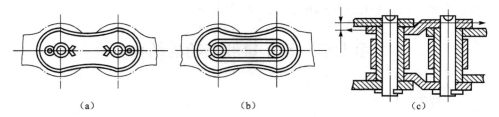

图 7-17 滚子链接头形式

(a) 开口销固定；(b) 弹簧卡片固定；(c) 过渡链节

GB/T 1243—1997 规定滚子链分为 A、B 系列，其中 A 系列用于重载、较高速度和重要的传动，B 系列用于一般传动，A 系列主要参数如表 7-9 所示。表中链号和相应的国际标准号一致，链号乘以 25.4/16 mm 即为节距值。

表 7-9　A 系列滚子链的基本参数和尺寸（GB/T 1243—1997）

链号	节距 p /mm	排距 p_t /mm	滚子外径 d_1 /mm	内链节内宽 b_1 /mm	销轴直径 d_2 /mm	内链板高度 h_2 /mm	单排极限拉伸载荷 F_Q /kN	单排每米质量 q /(kg·m^{-1})
08A	12.70	14.38	7.92	7.85	3.98	12.07	13.8	0.60
10A	15.875	18.11	10.16	9.40	5.09	15.09	21.8	1.00

续表

链号	节距 p /mm	排距 p_t /mm	滚子外径 d_1/mm	内链节内宽 b_1/mm	销轴直径 d_2/mm	内链板高度 h_2/mm	单排极限拉伸载荷 F_Q/kN	单排每米质量 q/ (kg·m^{-1})
12A	19.05	22.78	11.91	12.57	5.96	18.08	31.1	1.50
16A	25.40	29.29	15.88	15.75	7.94	24.13	55.6	2.60
20A	31.75	35.76	19.05	18.90	9.54	30.18	86.7	3.80
24A	38.10	45.44	22.23	25.22	11.11	36.20	124.6	5.60
28A	44.45	48.87	25.40	25.22	12.71	42.24	169.0	7.50
32A	50.80	58.55	28.58	31.55	14.29	48.26	222.4	10.10
40A	63.50	71.55	39.68	37.85	19.85	60.33	347.0	16.10
48A	76.20	87.83	47.63	47.35	23.81	72.39	500.4	22.60

滚子链的标记为：链号—排数×链节数 标准号。例如，16A—1×82 GB/T 1243—1997 表示：A 系列滚子链、节距为 25.4 mm、单排、链节数为 82、制造标准 GB/T 1243—1997。

二、滚子链链轮

1. 链轮的基本参数及主要尺寸

链轮的基本参数为链轮的齿数 z、配用链条的节距 p、滚子外径 d_1 及排距 p_t。链轮的主要尺寸及计算公式如表 7-10 所列。

表 7-10　滚子链链轮主要尺寸　　　　　　　　　　mm

名　称	代号	计算公式	备　注
分度圆直径	d	$d = p/\sin\dfrac{180°}{z}$	
齿顶圆直径	d_a	$d_{a\,max} = d + 1.25p - d_1$ $d_{a\,min} = d + \left(1 - \dfrac{1.6}{z}\right)p - d_1$	可在 $d_{a\,max}$、$d_{a\,min}$ 范围内任意选取，但选用 $d_{a\,max}$ 时，应考虑采用展成法，加工时有发生顶切的可能性

续表

名　称	代号	计算公式	备　注
分度圆弦齿高	h_a	$h_{a\max} = \left(0.625 + \dfrac{0.8}{z}\right)p - 0.5d_1$ $h_{a\min} = 0.5(p - d_1)$	h_a是为简化放大齿形图的绘制而引入的辅助尺寸 $h_{a\max}$相应于$d_{a\max}$，$h_{a\min}$相应于$d_{a\min}$
齿根圆直径	d_f	$d_f = d - d_1$	
齿侧凸缘 （或排间槽）直径	d_g	$d_g \leqslant p\cot\dfrac{180°}{z} - 1.04h_2 - 0.76$ h_2——内链板高度	

注：d_a、d_g值取整数，其他尺寸精确到 0.01 mm。

2. 链轮的齿形

链轮的齿形对啮合质量有很大影响，正确的齿形应保证链节平稳而自由地进入和退出啮合，各齿磨损均匀，不易脱链且便于加工和测量。

3. 链轮的结构和材料

链轮的典型结构由轮辐、轮毂、轮缘 3 部分组成。具体结构形式由链轮直径大小而定。有整体式［如图 7 – 18（a）所示］、孔板式［如图 7 – 18（b）所示］、组合式［如图 7 – 18（c）、(d) 所示］。

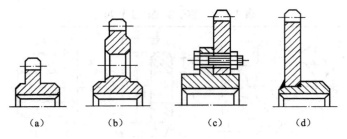

图 7 – 18　链轮的结构
(a) 整体式；(b) 孔板式；(c) 组合式；(d) 组合式

选择链轮的材料时应保证链轮轮齿具有足够的强度和较好的耐磨性，同时注意降低成本。一般小链轮采用的材料应好于大链轮，因为小链轮啮合次数比大链轮多，磨损较严重，受冲击较大。常见链轮材料及热处理工艺见表 7 – 11。

表 7-11　链轮材料及热处理工艺

材　　料	热处理	齿面硬度	应 用 范 围
15、20	渗碳淬火、回火	50～60 HRC	$z \leqslant 25$ 有冲击载荷的链轮
35	正火	160～200 HBS	$z > 25$ 的主、从动链轮
45、50 45Mn、ZG310-570	淬火、回火	40～50 HRC	无剧烈冲击振动和要求耐磨的主、从动链轮
15Cr、20Cr	渗碳淬火、回火	55～60 HRC	$z < 30$ 传递较大功率的重要链轮
40Cr、35SiMn、35CrMo	淬火、回火	40～50 HRC	要求强度较高又要求耐磨的重要链轮
Q235-A、Q275	焊接后退火	140 HBS	中低速、功率不大的较大链轮
灰铸铁（不低于HT200）	淬火、回火	260～280 HBS	$z > 50$ 的从动链轮及外形复杂或强度要求一般的链轮
夹布胶木			$P < 6$ kW，速度较高，要求传动平稳和噪声小的链轮

第八节　链传动的设计简介

一、滚子链的失效形式

链传动中，一般链轮强度比链条高，使用寿命也较长。所以链传动的失效主要是由链条的失效而引起的。链条的主要失效形式如下。

（1）链的疲劳破坏。链传动时，由于紧边与松边所受拉力不同，故运行时受交变应力作用，经多次循环后，链板发生疲劳断裂，或套筒、滚子表面出现点蚀。润滑良好时，疲劳断裂是决定链传动能力的主要因素。

（2）销轴磨损与脱链。链传动时，销轴与套筒间的压力较大，又有相对运动，若润滑不良，销轴与套筒易发生严重磨损，使链条平均节距增大，达到一定程度后，将破坏传动的正确啮合，发生跳齿而脱链，这是常见的失效形式。

（3）销轴和套筒的胶合。在高速、重载时，链条所受冲击载荷、振动较大，销轴与接触表面难以维持连续的油膜，导致摩擦严重而产生高温，易发生胶合。

(4) 滚子和套筒的冲击破坏。由于链传动的运动不平稳性等原因,不可避免地会产生冲击和振动,以致滚子和套筒受冲击而遭到破坏。

(5) 链的过载拉断。低速、重载时,链因静强度不足而被拉断。

二、链传动主要参数的选择

1. 齿数 z_1、z_2 和传动比 i

小链轮齿数 z_1 少,动载荷增大,传动平稳性差,链易磨损,故应限制小链轮的最少齿数 $z_{min}>17$,很低速度时,可少至 9。z_1 也不可过大而使传动尺寸增大。$z_2=iz_1$,应使 $z_2 \leqslant z_{max}=120$。$z_2$ 过多,磨损后的链易从链轮上脱落。由于链节数常为偶数,为使磨损均匀,应取与链节数互为质数的奇数,并优先选用数列 17、19、23、25、38、57、76、85、114 中的数。

通常链传动的传动比 $i \leqslant 6$。推荐用 $i=2\sim3.5$。

2. 链的节距 p

节距 p 是链传动最主要的参数,决定链传动的承载能力。在一定条件下,节距越大,承载能力越高,但引起的冲击、振动和噪声也越大。为使传动平稳和结构紧凑,应尽量选用节距较小的单排链。高速、大功率时,可选用小节距多排链。

3. 中心距 a 和链节数 L_p

中心距大时链长,单位时间内链节应力循环次数少,磨损慢,链的使用寿命长,且小链轮的包角大,同时啮合齿数多,对传动有利。但中心距过大,链条易发生上、下颤动。最大中心距 $a_{max} \leqslant 80p$。最小中心距应保证小链轮包角不小于 120°。初定中心距时可在 $30\sim50$ mm 选取。

链条的长度常用链节数 L_p 表示,链长总长 $L=pL_p$。链节数可根据 z_1、z_2 和选定的中心距 a_0 计算,计算结果圆整成相近的偶数。根据选定的 L_p 可计算理论中心距 a。为保证链长有合适的垂度,实际中心距 a' 应略小于理论中心距 a,一般取 $\Delta a=a-a'=(0.002\sim0.004)a$。

三、链传动的设计简介

根据链传动的失效形式,常采用链的额定功率曲线进行设计。额定功率曲线是在规定试验条件下试验并考虑安全裕量后得到的。图 7-19 所示为 A 系列滚子链($v>0.6$ m/s)的额定功率 P_0 曲线。

设计时:① 先计算额定功率 P_{0c}(与带传动设计相仿,计算额定功率应在名义功率 P 基础上考虑工作情况、小链轮齿数、链长、链的排数等多种因素对传动能力的影响);② 根据 P_{0c} 与小链轮转速 n_1,由图 7-19 确定滚子链的链号。

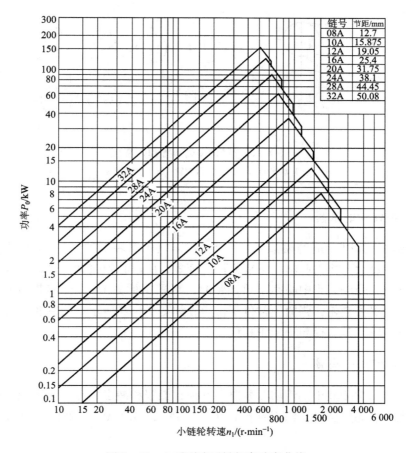

图 7-19　A 系列滚子链额定功率曲线

第九节　链传动的布置、张紧和润滑

一、链传动的布置

按两轮中心连线的位置不同，链传动的布置可分为水平布置［如图 7-20 (a) 所示］、倾斜布置［如图 7-20 (b) 所示］和垂直布置［如图 7-20 (c) 所示］3 种。通常情况下，两轴线应在同一水平面（水平布置）。两轮的回转平面应在同一平面内，否则易引起脱链和不正常磨损。链条紧边在上、松边在下，以免松边垂度过大使链与轮齿相干涉或紧松边相碰。倾斜布置时，两轮中心线与水平面夹角 φ 应尽量小于 45°。应尽量避免垂直布置，以防止下链轮啮合不良。

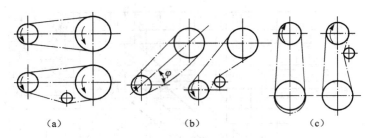

图 7-20 链传动的布置和张紧
(a) 水平布置；(b) 倾斜布置；(c) 垂直布置

二、链传动的张紧

链传动工作时合适的松边垂度一般为 $f=(0.01\sim0.02)a$，a 为传动中心距。若垂度过大，将引起啮合不良或振动现象，所以必须张紧。最常见的张紧方法是调整中心距法。当中心距不可调整时，可采用拆去 1~2 个链节的方法进行张紧，或设置张紧轮，张紧轮常位于松边，如图 7-20 所示。张紧轮可以是链轮也可以是滚轮，其直径与小链轮相近。

三、链传动的润滑

良好的润滑能减小链传动的摩擦和磨损，能缓和冲击、有助于散热，是链传动正常工作的必要条件。润滑油推荐用 L–AN32、L–AN46 和 L–AN68 号全损耗系统用油。

如图 7-21 所示，常用润滑方式有：

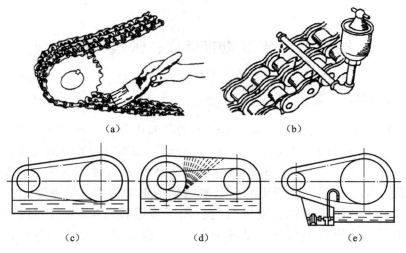

图 7-21 链传动的润滑
(a) 人工定期润滑；(b) 滴油润滑；(c) 油浴润滑；(d) 飞溅润滑；(e) 压力润滑

（1）人工定期润滑。如图 7-21（a）所示，适于低速（$v \leqslant 4$ m/s）、不重要的链传动。

（2）滴油润滑。如图 7-21（b）所示，用油杯通过油管滴入松边内、外链板间隙处，适于 $v \leqslant 10$ m/s 的传动。

（3）油浴润滑。如图 7-21（c）所示，将松边的链条浸入油池中，浸油深度为 6~12 mm。

（4）飞溅润滑。如图 7-21（d）所示，在密封容器中用甩油盘将油甩起，经壳体上的集油装置将油导流到链条上。甩油盘的线速度应大于 3 m/s。

（5）压力润滑。如图 7-21（e）所示，用于 $v \geqslant 8$ m/s 的大功率重要设备，使用油泵将油喷射至链条与链轮啮合处。

实训　带传动特性的测定及分析

一、实验目的

（1）了解带传动中的弹性滑动现象、打滑现象及其与带传动工作能力的关系。通过实验，测出带传动的弹性滑动系数、传动效率与带传动预紧拉力之间的关系曲线。

（2）了解实验台的结构原理，掌握扭矩、转速、转速差和效率的测试方法。

二、实训设备和工具

（1）带传动特性实验台（DCS-Ⅱ型）。

（2）计算工具（学生自备）。

三、实训原理

带传动实验台的机械部分主要由两台直流电机组成，其机械结构如图 7-22 所示。其中一台电机作为原动机，另一台则作为负载的发电机。直流原动机由可控硅整流装置供给电动机电枢以不同的端电压，实现无级调速。

对负载发电机，每按一下"加载"键即并上一个负载电阻。通过发电机负载的逐步增加使电枢电流增大，电磁转矩也随之增大，实现了负载的改变。

两台电机均采用悬挂支承，当传递载荷时，作用于电机定子上的力矩 T_1（主动电机力矩）、T_2（从动电机力矩）迫使拉钩施力于拉力传感器，传感器输出的电信号正比于 T_1、T_2，因而可以作为测定 T_1、T_2 的原始数据，其值可从面板显示屏中读出。

原动机的机座设计成浮动结构（滚动滑槽），与牵引钢丝绳、定滑轮和砝码一起组成带传动的初拉力形成机构。改变砝码大小，即可准确地设定带传动的初

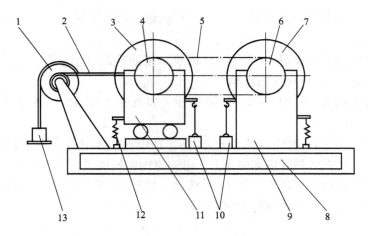

图 7-22 DCS-Ⅱ型带传动特性实验
1—滑轮；2—牵引绳；3—主动直流电机；4—主动带轮；5—传动带；6—从动带轮；
7—从动直流电机；8—底座；9—固定支座；10—拉力传感器；
11—浮动支座；12—拉簧；13—砝码

拉力 F_0。

两台电机的转速传感器（红外光电传感器）分别安装在带轮背后的环形槽中，由此可获得必需的转速信号。

弹性滑动通常以滑动系数来衡量，其定义为

滑动系数

$$\varepsilon = \frac{v_1 - v_2}{v_1} = \frac{n_1 D_1 - n_2 D_2}{n_1 D_1} \times 100\% \tag{1}$$

式中，v_1、v_2 分别为主、从动轮的转动线速度；n_1、n_2 分别为主、从动轮的转速；D_1、D_2 分别为主、从动轮的直径。

带传动的效率是指从动轮输出功率 P_2 与主动轮输入功率 P_1 的比值，即

$$\eta = \frac{P_2}{P_1} = \frac{T_2 n_2}{T_1 n_1} \times 100\% \tag{2}$$

式中，T_1、T_2 分别为主、从动轮的力矩。

因此，只要测得带传动主、从动轮的转速和转矩，就可以获得带传动的转速差、弹性滑动系数。

四、实训步骤

（1）熟悉带传动试验台结构及操作规程。

（2）测定 T_1、T_2 及 n_1、n_2 值。

1）确定初拉力。不同型号传动带需在不同初拉力 F_0 的条件下进行试验，也可对同一型号传动带采用不同的初拉力，试验不同初拉力对带传动性能的影响。

若要改变初拉力 F_0,如图 7-22 所示,只需改变砝码 13 的大小。F_0 值由实验指导老师确定。

2)调速。将电机调速旋钮逆时针转至"最低速"(0 速)位置,接通电源,按一下"清零"键,将调速旋钮顺时针向"高速"方向旋转,电机逐渐增速。同时观察实验台面板,如图 7-23 所示,上主动轮转速显示屏上的转速达到预定转速(本实验建议预定转速为 1 300 r/min)时,停止转速调节。

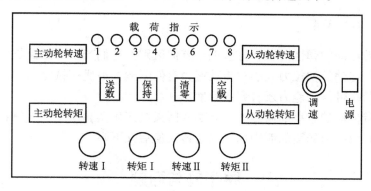

图 7-23 面板布置

3)加载并记录数据在空载时,记录主、从动轮转矩与转速值;按"加载"键一次,第一个加载指示灯亮,待显示基本稳定后记下主、从动轮的转矩及转速值;再按"加载"键一次,第二个加载指示灯亮,待显示稳定后再记下主、从动轮的转矩及转速值;第三次按"加载"键,第三个加载指示灯亮,记录下主、从动轮的转矩、转速值。

重复上述操作,直至 7 个加载指示灯亮,记录下 8 组数据。

(3)观察带传动的弹性滑动和打滑现象。在进行实验步骤(2)的同时,注意观察在加载后面板上显示的 n_1 与 n_2 的大小变化,以此来分析带的弹性滑动情况。随着载荷的增大,带的弹性滑动也将增加,最后带速趋向零,出现打滑现象。

(4)计算 ε、η 并绘出带传动滑动曲线($\varepsilon - F_e$)及传动的效率曲线($\eta - F_e$)。由于有效拉力 $F_e = 2T_2/d_{d2}$,F_e 与 T_2 成正比,所以滑动曲线($\varepsilon - F_e$)和($\eta - F_e$)也就是($\varepsilon - T_2$)和($\varepsilon - T_2$)曲线。

(5)比较并分析初拉力 F_0 对带的传动承载能力的影响,改变初拉力 F_0,重复上述步骤,做出另一组试验数据进行比较。

五、注意事项

(1)每次加载后,主动轮转速都会变小。为了保证实验的准确性,建议在每次加载后重新调整主动轮转速至 1 300 r/min 左右,再记下各数据。

(2) 为了便于记录数据，在实验台的面板上还设置了"保持"键，每次加载数据基本稳定后，按"保持"键即可使转矩、转速稳定在当时的显示值不变。按任意键可脱离"保持"状态。

(3) 在记录下各组数据后应及时按"清零"键，显示灯泡全部熄灭，机构处于空载状态。

(4) 关电源前，将电机调速至零，然后关闭电源，并整理仪器和现场。

六、实验思考题

(1) 带传动的弹性滑动和打滑现象有何区别？它们产生的原因是什么？

(2) 带传动的初拉力大小对传动能力有何影响？最优初拉力的确定与什么因素有关？影响带传动能力还有哪些因素？

(3) 带传动的效率如何测得？有哪些因素会产生实验误差？试解释传动效率为什么随有效拉力的增加而增加，到达最大值后又下降？

思考题与习题

1. 普通 V 带传动和平带传动相比，有什么优、缺点？
2. 普通 V 带由哪几部分组成？各部分的作用是什么？
3. 带传动中，弹性滑动是怎样产生的？造成什么后果？
4. 弹性滑动率的意义是什么？如何计算弹性滑动率？
5. 带传动工作时，带上所受应力有哪几种？如何分布？最大应力在何处？
6. 带传动的主要失效形式是什么？带传动设计的主要依据是什么？
7. 带传动为什么必须张紧？常用带的张紧装置有哪些？
8. 为何滚子链的链节数要尽量取偶数？
9. 滚子链传动的失效形式有哪些？
10. 某滚子链 "12A – 2 × 84 GB/T 1243—1997" 各数字符号说明什么？
11. 链传动中，链条为什么疲劳断裂？
12. 为什么链传动的链条需要定期张紧？
13. 影响链传动不平稳的因素有哪些？
14. 如何确定链传动的润滑方式？
15. 滚子传动链传动具有运动不均匀性，试分析其原因。
16. 设计一带式输送机传动系统中的高速级普通 V 带传动。电动机额定功率 $P = 4$ kW，转速 $n_1 = 1\,450$ r/min，传动比 $i = 3$，每天双班制工作，工作机有轻微冲击。
17. 试校核某车床所用的 4 根 C 型 V 带传动。已知电动机额定功率 $P = 11$ kW，转速 $n_1 = 1\,440$ r/min，$d_{d1} = 140$ mm，$d_{d2} = 300$ mm，$a = 700$ mm，每天工作 16 h。

第八章 直齿圆柱齿轮传动

> **本章要点及学习指导：**
>
> 本章主要介绍渐开线齿轮传动的啮合原理、失效形式、设计准则、强度计算和结构设计；本章学习的最终目的是掌握圆柱齿轮传动的设计方法，同时能正确地分析和选用主要参数，并能进行几何尺寸计算。
>
> 通过对本章的学习，对齿轮传动的类型、特点、切齿原理、变位、润滑方式和结构有一般了解；掌握齿廓啮合基本定律和渐开线特性；掌握渐开线直齿圆柱齿轮和斜齿圆柱齿轮的主要参数和几何尺寸计算；掌握渐开线齿轮传动正确啮合和连续传动的条件；熟练掌握轮齿的受力分析；明确齿轮传动的失效形式及预防措施；应熟练掌握在不同工作条件下齿轮传动的计算准则。

齿轮传动是机械传动中最重要的、也是应用最为广泛的一种传动形式。它可用来传递任意两轴间的运动和动力，并可改变转动速度和转动方向。

第一节 齿轮传动概述

一、齿轮传动的特点

齿轮机构的主要优点是：

（1）适用的圆周速度和功率范围广，其圆周速度可达到 300 m/s，传递功率可达 10^5 kW。

（2）传动效率较高。

（3）瞬时传动比稳定。

（4）工作寿命较长。

（5）工作可靠性较高。

（6）可实现平行轴、任意角相交轴或交错轴之间的传动等。

齿轮机构的主要缺点是：

（1）要求较高的制造和安装精度，成本较高。

（2）要求专用的齿轮加工设备。

（3）不适宜远距离两轴之间的传动等。

二、齿轮传动的类型

齿轮传动的类型有很多，通常可按照两齿轮轴线的相对位置、齿轮啮合的情况、齿廓曲线的形状、齿轮传动的工作条件及齿面的硬度等进行分类。

1. 按照齿轮轴线的相对位置分类

根据传动过程中两个齿轮轴线的相对位置，齿轮传动可分为两类：两轴平行的平面齿轮机构和两轴不平行的空间齿轮机构。平面齿轮机构用于两轴线平行时的传动，两轮的相对运动为平面运动，平面齿轮机构有直齿、斜齿和人字齿等三种，如图8-1（a）、（b）、（c）、（d）和（e）所示。空间齿轮机构用于两轴线相交时的传动，两轮的相对运动为空间运动，空间齿轮机构有锥齿轮机构、螺旋齿轮机构、蜗杆传动机构，如图8-1（f）、（g）、（h）、（i）所示。

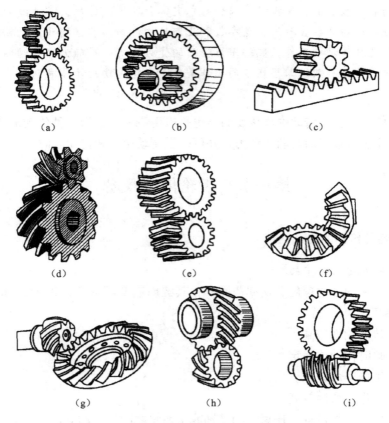

图8-1 齿轮机构的类型
(a) 外啮合直齿轮；(b) 内啮合直齿轮；(c) 齿轮齿条传动；
(d) 斜齿轮传动；(e) 人字齿轮传动；(f) 直齿锥齿轮传动；
(g) 曲齿锥齿轮传动；(h) 螺旋齿轮传动；(i) 蜗杆传动

2. 按照齿轮啮合的情况分类

根据齿轮传动时两个齿轮啮合的情况，圆柱齿轮可分为外啮合、内啮合及齿轮齿条啮合。一对外啮合的齿轮，它们的转动方向相反，如图 8-1 (a)、(d)、(e) 所示。而一对内啮合的齿轮，它们的转动方向相同，如图 8-1 (b) 所示。当齿轮和齿条啮合传动时，齿轮转动，而齿条作直线运动，如图 8-1 (c) 所示。

本章主要讨论外啮合的齿轮传动。

3. 按照齿廓曲线的形状分类

按照齿轮轮齿的齿廓曲线形状，可分为渐开线齿轮传动、圆弧齿轮传动和摆线齿轮传动等。其中渐开线齿轮能保证瞬时传动比恒定不变，制造、安装方便，应用最广泛。本章仅讨论渐开线齿轮传动。

4. 按照齿轮传动的工作条件分类

根据齿轮传动的工作条件不同，又可分为开式齿轮传动和闭式齿轮传动两种。

开式齿轮传动的齿轮完全外露，外界的灰尘和杂物等容易落入齿轮啮合区，且润滑不良，易引起齿面磨损。因此，开式传动多用于低速或低精度的场合。如水泥搅拌机中的齿轮、挖掘机中的齿轮等。

闭式齿轮传动的齿轮安装在具有足够刚度的密封箱体内，密封条件好，易于保证良好的润滑，使用寿命长。闭式齿轮传动大多用于较重要的传动，如汽车变速箱中的齿轮、减速器中的齿轮等。

5. 按照齿面的硬度分类

按照齿面的硬度，齿轮传动可分为软齿面传动和硬齿面传动两种。当两个齿轮的齿面硬度不大于350 HBS 时，称为软齿面传动；而当两个齿轮的齿面硬度大于350 HBS 时，称为硬齿面传动。

三、齿轮传动的基本要求

根据齿轮用于传递运动和动力两方面的用途，对齿轮传动的基本要求也分为两方面。

1. 传递运动要求传动准确、平稳

要求齿轮传动在运动过程中瞬时传动比恒定，避免在传动过程中产生动载荷、冲击、振动和噪声，这与齿轮的齿廓形状（基圆齿距误差）、制造精度和安装精度等因素有关。

2. 传递动力要求承载能力强

要求齿轮传动在工作过程中有足够的强度、刚度并能传递较大的动力，在规

定的使用寿命期限内,不发生轮齿折断、点蚀、胶合和过度磨损等失效。这与齿轮的材料、热处理工艺和尺寸等因素有关。

第二节 齿廓啮合的基本定律

一、传动比

一对齿轮相互啮合传动时,两个齿轮的瞬时角速度之比称为瞬时传动比,用 i 表示。设主动轮 1 的角速度用 ω_1 表示,从动轮 2 的角速度用 ω_2 表示。当不考虑两个齿轮的转动方向时,其传动比的大小为

$$i_{12} = \frac{\omega_1}{\omega_2} \tag{8-1}$$

当 $i_{12} = 1$ 时,两个齿轮角速度的大小相等。

当 $i_{12} \neq 1$ 时,两个齿轮角速度的大小不相等。$i_{12} > 1$,其啮合传动为减速传动且以小齿轮为主动轮;$i_{12} < 1$,其啮合传动为增速传动且以大齿轮为主动轮。

轮廓曲线的形状不同,则两个齿轮的瞬时传动比的变化规律也不同。它既可以是恒定不变的,也可以是变化的。对齿轮传动来说最基本的要求之一就是其瞬时传动比 i_{12} 必须保持恒定不变,即 $i_{12} = \omega_1/\omega_2 = $ 常数;否则当主动轮以等角速度 ω_1 转动时,从动轮的角速度 ω_2 将会发生变化,引起惯性力,从而产生冲击、振动和噪声,影响齿轮的强度、传动精度和寿命等。

二、齿廓啮合的基本定律

如图 8-2 所示,E_1、E_2 为两轮相互啮合的一对齿廓,O_1、O_2 为两齿轮的回转轴心。图中 K 点是两齿廓的接触点,nn 直线是两齿廓在 K 点的公法线且与连心线 O_1O_2 相交于 P 点。根据速度瞬心定理,P 点是这对齿轮的相对速度瞬心(两齿轮上速度相同的点)。相对速度瞬心也称为啮合节点,简称节点,所以齿轮的传动比为

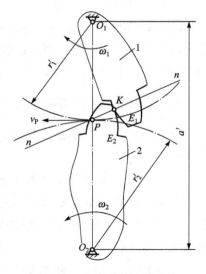

图 8-2 齿廓啮合基本定律

$$i_{12} = \frac{\omega_1}{\omega_2} = \frac{O_2P}{O_1P}$$

上式表明,一对相互啮合齿轮的瞬时传动比,与连心线 O_1O_2 被两齿廓在任一啮合位置时的公法线所分成的两线段的长度成反比。该结论被称为齿廓啮合基本定律。

从式（8-1）可以得知，如要求齿轮传动的传动比为常数，则应使 $\dfrac{O_2P}{O_1P}$ 保持不变。又因为两齿轮转动中心的位置是固定的，所以连心线 O_1O_2 的长度不变，因而只要使 P 点的位置不变，则两轮的传动比为常数。由此可以得出结论：欲使齿轮传动的传动比为常数，则必须使两齿轮的齿廓在任何接触点的公法线都必须通过两轮连心线 O_1O_2 上的固定点 P。

若 P 点的位置是变化的，则齿轮的传动比也会相应改变。工程中也有少量的变传动比齿轮（如椭圆齿轮）传动，该种齿轮传动的传动比是按一定的规律变化的。

过节点 P 所作的两个相切的圆称为节圆，r_1' 和 r_2' 分别表示两个节圆的半径。因为节点的相对速度为零，所以一对齿轮传动可以看做是两个节圆的纯滚动。由此可见，一对齿轮的传动比等于两节圆半径的反比，即

$$i_{12} = \frac{\omega_1}{\omega_2} = \frac{r_2'}{r_1'} = \frac{O_2P}{O_1P} \qquad (8-2)$$

由于两个相互啮合的齿轮才有节点，所以节圆也是一对齿轮传动时才出现的。单个齿轮没有节点，也就不存在节圆。

三、共轭齿廓

凡能满足齿廓啮合基本定律的一对相互啮合齿廓称为共轭齿廓（也称为共轭曲线）。虽然共轭齿廓有很多对，但实际应用中，对共轭齿廓的约束很多，如设计理论、制造方法、安装过程和使用条件等各方面的因素都约束了共轭齿廓的使用。因此，在机械传动中常用的齿廓只有渐开线齿廓、圆弧齿廓和摆线齿廓，然而渐开线齿廓应用最广泛。

第三节　渐开线齿廓及特性

一、渐开线齿廓的形成及特性

大多数齿轮传动采用渐开线作为齿廓，是由于其具有很好的啮合特性、良好的工艺性和互换性。下面介绍渐开线的形成过程及其特性。

1. 渐开线的形成

图 8-3 中的直线 NK 沿一圆周做纯滚动时，其上的任意一点 K 在其所在的平面上所形成的轨迹 AK 称为这个圆的渐开线。该圆称为渐开线 AK 的基圆，该圆的半径和直径分别用 r_b 和 d_b 表示，直线 NK 称为渐开线的发生线，从基圆圆心 O 到 K 点的长度 r_K 称为 K 点的向径。

2. 渐开线的特性

从渐开线形成的过程可以得知，渐开线的特性如下：

（1）发生线上沿基圆滚过的长度 NK 等于基圆上被滚过的圆弧长度 $\widehat{AN}$，即 $NK = \widehat{AK}$。

（2）发生线 NK 是渐开线在任意点 K 的法线，同时也是基圆上 N 点的切线，NK 的长度等于渐开线上 K 点的曲率半径，N 点是 K 点的曲率中心。

（3）渐开线上任意点 K 的法线与该点的速度方向线所夹的锐角 α_K 称为该点的压力角，由图 8-3 可知

$$\cos \alpha_K = \frac{r_b}{r_K} \tag{8-3}$$

式（8-3）表明，渐开线上向径不同的点，其压力角也不相同，向径 r_K 越大的点，其压力角也越大，所以渐开线齿轮齿顶圆处的压力角最大，向径小的点，压力角越小，基圆上的压力角等于零。

（4）渐开线的形状与基圆的大小有关。如图 8-4 所示，基圆的直径越大，渐开线越平直；基圆越小，渐开线越弯曲。若基圆半径趋于无穷大时，则渐开线将成为直线。齿条就是其基圆半径为无穷大时的齿轮，因此渐开线齿条的齿廓就是直线。

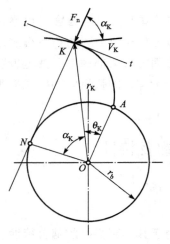

图 8-3　渐开线的形成

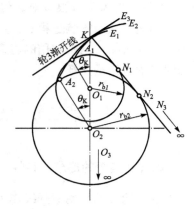

图 8-4　基圆的大小对渐开线的影响

（5）从渐开线的形成过程中可以看出，基圆以内无法形成渐开线。

二、渐开线齿廓的定比传动原理

图 8-5 所示为相互啮合的一对渐开线齿廓 E_1 和 E_2，它们的基圆半径分别为 r_{b1} 及 r_{b2}。当两个齿廓 E_1 和 E_2 在任意点 K 啮合时，其公法线为 N_1N_2。从前面所

介绍的渐开线的特性可知，公法线 N_1N_2 必同时与两轮的基圆相切，所以 N_1N_2 又是两基圆的内公切线。其与连心线 O_1O_2 交于节点 P。在传动过程中，由于两齿轮的基圆大小和转动中心的位置不变，两轮的内公切线的方向和位置也不变。所以不论两齿廓在任何位置接触，其接触点的公法线都必将与连心线 O_1O_2 交于固定点 P。由于 P 点的位置不变，所以 O_1P 与 O_2P 的长度也不变。根据啮合基本定律，其传动比为

$$i_{12}=\frac{\omega_1}{\omega_2}=\frac{O_2P}{O_1P}=常数$$

所以，渐开线齿廓能保证定传动比传动。

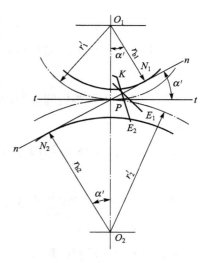

图 8-5　渐开线齿廓的定比传动

第四节　渐开线标准直齿圆柱齿轮的主要参数与几何尺寸

渐开线齿轮各部分的尺寸均为标准值。渐开线标准直齿圆柱齿轮是其他渐开线齿轮的基础。下面介绍标准直齿圆柱齿轮各部分的名称、符号及其尺寸间的关系。

一、齿轮各部分名称和主要参数

如图 8-6 所示是直齿圆柱外齿轮的一部分。

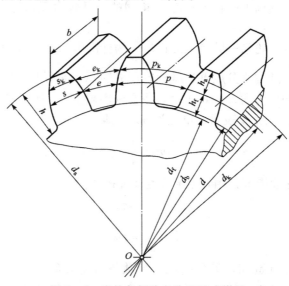

图 8-6　齿轮各部分名称及尺寸代号

1. 齿数

在齿轮整个圆周上均匀分布的轮齿总数称为齿数,用 z 表示。

2. 齿顶圆

过齿轮所有齿顶端的圆称为齿顶圆,用 r_a 和 d_a 分别表示其半径和直径。

3. 齿根圆

过齿轮所有齿槽底的圆称为齿根圆,用 r_f 和 d_f 分别表示其半径和直径。

4. 基圆

产生齿廓渐开线的圆称为基圆,用 r_b 和 d_b 分别表示其半径和直径。

5. 齿厚和齿槽宽

相邻两齿之间的空间称为齿槽。在任意直径为 d_k 的圆周上,轮齿两侧齿廓间的弧长称为该圆上的齿厚,用 s_k 表示;齿槽两侧齿廓间的弧长称为该圆上的齿槽宽,用 e_k 表示。

6. 齿距

在任意直径为 d_k 的圆周上,相邻两齿同侧齿廓间的弧长称为该圆上的齿距,用 p_k 表示,在同一圆周上 $p_k = s_k + e_k$。

7. 分度圆、模数和压力角

若齿轮齿数为 z,则直径为 d_k 的圆周长为 $\pi d_k = p_k z$,即 $d_k = \dfrac{p_k}{\pi} z$。在单个齿轮中,不同直径的圆周上,比值 $\dfrac{p_k}{\pi}$ 是不相同的,且包含无理数 π。为便于设计、制造及互换,规定齿轮某一圆周上的比值 $\dfrac{p_k}{\pi}$ 为标准值,并把该圆上的压力角也规定为标准值,这个圆称为分度圆,其直径用 d 表示,半径用 r 表示。分度圆上的压力角称为齿轮的压力角,用 α 表示。我国标准规定 $\alpha = 20°$。分度圆上齿距 p 与 π 的比值称为模数,用 m 表示,单位为 mm,即

$$m = \frac{p}{\pi}$$

用 s 表示分度圆齿厚,用 e 表示分度圆齿槽宽。

于是
$$p = s + e = \pi m$$

分度圆直径
$$d = \frac{p}{\pi} z = mz$$

分度圆是齿轮制造和计算的基准。模数是齿轮几何尺寸计算的基本参数之一。m 越大,则 p 越大,轮齿就越厚,如图 8-7 所示。其抗弯曲能力也越强。

所以，模数也是轮齿抗弯曲能力的重要指标。我国已规定了标准模数系列，表 8-1 所示为其中的一部分。

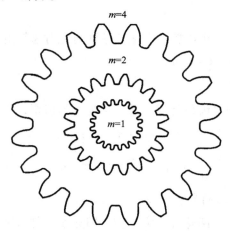

图 8-7　不同模数的齿形比较

表 8-1　标准模数系列（摘自 GB 1375—1987）

第一系列	1　1.25　1.5　2　2.5　3　4　5　6　8　10　12　16　20　25　32　40　50
第二系列	1.75　2.25　2.75　（3.25）　3.5　（3.75）　4.5　5.5　（6.5）　7　9　（11）　14　18　22　28　36　45
注：① 本表适用于渐开线直齿圆柱齿轮。对斜齿轮是指法面模数。 　　② 优先采用第一系列，括号内的模数尽可能不用。	

8. 齿顶高、齿根高和全齿高

在轮齿上，介于齿顶圆和分度圆之间的径向高度称为齿顶高，用 h_a 表示。介于齿根圆和分度圆之间的径向高度称为齿根高，用 h_f 表示。齿顶圆和齿根圆之间的径向高度称为全齿高，用 h 表示。

即得
$$h = h_a + h_f$$
其中
$$h_a = h_a^* m$$
$$h_f = (h_a^* + c^*) m$$

式中，h_a^* 和 c^* 分别为齿顶高系数和顶隙系数，根据 GB 1356—1988 的规定，标准直齿圆柱齿轮的 $h_a^* = 1$，$c^* = 0.25$。短齿：$h_a^* = 0.8$，$c^* = 0.3$。

齿数 z、模数 m、压力角 α、齿顶高系数 h_a^* 和顶隙系数 c^* 是渐开线直齿圆柱齿轮的 5 个基本参数。

模数、压力角、齿顶高系数和顶隙系数均取标准值，且分度圆上的齿厚等于齿槽宽的齿轮称为标准直齿圆柱齿轮，因此对于标准直齿圆柱齿轮，有

$$s = e = \frac{p}{2} = \frac{\pi m}{2}$$

9. 顶隙

一对齿轮啮合时，一个齿轮的齿根圆柱面与配对齿轮的齿顶圆柱面之间在连心线上的距离用 c 表示，$c = c^* m$。

10. 基圆齿距

基圆上相邻两齿同侧齿廓之间的弧长称为基圆齿距，用 p_b 表示。

因为 $\qquad\qquad\qquad d_b = d\cos\alpha = mz\cos\alpha$

所以 $\qquad\qquad\qquad p_b = \dfrac{d_b \pi}{z} = \pi m \cos\alpha$

11. 标准中心距和正确安装传动

一对标准齿轮啮合，两轮分度圆相切，即分度圆与节圆重合，此时的中心距称为标准中心距，以 a 表示。

对于外啮合 $\qquad a = r_1 + r_2 = \dfrac{1}{2}(d_1 + d_2) = \dfrac{1}{2}m(z_1 + z_2)$

对于内啮合 $\qquad a = r_2 - r_1 = \dfrac{1}{2}(d_2 - d_1) = \dfrac{1}{2}m(z_2 - z_1)$

一对齿轮传动时，一齿轮节圆上的齿槽宽与另一齿轮节圆上的齿厚之差称为齿侧间隙。为了避免齿轮反向转动时发生冲击和出现空程，理论上齿侧间隙应为零。但实际上，由于加工误差和防止轮齿工作时热膨胀出现卡死，以及润滑的需要，轮齿间应有适当的侧隙。此侧隙是齿轮在制造时以公差的形式控制齿厚得到的。因此，在设计中进行计算时不考虑。理论上没有齿侧间隙的传动称为正确安装传动。

12. 传动比

一对齿轮的传动比为

$$i = \frac{\omega_1}{\omega_2} = \frac{n_1}{n_2} = \frac{d_2}{d_1} = \frac{z_2}{z_1}$$

需要注意的是，分度圆和压力角是单个齿轮具有的几何参数，节圆和啮合角是一对齿轮啮合时才出现的啮合参数。两正确安装的标准齿轮传动，分度圆与节圆重合，即节点就是两分度圆的切点；啮合角等于节圆压力角，与分度圆压力角相等；当中心距改变后，节点位置随之改变，分度圆与节圆不再重合，这时啮合角仍等于节圆压力角，但不等于分度圆压力角；其传动比不会发生变化。

二、渐开线标准直齿圆柱齿轮几何尺寸

渐开线标准直齿圆柱齿轮几何尺寸计算如表 8-2 所列。

表 8-2 渐开线标准直齿圆柱齿轮几何尺寸计算（外啮合）

序号	名称	符号	计算公式及参数
1	模数	m	根据轮齿强度计算确定，取标准值，参见表 8-1
2	压力角	α	取标准值 $\alpha = 20°$
3	分度圆直径	d	$d = mz$
4	齿顶高	h_a	$h_a = h_a^* m$
5	齿根高	h_f	$h_f = (h_a^* + c^*) m$
6	全齿高	h	$h = h_a + h_f = (2h_a^* + c^*) m$
7	齿顶圆直径	d_a	$d_a = d + 2h_a = (z + 2h_a^*) m$
8	齿根圆直径	d_f	$d_f = d - 2h_f = (z - 2h_a^* - 2c^*) m$
9	基圆直径	d_b	$d_b = d\cos\alpha$
10	基圆齿距	p_b	$p_b = p\cos\alpha$
11	齿距	p	$p = \pi m$
12	齿厚	s	$s = \dfrac{\pi m}{2}$
13	齿槽宽	e	$e = \dfrac{\pi m}{2}$
14	顶隙	c	$c = c^* m$
15	传动比	i_{12}	$i_{12} = \dfrac{\omega_1}{\omega_2} = \dfrac{n_1}{n_2} = \dfrac{d_2}{d_1} = \dfrac{z_2}{z_1}$
16	中心距	a	$a = \dfrac{1}{2}(d_1 + d_2) = \dfrac{1}{2}m(z_1 + z_2)$

第五节 渐开线标准齿轮的啮合

一、渐开线齿轮正确啮合条件

前面已经知道渐开线齿廓能实现定传动比传动，但这并不是说任何两个渐开线齿轮都能装配起来正确传动，因为很明显，大模数齿轮的轮齿无法与小模数齿轮的齿槽相匹配，那么一对渐开线齿轮要正确地啮合传动，应该具备什么条件呢？下面来对图 8-8 所示的一对齿轮进行分析。

当前一对轮齿在啮合线上 K 点即将脱离接触时，后一对轮齿应在啮合线上另一点 K' 接触。这样，当前一对轮齿分离时，后一对轮齿才能继续保持定传动比进行连续传动。由图 8-8 所示可知，要使前、后两对轮齿能够同时在啮合线上接触，则齿轮 1 相邻两齿同侧齿廓在啮合线上的距离 K_1K_1' 与齿轮 2 两齿同侧齿廓在啮合线上的距离 K_2K_2' 应相等。即 $K_1K_1' = K_2K_2'$，可推得 $p_{b1} = p_{b2}$，又 $p_b = \pi m\cos\alpha$，代入上式可得

$$m_1\cos\alpha_1 = m_2\cos\alpha_2$$

式中，m_1、m_2、α_1、α_2 分别为两轮的模数和压力角，由于模数和压力角均已经标准化，要使上式成立，必须有

$$\left.\begin{array}{r}m_1 = m_2 = m \\ \alpha_1 = \alpha_2 = \alpha\end{array}\right\} \quad (8-4)$$

式（8-4）表明，一对渐开线标准直齿圆柱齿轮传动的正确啮合条件是：两齿轮的模数和压力角必须分别相等。

二、渐开线齿轮连续传动的条件

为了保证一对渐开线齿轮能够连续传动，必须在前一对啮合轮齿脱离啮合之前，后一对轮齿进入啮合，否则传动不能连续。

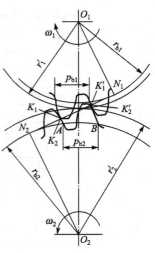

图 8-8 渐开线齿轮正确啮合条件

设图 8-9 所示的轮 1 为主动轮，轮 2 为从动轮，转动方向如图 8-9 所示，一对轮齿的啮合必定从主动轮的齿根推动从动轮的齿顶开始。因此，两齿的起始啮合点为从动轮齿的齿顶圆与啮合线 N_1N_2 的交点 B_2，当啮合进行至主动轮齿顶圆与啮合线 N_1N_2 交点 B_1 时，两点就开始分离，B_1 为啮合终止点，线段 B_1B_2 为啮合的实际轨迹，称为实际啮合线段。显然，随着齿高增大，B_2、B_1 点向两端延伸，由于基圆以内无渐开线，故 N_1 与 N_2 点分别为 B_2、B_1 的极限点，故线段 N_1N_2 又称为理论啮合线段。

为保证前一对啮合轮齿在脱离啮合之前，后一对轮齿进入啮合。那么应使 $B_1B_2 \geqslant B_2K$。

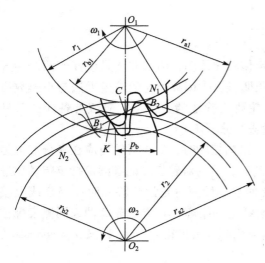

图 8-9 齿轮连续传动的条件

由渐开线性质可知，$B_2K = p_b$，即 $B_1B_2 \geqslant p_b$。

实际啮合线长度 B_1B_2 与基圆齿距 p_b 的比值称为齿轮传动的重合度，用 ε 表示。因此，连续传动的条件是

$$\varepsilon = \frac{B_1B_2}{p_b} \geqslant 1 \quad (8-5)$$

重合度越大，表示同时参与啮合的轮齿对数越多，齿轮传动越平稳。理论上，$\varepsilon = 1$ 能保证齿轮连续传动，但因齿轮制造和安装误差，实际上必须使 $\varepsilon > 1$。在一般机械制造中，要求 $\varepsilon \geqslant 1.1 \sim 1.4$。重合度的

详细计算公式可参考有关机械设计手册。对于标准齿轮传动,当为标准中心距时,重合度 ε 恒大于 1,故不必验算。

第六节 渐开线齿廓的加工方法与根切现象

一、齿轮齿廓加工方法

轮齿的加工方法很多,有铸造法、热轧法、模锻法、冲压法和切削加工法等。最常用的是切削加工法。轮齿的切削加工方法按其原理可分为仿形法和范成法两类。

1. 仿形法

仿形法是按照齿轮的形状来制造齿轮。切削加工方法中的仿形法是用与齿轮齿槽形状相同的圆盘铣刀或指状铣刀,如图 8 – 10 所示,在普通铣床上将轮坯齿槽部分的材料逐一铣掉。铣齿时,铣刀绕其轴线转动,同时轮坯沿轴线方向进给,当铣完一个齿槽后,轮坯退回原处,然后用分度头将它转过 $360°/z$ 角度,再铣切第二个齿槽。这样一个一个齿槽地铣削,直到铣完全部齿槽为止。

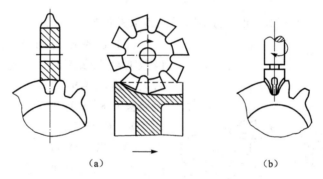

图 8 – 10 铣削齿轮
(a)圆盘铣刀铣削齿轮;(b)指状铣刀铣削齿轮

这种方法比较简单,不需要专用机床,但生产率低,加工精度低,仅适用于单件生产和精度要求不高的齿轮加工。

2. 范成法

范成法是利用一对齿轮无侧隙啮合传动时,其共轭齿廓互为包络线这一原理来加工齿轮。若把其中一个渐开线齿轮做成刀具,就可以切出另一个齿轮上与它共轭的渐开线齿廓,如图 8 – 11(a)所示。

(1)齿轮插刀插齿。如图 8 – 11(b)所示,齿轮插刀的形状同齿轮相似,

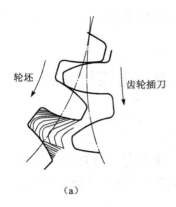
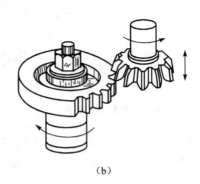

(a)　　　　　　　　　　　　　(b)

图 8-11　齿轮插刀插齿工作原理
(a) 范成运动；(b) 插刀插齿工作情况

其模数和压力角与被加工的齿轮相同。插刀和轮坯两轴线距离在开始时调大，使齿轮插刀的顶圆刚好与轮坯的圆柱面接触。插刀沿轮坯轴线上、下往复运动进行切削，同时插刀和轮坯如一对齿轮传动那样以一定的传动比绕各自轴线转动。与此同时，刀具缓慢地沿径向进给直至切出全齿为止。插刀在向上的空行程中，为防止刀具和轮坯间的摩擦，应有让刀运动。轮齿的齿廓是由刀刃在切削运动中的一系列位置的包络线形成，如图 8-11 (a) 所示。

用同一把齿轮插刀，可以切制出不同齿数的齿轮。

(2) 齿条插刀插齿。当齿轮插刀的齿数增至无限多时，其基圆半径变为无穷大，齿轮插刀变为齿条插刀。齿条插刀插齿切削原理与齿轮插刀插齿相同，如图 8-12 所示。

(3) 齿轮滚刀滚齿。插齿是一种非连续加工。采用在滚齿机上滚齿的方法可以实现连续加工。如图 8-13 所示，滚齿法用的齿轮滚刀形状像一个螺杆，在其上开有若干斜槽以形成刀刃。滚刀的轴向截面为一齿条，其模数和压力角

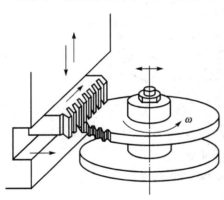

图 8-12　齿条插刀插齿工作原理

与被加工齿轮的模数和压力角相同。加工时，滚刀绕自身轴线转动，相当于截面上的齿条连续移动，轮坯则按与齿条相啮合时的一定速度关系转动，就像齿轮与齿条啮合一样，这样就按范成法原理在轮坯上加工出渐开线齿廓。滚刀除旋转外，还沿轮坯的轴线缓慢移动，以便加工出全齿宽。由于滚齿法能连续切削，生产效率比插齿法高，故应用广泛。

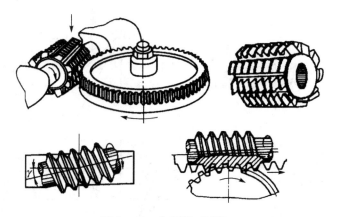

图 8-13 齿轮滚刀滚齿

二、根切现象和最少齿数

当齿轮的模数一定时,齿轮的齿数 z 取得少,可以减小齿轮机构的尺寸和质量。但用范成法加工渐开线齿轮时,对其最少齿数是有限制的:当齿数少到一定程度后,会出现在被切齿轮靠近齿根处的渐开线齿廓被切去一部分,这种现象称为根切现象,如图 8-14 所示。产生根切的齿轮,不但削弱了轮齿的抗弯强度,而且重合度也减小了,这对传动是极为不利的,应设法避免根切现象。

图 8-15 所示为用齿条形刀具加工标准渐开线齿轮的情况。当刀具中线与轮坯分度圆相切时,所切削的齿轮为标准齿轮,点 N 是轮坯基圆与啮合线的切点(啮合极限点)。当刀具到达图中的实线位置时,刀具和轮坯在啮合极限处 N 接触,因基圆内无渐开线,所以渐开线部分已经加工完毕。但齿根部分未加工完,随着刀具和轮坯继续运动来加工齿根部分。若刀具顶线超过啮合极限点 N,图示虚线位置,因基圆内无渐开线,切削刃不仅不能范成渐开线齿廓,反而会将齿根部分已加工出的渐开线切去一部分,这样就产生了根切。显然,刀具顶线在啮合极限点 N 以下,则不会发生根切。

从图 8-15 中可以看出,要使被切齿轮不发生根切,加工时必须使刀具顶线不超过啮合极限点 N,所以齿条形刀具加工标准齿轮时不发生根切的条件是

$$NE \geq h_a^* m$$

式中,$NE = CN\sin\alpha = OC\sin^2\alpha = \dfrac{mz}{2}\sin^2\alpha$,代入上式整理得

$$z_{\min} = \frac{2h_a^*}{\sin^2\alpha} \tag{8-6}$$

对于 $\alpha = 20°$ 和 $h_a^* = 1$ 的标准渐开线齿轮,当用齿条形刀具加工时,不发生根切的最少齿数 $z_{\min} = 17$。

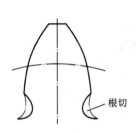

图 8-14 根切

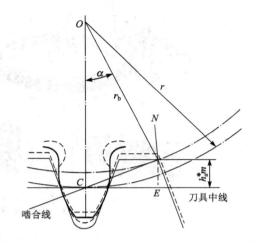

图 8-15 齿条形刀具加工标准渐开线齿轮的情况

三、变位齿轮简介

标准齿轮虽有设计计算比较简单、互换性较好等一系列优点，但也存在许多不足之处。例如，① 为了避免加工时发生根切，标准齿轮的齿数不能少于最少齿数 z_{min}。② 标准齿轮不适用于实际中心距 a' 不等于标准中心距 a 的场合。当 $a' < a$ 时，根本无法安装；当 $a' > a$ 时，虽然可以安装，但将产生过大的齿侧间隙，而且其重合度也将随之降低，影响传动的平稳性。③ 一对互相啮合的标准齿轮，小齿轮的齿根厚度小而啮合次数又较多，故抗弯能力比大齿轮低。为了改善标准齿轮的这些缺点，在机械中出现了变位齿轮。

图 8-16 所示为齿条刀具，其顶部比传动用的齿条高出 c（顶隙值），以便切出传动时的顶隙。齿条刀具上与刀具顶线平行而其齿厚等于齿槽宽的直线 nn，称为刀具的中线。中线以及与中线平行的任一直线，称为分度线。除中线外，其他分度线上的齿厚与齿槽宽不相等。

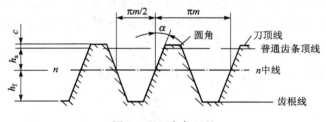

图 8-16 齿条刀具

加工齿轮时，若齿条刀具的中线与轮坯的分度圆相切并做纯滚动，由于刀具中线上的齿厚与齿槽宽相等，则被加工齿轮分度圆上的齿厚与齿槽距相等，其值

为 $\pi m/2$，因此被加工出来的齿轮为标准齿轮，如图 8-17（a）所示。

若刀具与轮坯的相对运动关系不变，但刀具相对轮坯中心离开或靠近一段距离 xm，如图 8-17（b）、（c）所示，则轮坯的分度圆不再与刀具中线相切，而是与中线以上或以下的某一分度线相切。这时与轮坯分度圆相切并做纯滚动的刀具分度线上的齿厚与齿槽宽不相等，因此被加工的齿轮在分度圆上的齿厚与齿槽宽也不相等。当刀具远离轮坯中心移动时，被加工齿轮的分度圆齿厚增大。当刀具向轮坯中心靠近时，被加工齿轮的分度圆齿厚减小。

这种由于刀具相对于轮坯位置发生变化而加工的齿轮，称为变位齿轮。齿条刀具中线相对于被加工齿轮分度圆所移动的距离，称为变位量，用 xm 表示，m 为模数，x 为变位系数。刀具中线远离轮坯中心称为正变位，这时的变位系数为正数，所加工的齿轮称为正变位齿轮。刀具靠近轮坯中心称为负变位，这时的变位系数为负数，所加工的齿轮称为负变位齿轮。采用变位齿轮可以制成齿数少于 z_{min} 而不发生根切的齿轮，实现非标准中心距的无侧隙传动，可以使大小齿轮的抗弯能力接近相等。

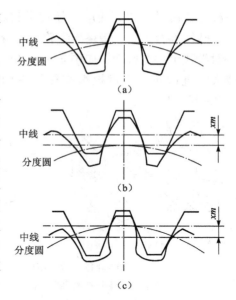

图 8-17 变位齿轮的切削原理
（a）标准齿轮加工（$x=0$）；
（b）正变位齿轮加工（$x>0$）；
（c）负变位齿轮加工（$x<0$）

第七节 齿轮传动的失效形式及设计准则

一、轮齿的失效形式

工程上常见的齿轮失效形式分为齿体损伤和齿面损伤两大类，至于齿轮的其他部分如齿圈、轮辐和轮毂，一般情况下强度和刚度较为宽裕，很少失效。因此在这里只介绍轮齿的失效。

轮齿的主要失效形式有以下 5 种。

1. 轮齿折断

齿轮工作时，若轮齿危险截面的弯曲应力超过极限值，轮齿将发生折断。轮齿折断一般发生在齿根部分。

轮齿的折断有两种：一种是由于短时过载或冲击载荷而产生的过载折断；另

一种是当齿根处的交变应力超过了材料的疲劳极限时,齿根圆角处产生疲劳裂纹,裂纹不断扩展,最终导致轮齿的弯曲疲劳折断。对宽度较小的直齿轮,轮齿一般沿整个齿宽折断,如图 8-18(a)所示;斜齿圆柱齿轮、人字齿轮及宽度较大的直齿轮,其齿根裂纹往往沿倾斜方向扩展,发生轮齿的局部折断,如图 8-18(b)所示。

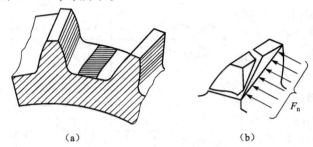

图 8-18 轮齿折断
(a)轮齿沿整个齿宽折断;(b)局部折断

为防止过载折断,应当避免过载和冲击;为防止弯曲疲劳折断,应对轮齿进行弯曲疲劳强度计算。

2. 齿面点蚀

齿轮啮合传动时,齿面接触应力是按脉动循环变化的。当这种交变接触应力重复次数超过一定限度后,轮齿表面就会产生不规则的疲劳裂纹,随着疲劳裂纹的蔓延扩展使金属脱落,在齿面形成麻点凹坑,即为点蚀,如图 8-19 所示。点蚀大多出现在靠近节线的齿根表面上。

在闭式齿轮传动、良好润滑条件下易发生点蚀;在开式齿轮传动中,因齿面磨损较快,点蚀还来不及出现或扩展就被磨掉,所以一般看不到点蚀现象。

为了防止或减缓点蚀的产生,应对齿轮传动进行齿面接触疲劳强度计算;还可以采取提高齿面硬度和增加润滑油黏度的措施。

3. 齿面磨损

齿面磨损分为两种情况:一种是由于灰尘、金属微粒等进入啮合面而引起的磨粒磨损,如图 8-20 所示。磨粒磨损是开式齿轮传动的主要失效形式。闭式齿轮传动由于能保证润滑和良好的密封,磨粒磨损失效较少出现。另一种是因齿面相对滑动而引起的磨损。齿面磨损后,齿廓失去了渐开线形状,工作时将会产生振动。磨损严重时还会使齿厚变薄而导致轮齿折断。

图 8-19 齿面点蚀

图 8-20 齿面磨损

为防止齿面磨损,可采取闭式齿轮传动、加强润滑、提高齿面硬度、降低齿面粗糙度等措施。

4. 齿面胶合

胶合是重载齿轮传动常见的失效形式。在重载荷的作用下，相啮合的齿面在一定压力下发生黏着，同时随齿面的相对滑动使金属从齿面上撕落，从而形成胶合。

胶合分两种情况：在高速重载传动中，由于啮合区局部压力过大，温度过高，油的黏度剧烈降低，油膜被破坏，齿面金属在高温下黏着在一起，称为热胶合；在低速重载传动中，因啮合区局部压力很高且速度低，使两接触表面间油膜破坏而黏着，称为冷胶合。

减轻和防止胶合的措施有：提高齿面硬度和降低齿面粗糙度；选用不易黏着的配对材料制造大、小齿轮；采用黏度大的润滑油或采用抗胶合添加剂等。

5. 齿面塑性变形

齿面较软的轮齿，载荷及摩擦力又很大时，轮齿在啮合过程中，齿面表层的材料就会沿着摩擦力的方向产生局部塑性变形，使齿廓失去正确的形状，导致齿面塑性变形失效。

提高齿面的硬度，减小接触应力，使用高黏度润滑油可减轻或防止齿面塑性变形。

二、设计准则

根据上述对齿轮传动失效形式的分析，在齿轮传动设计计算中一般遵循下述设计准则。

在闭式传动中，对于软齿面（硬度≤350 HBS）传动，由于齿面强度低，经常发生的失效形式是点蚀，其次是弯曲疲劳折断。因此，首先按接触疲劳强度设计计算，再校核齿根的弯曲疲劳强度。对于硬齿面（硬度＞350 HBS）传动，由于抗点蚀能力较强，轮齿弯曲折断的可能性较大。因此，首先按齿根弯曲疲劳强度设计计算，再校核齿面接触疲劳强度。

在开式齿轮传动和闭式铸铁齿轮传动中，其主要失效形式是磨损和轮齿折断。因磨损尚无成熟的计算方法，故通常进行齿根弯曲疲劳强度设计计算，并通过适当增大模数（10%~15%）来补偿轮齿磨损的影响。

高速、重载齿轮传动的主要失效形式是胶合，设计准则是限制齿面温度，其计算方法见齿轮标准。

第八节 齿轮常用材料和齿轮传动精度

一、齿轮常用材料及热处理

由齿轮传动的失效形式可知，设计齿轮传动时，应使齿面具有较高的抗磨损、抗点蚀及抗胶合能力，而齿根要有较高的抗折断能力。因此，对齿轮材料性能的要求为：齿面有足够的硬度和耐磨性，轮齿芯部有较强的韧性，以承受冲击载荷和变载荷。

为了满足上述基本要求，齿轮应用最多的材料是优质碳素钢、合金钢和铸铁。齿轮毛坯一般采用锻件，较大直径齿轮不宜锻造时，采用铸钢或球墨铸铁。开式齿轮传动，大齿轮常用铸铁制造。对于小功率不重要的齿轮传动，为降低噪声可采用尼龙、夹布胶木等非金属材料。表 8-3 列出了齿轮常用材料及热处理方法，供设计者参考。

表 8-3 常用齿轮材料及主要性能

材料牌号	热处理方法	硬度	应用范围
45	正火	169~217 HBS	低速、轻载
	调质	217~255 HBS	低速、中载
	表面淬火	48~55 HRC	高速、中载或低速、重载，冲击很小
40Cr	调质	240~285 HBS	中速、中载
	表面淬火	48~55 HRC	高速、中载，无剧烈冲击
35SiMn	调质	217~269 HBS	高速、中载，无剧烈冲击
20Cr	渗碳淬火	56~62 HRC	高速、中载，承受冲击
20CrMnTi	渗碳淬火	56~62 HRC	高速、中载，承受冲击
40MnB	调质	241~286 HBS	高速、中载，中等冲击
ZG310-570	正火	160~200 HBS	中速、中载、大直径
ZG340-640	正火	170~230 HBS	
	调质	240~270 HBS	
HT200	人工时效	170~230 HBS	低速、轻载，冲击很小
HT300	人工时效	187~255 HBS	
QT500-5	正火	147~241 HBS	低、中速轻载，有小的冲击
QT600-2	正火	229~302 HBS	

采用合适的热处理方法，可以使大、小齿轮具有适宜的配对硬度。考虑到小齿轮的接触次数大于大齿轮，为使大、小齿轮寿命接近，应使小齿轮的齿面硬度大于大齿轮齿面硬度。其硬度差一般控制在 30~50 HBS 之间。

一对配对齿轮中，大、小齿轮可以都是软齿面，也可以都是硬齿面，还可以一个为软齿面，另一个为硬齿面。常用齿轮材料配对示例如表 8-4 所列。

表 8-4　齿轮材料配对示例

工作情况		小齿轮	大齿轮
闭式齿轮	软齿面	45 调质 220~250 HBS	45 正火 170~210 HBS
	硬齿面	40Cr 表面淬火 50~55 HRC	45 表面淬火 40~50 HRC
		20CrMnTi 渗碳 56~62 HRC	20CrMnTi 渗碳 50~56 HRC

二、齿轮精度等级的选择

渐开线圆柱齿轮精度等级的国家标准为 GB 10095—1988，规定了 12 个精度等级，其中 1 级的精度最高，12 级的精度最低，常用的精度等级为 6~9 级。一般机械中的齿轮，当圆周速度 $v<5$ m/s、采用插齿或滚齿加工、轮齿为直齿时，多采用 8 级精度。中、高速重载齿轮，当 $v\leqslant10$ m/s 时可采用 7 级精度。低速（$v\leqslant3$ m/s）、轻载、不重要的齿轮，可采用 9 级精度。范成法粗滚、成形铣等都属于低精度齿轮的加工方法，而较高精度（7 级以上）的齿轮需在精密机床上用精插或精滚方法加工，对淬火齿轮需进行磨齿或研齿加工。

在设计齿轮传动时，应根据齿轮的用途、使用条件、传递的圆周速度和功率大小等，选择齿轮精度等级。表 8-5 所列为齿轮精度等级的选用范围，设计时可参考。

表 8-5　齿轮传动精度等级的选择及应用

精度等级	圆周速度/（m·s^{-1}）			应用
	直齿圆柱齿轮	斜齿圆柱齿轮	直齿圆锥齿轮	
6 级	≤15	≤30	≤9	高速、重载的齿轮传动，如飞机、汽车和机床中的重要齿轮；分度机构的齿轮传动
7 级	≤10	≤20	≤6	高速、中载或中速、重载的齿轮传动，如标准系列减速器中的齿轮、汽车和机床中的齿轮
8 级	≤5	≤9	≤3	机械制造中对精度无特殊要求的齿轮
9 级	≤3	≤6	≤2.5	低速及对精度要求低的传动

第九节 渐开线标准直齿圆柱齿轮的受力分析及其计算载荷

如前所述，齿轮的失效主要是轮齿的失效。因此，齿轮的强度计算主要是针对轮齿的。

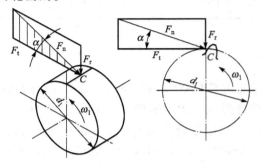

图 8-21 直齿圆柱齿轮传动的受力分析

一、轮齿的受力分析

为了计算轮齿的强度以及设计轴和轴承等轴系零件，需首先确定作用在轮齿上的力。

图 8-21 所示为主动直齿圆柱齿轮在啮合传动时的受力情况。若忽略齿面间的摩擦力，则轮齿之间的法向力 F_n 将沿着轮齿啮合点的公法线 N_1N_2 方向。作用在主动轮上的法向力 F_{n1} 可分解为两个互相垂直的分力，即圆周力 F_{t1} 和径向力 F_{r1}。

$$\left.\begin{aligned} 圆周力 \quad & F_{t1} = \frac{2T_1}{d_1} = -F_{t2} \\ 径向力 \quad & F_{r1} = F_{t1} \cdot \tan\alpha \\ 法向力 \quad & F_{n1} = \frac{F_{t1}}{\cos\alpha} = -F_{n2} \end{aligned}\right\} = -F_{r2} \qquad (8-7)$$

式中，T_1 为主动轮上的转矩，$T_1 = 9.55 \times 10^6 \frac{P_1}{n_1}$（N·mm）；$P_1$ 为主动轮传递的功率（kW）；d_1 为主动轮的分度圆直径（mm）；α 为分度圆压力角，$\alpha = 20°$。

各力的方向是：圆周力指的方向，在主动轮上与啮合点的圆周速度方向相反，在从动轮上与啮合点的圆周速度方向相同。径向力 F_t 的方向对两轮都是由作用点指向各自的轮心。

二、计算载荷

式（8-7）求得的法向力 F_n 为理想状况下的名义载荷。实际上，由于齿轮、轴、轴承等的制造、安装误差以及载荷作用下的变形因素的影响，轮齿沿齿宽的作用力并非均匀分布，存在着载荷局部集中的现象。此外，由于原动机与工作机的载荷变化，以及齿轮制造误差和变形所造成的啮合传动不平稳等，都将引起附加载荷。因此，在计算齿轮强度时，通常用考虑了各种影响因素的计算载荷 F_c 代替名义载荷 F_n，计算载荷按式（8-8）确定，即

$$F_c = KF_n \tag{8-8}$$

式中，K 为载荷系数，其值可由表 8-6 查取。

表 8-6 载荷系数 K

载荷状态	工作机举例	原动机		
		电动机	多缸内燃机	单缸内燃机
平稳或轻微冲击	均匀加料的运输机和喂料机、发电机、鼓风机、压缩机、机床辅助传动等	1~1.2	1.2~1.6	1.6~1.8
中等冲击	不均匀加料的运输机和喂料机、重型卷扬机、球磨机、多缸往复式压缩机等	1.2~1.6	1.6~1.8	1.8~2.0
较大冲击	冲床、剪床、钻床、轧机、挖掘机、重型给水泵、破碎机、单缸往复式压缩机	1.6~1.8	1.9~2.1	2.2~2.4

注：斜齿轮圆周速度低、传动精度高、齿宽系数小时，取小值；直齿轮圆周速度高、传动精度低时，取大值。增速传动时，K 值应增大 1.1 倍。齿轮在轴承间不对称布置时，取大值。

第十节　渐开线标准直齿圆柱齿轮的强度计算

按计算过程和方法，齿轮传动的强度计算分为简化设计计算和精确计算两种，对一般的齿轮传动，可以采用简化计算方法，对于重要的齿轮传动则采用精确计算方法。我国的部颁标准 JB/T 8830—2001 中介绍了我国最新颁布的渐开线齿轮承载能力的计算方法。本节只介绍齿轮传动的简化计算方法。

按计算内容，齿轮传动的强度计算分为设计计算和校核计算。校核计算用于对已知参数和尺寸的齿轮的强度进行核验，设计计算用于对已知载荷及使用条件的齿轮传动进行设计，确定齿轮的主要参数和尺寸。

一、齿面接触疲劳强度计算

根据齿轮的计算准则，对于软齿面闭式传动，应按齿面接触强度进行计算，得出齿轮的几何参数后，再按齿根弯曲强度进行校核。

1. 齿面接触应力

两平行圆柱体接触应力分布情况如图 8-22 所示。根据弹性力学中的赫兹公式，最大接触应力为

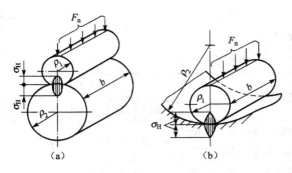

$$\sigma_H = \sqrt{\frac{F_n}{\pi b} \cdot \frac{\dfrac{1}{\rho_1} \pm \dfrac{1}{\rho_2}}{\dfrac{1-\mu_1^2}{E_1} + \dfrac{1-\mu_2^2}{E_2}}}$$

图 8-22　两圆柱体接触时的接触应力
(a) 外啮合接触应力；(b) 内啮合接触应力

式中，F_n 为作用于圆柱体上的法向力（N）；b 为两圆柱体的接触长度（mm）；ρ_1、ρ_2 为两圆柱体接触处的曲率半径（mm）；μ_1、μ_2 为两圆柱体材料的泊松比；E_1、E_2 为两圆柱体材料的弹性模量（MPa）；σ_H 为两圆柱体的最大接触应力（MPa）；"±"取法："+"用于两凸面圆柱接触，"−"用于一凸面圆柱与一凹面圆柱接触。

一对轮齿齿面的啮合过程，实际上是两个渐开面的接触过程。由渐开线性质可知，轮齿的啮合点是沿着啮合线运动的，当啮合点的位置不同时，啮合点处渐开线的曲率半径也不相同。由赫兹公式可知，各个啮合位置的接触应力不同。因为轮齿在节点啮合时，一般只有一对轮齿在啮合（承担载荷），且经验表明，点蚀多发生在齿面的节圆附近，所以，以节圆作为齿面接触应力的计算位置。

2. 强度计算

齿面接触疲劳强度计算公式分为校核公式和设计公式。

（1）齿面接触疲劳强度的校核公式。将两齿轮节点处的曲率半径 $\rho_1 = \dfrac{d_1}{2}\sin\alpha$、$\rho_2 = \dfrac{d_2}{2}\sin\alpha$ 代入赫兹公式，经过整理，得到齿面接触疲劳强度的校核公式

$$\sigma_H = Z_E Z_H \sqrt{\frac{2KT_1}{bd_1^2} \cdot \frac{u \pm 1}{u}} \leqslant [\sigma_H] \qquad (8-9)$$

式中，d_1 为小齿轮的分度圆直径（mm）；u 为齿数比，$u = \dfrac{z_2}{z_1}$；z_1、z_2 为小齿轮和大齿轮的齿数；K 为载荷系数，查表 8-6；T_1 为小齿轮的转矩（N·mm）；b 为齿轮的宽度（mm）；σ_H 为计算接触应力（MPa）；$[\sigma_H]$ 为许用接触应力（MPa），一对齿轮啮合时，两齿面接触应力相等，但两轮的许用接触应力 $[\sigma_H]$ 可能不同，使用设计公式时应代入 $[\sigma_H]_1$ 和 $[\sigma_H]_2$ 中的较小值；"±"取法："+"用于外啮合，"−"用于内啮合；Z_E 为配对材料的弹性系数，与齿轮材料的特性有关，可从表 8-7 中查取；Z_H 为节点区域系数，反映节点处齿廓形状对接触应力影响的系数，其值可从相关设计资料中查取。由于一般的齿轮传动中，两个齿轮多为钢制的，所以为了便于计算，对于钢制标准直齿圆柱齿轮传动，取

$Z_H = 2.5$,$Z_E = 189.8\ \sqrt{MPa}$。

表8-7 弹性系数 Z_E

小轮材料\大轮材料	钢	铸钢	铸铁	球墨铸铁
钢	189.8	188.9	165.4	181.4
铸钢	188.9	188.0	161.4	180.5
铸铁	165.4	161.4	146.0	156.6
球墨铸铁	181.4	180.5	156.6	173.9

（2）齿面接触疲劳强度的设计公式。引入齿宽系数 $\psi_d = \dfrac{b}{d}$，由式（8-9）得齿面接触疲劳强度的设计公式

$$d_1 \geqslant \sqrt[3]{\frac{2KT_1}{\psi_d} \cdot \frac{u \pm 1}{u} \left(\frac{Z_E Z_H}{[\sigma_H]}\right)^2} \tag{8-10}$$

对于齿宽系数 ψ_d，在一定载荷作用下，增大齿宽可减小齿轮直径和传动中心距，从而降低圆周速度。但齿宽越大，载荷分布越不均匀，因此必须合理地选择齿宽系数。可由表8-8查得。

表8-8 齿宽系数 ψ_d

齿轮相对于轴承的位置	齿面硬度	
	软齿面（大、小齿轮硬度≤350 HBS）	硬齿面（大、小齿轮硬度＞350 HBS）
对称布置	0.8~1.4	0.4~0.9
非对称布置	0.6~1.2	0.3~0.60
悬臂布置	0.3~0.4	0.2~0.25

3. 接触疲劳强度的许用应力

式（8-9）和式（8-10）中的接触疲劳的许用应力 $[\sigma_H]$，可通过式（8-11）求出，即

$$[\sigma_H] = \frac{\sigma_{H\,lim}}{S_H} \tag{8-11}$$

式中，$\sigma_{H\,lim}$ 为试验齿轮的接触疲劳极限，单位为 MPa，其值可由图8-23查出；S_H 为齿面接触疲劳安全系数，其值可由表8-9查出。

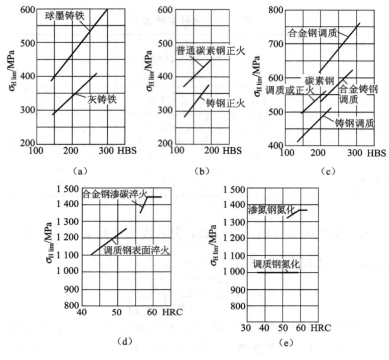

图 8-23 齿轮的接触疲劳极限 $\sigma_{H\lim}$

表 8-9 安全系数 S_H 和 S_F

安全系数	软齿面	硬齿面	重要的传动、渗碳淬火齿轮或铸造齿轮
S_H	1.0~1.1	1.1~1.2	1.3
S_F	1.3~1.4	1.4~1.6	1.6~2.2

注：对于长期双侧工作的齿轮传动，因齿根弯曲应力为对称循环变应力，故应将图中数据乘以 0.7。

二、齿根弯曲疲劳强度计算

1. 齿根弯曲应力计算

为了防止齿轮在工作时发生轮齿折断，在进行齿轮设计时要计算齿根弯曲疲劳强度。轮齿的疲劳折断主要和齿根弯曲应力的大小有关。为简化计算，假定全部载荷由一对轮齿承受且作用于齿顶处，这时齿根所受的弯曲力矩最大。计算时，将轮齿看作宽度为 b 的悬臂梁。其危险截面可用 30°切线法确定，即作与轮齿对称中心线成30°夹角并与齿根圆角相切的斜线，连接两切点的截面即是齿根的危险截面，如图8-24所示。

设法向力 F_n 移至轮齿中线并分解成相互垂直的两个分力，即 $F_1 = F_n \cos\alpha_F$，$F_2 = F_n \sin\alpha_F$，其中，F_1 使齿根产生弯曲应力，F_2 则产生压缩应力。因压缩应力数值较小，在计算轮齿弯曲强度时只考虑弯曲应力。

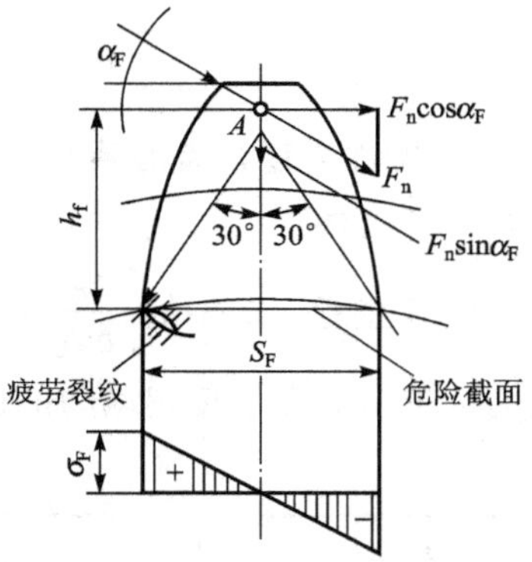

齿根最大弯曲力矩

$$M = F_n \cdot \cos\alpha_F \cdot h_f = \frac{F_t}{\cos\alpha} \cos\alpha_F \cdot h_f$$

图8-24 齿根危险截面的应力

计入载荷系数 K，得齿根弯曲应力计算公式为

$$\sigma_F = \frac{M}{W} = \frac{\frac{KF_t}{\cos\alpha}\cos\alpha_F \cdot h_f}{\frac{1}{6}bS_F^2} = \frac{KF_t}{bm} \cdot \frac{6\left(\frac{h_F}{m}\right)\cos\alpha_F}{\left(\frac{S_F}{m}\right)^2 \cos\alpha} \quad (8-12)$$

式中，W 为危险截面的弯曲截面系数（mm³），$W = \frac{1}{6}bS_F^2$。

2. 齿根弯曲疲劳强度计算

与齿面接触疲劳强度一样，齿根弯曲疲劳强度计算也分为设计计算和校核计算。

（1）齿根弯曲疲劳强度的校核公式。在齿根弯曲应力计算式（8-12）中

令

$$Y_{FS} = \frac{6\left(\frac{h_F}{m}\right)\cos\alpha_F}{\left(\frac{S_F}{m}\right)^2 \cos\alpha}$$

可得轮齿弯曲强度的校核公式

$$\sigma_F = \frac{2KT_1}{bd_1 m} \cdot Y_{FS} \leq [\sigma_F] \quad (8-13)$$

或

$$\sigma_F = \frac{2KT_1}{\psi_d z_1^2 m^3} \cdot Y_{FS} \leq [\sigma_F] \quad (8-14)$$

应该注意，在用式（8-13）或式（8-14）校核齿轮弯曲疲劳强度时，由于大、小齿轮的齿数不同，齿形系数 Y_{FS} 值也不同；两轮的材料、硬度不同，其弯曲疲劳许用应力 $[\sigma_F]$ 也不相等。因此，大、小齿轮的弯曲应力应分别计算，并与各自的弯曲疲劳许用应力作比较。

（2）齿根弯曲疲劳强度的设计公式。设计计算时，将式（8-14）改写为轮齿弯曲疲劳强度设计公式，以求得齿轮的模数

$$m \geqslant \sqrt[3]{\frac{2KT_1}{\psi_d z_1^2} \cdot \frac{Y_{FS}}{[\sigma_F]}} \qquad (8-15)$$

式中，Y_{FS} 称为复合齿形系数，Y_{FS} 只与轮齿形状有关，而与模数无关，其值可由表 8-10 查得。

应该注意，式中的 $\dfrac{Y_{FS}}{[\sigma_F]}$ 应代入 $\dfrac{Y_{FS1}}{[\sigma_F]_1}$ 和 $\dfrac{Y_{FS2}}{[\sigma_F]_2}$ 中的较大者，算得的模数应圆整为标准值。对于传递动力的齿轮，其模数应大于 1.5 mm，以防止意外断齿。

表 8-10 齿形系数 Y_{FS}

$z\ (z_v)$	Y_{FS}	$z\ (z_v)$	Y_{FS}
17	2.97	30	2.54
18	2.91	35	2.46
19	2.86	40	2.41
20	2.81	45	2.37
21	2.78	50	2.34
22	2.75	60	2.29
23	2.71	70	2.26
24	2.67	80	2.24
25	2.64	90	2.22
26	2.62	100	2.20
27	2.60	150	2.16
28	2.58	200	2.13
29	2.56	∞	2.06

注：1. 对斜齿圆柱齿轮和直齿锥齿轮按当量齿数 z_v 查取。
2. 对表中未列出的齿数的齿形系数，可以用插值法求出其所对应的齿形系数。

3. 轮齿弯曲疲劳许用应力

许用弯曲应力 $[\sigma_F]$ 按式（8-16）计算，即

$$[\sigma_F] = \frac{\sigma_{F\lim}}{S_F} \qquad (8-16)$$

式中，$\sigma_{F\lim}$ 为试验齿轮的齿根弯曲疲劳极限，单位为 MPa，可按图 8-25 查取；S_F 为轮齿弯曲疲劳安全系数，按表 8-9 查取。

三、圆柱齿轮传动参数的选择和设计步骤

已知条件：一般为齿轮传递的功率 P、转速 n、传动比 i、工作机和原动机的

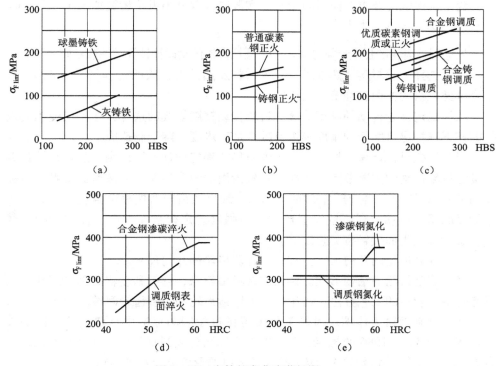

图 8-25 齿轮的弯曲疲劳极限 $\sigma_{F\lim}$

工作特性；外廓尺寸、中心距限制；寿命、可靠性、维修条件等。

设计要求：确定齿轮传动的主要参数、几何尺寸；齿轮结构和精度等级，最后绘出工作图。

1. 主要参数的选择

（1）小齿轮数 z_1。当中心距确定时，齿数增多，重合度增大，能提高传动的平稳性，并降低摩擦损耗，提高传动效率。因此，对于软齿面的闭式传动，在满足弯曲疲劳强度的条件下，宜采用较多齿数，一般取 $z_1 = 20 \sim 40$。

硬齿面的闭式传动及开式传动，齿根抗弯曲疲劳破坏能力较低，宜取较少齿数，以便增大模数，提高轮齿弯曲疲劳强度，但要避免发生根切，故通常取 $z_1 = 17 \sim 20$。

（2）模数 m。模数影响轮齿的抗弯强度，一般在满足轮齿弯曲疲劳强度的条件下，宜取较小模数，以利增大齿数，减少切齿量。对于传递动力的齿轮，可按 $m = (0.007 \sim 0.02) a$ 初选，但应保证模数 $m \geq 2$ mm。

（3）齿宽系数 ψ_d。增大齿宽系数，可减小齿轮传动装置的径向尺寸，降低齿轮的圆周速度。但齿宽系数过大则需提高结构刚度，否则会出现齿向载荷分布严重不均。对于一般机械，可按表 8-8 选取。

为了确保强度要求,同时利于装配和调整,常将小齿轮齿宽加大 5～10 mm。

2. 设计步骤

根据圆柱齿轮的强度计算方法,直齿圆柱齿轮传动设计计算的一般步骤如下。

(1) 选择齿轮材料及热处理。齿轮材料及热处理方法的选择可参考表 8-3,结合考虑取材的方便和经济性的原则。

(2) 确定齿轮传动的精度等级。齿轮传动精度等级的选择,在满足使用要求的前提下选择尽可能低的精度等级可减少加工难度,降低制造成本。

(3) 简化设计计算。按齿轮主要失效形式确定设计计算准则,进行设计计算并确定齿轮传动的主要参数。例如,对软齿面的闭式传动,可按齿面接触疲劳强度确定 d_1(或 a),再选择合适的 z_1 和 m,最后按齿根弯曲疲劳强度计算;而对硬齿面的闭式传动,则可按齿根弯曲疲劳强度确定模数 m,再选择合适的齿数 ψ_d,最后校核齿面接触疲劳强度等。

(4) 计算齿轮的几何尺寸。按公式计算齿轮的几何尺寸。

(5) 确定齿轮的结构形式。齿轮的结构由轮缘、轮毂和轮辐 3 部分组成。根据齿轮毛坯制造的工艺方法,齿轮可分为锻造齿轮和铸造齿轮两种。

(6) 绘制齿轮工作图。齿轮工作图可按机械制图标准中规定的简化画法表达。按 GB 6443—1986 的规定,工作图上应标注分度圆直径 d、顶圆直径 d_a、齿宽 b、其他结构尺寸及公差、定位基准及相应的形位公差和表面粗糙度。

例 8-1 设计某运输机单级标准直齿圆柱齿轮传动。已知:传动比 $i=4.6$,小齿轮转速 $n_1=1\,440$ r/min,传递功率 $P=5$ kW,单向传动,载荷平稳。

解:(1) 选择齿轮材料及精度等级。

小齿轮选用 45 钢调质,硬度为 220～250 HBS;大齿轮选用 45 钢正火,硬度为 170～210 HBS。因为是普通减速器,选 8 级精度。

(2) 按齿面接触疲劳强度设计。

本传动为闭式传动,软齿面,因此主要失效形式为疲劳点蚀,应根据齿面接触疲劳强度设计,根据式 (8-10) 求出 d_1 值。先确定有关参数与系数:

① 载荷系数 K:圆周速度不大,精度不高,查表 8-6,取 $K=1.2$。

② 转矩 T_1:

$$T_1 = 9.55 \times 10^6 \times \frac{P}{n} = 9.55 \times 10^6 \times \frac{5}{1\,440} = 33\,159.7 \text{ (N·mm)}$$

③ 由表 8-8,选取齿宽系数:

$$\psi_d = 1.1$$

④ 由表 8-7 得,选取材料的弹性系数:

$$Z_E = 189.8 \sqrt{\text{MPa}}; \text{ 选取 } Z_H = 2.5$$

⑤ 接触许用应力 $[\sigma_H]$:

由图 8-23 查得:$\sigma_{H\lim 1} = 610$ MPa,$\sigma_{H\lim 2} = 515$ MPa,由表 8-9 查得 $S_H = 1$

故

$$[\sigma_H]_1 = \frac{\sigma_{H\lim 1}}{S_H} = \frac{610}{1} = 610 \text{ (MPa)}$$

$$[\sigma_H]_2 = \frac{\sigma_{H\lim 2}}{S_H} = \frac{515}{1} = 515 \text{ (MPa)}$$

⑥ 计算小齿轮分度圆直径 d_1：

$$d_1 \geqslant \sqrt[3]{\frac{2KT_1}{\psi_d} \cdot \frac{u \pm 1}{u} \left(\frac{Z_E Z_H}{\sigma_H}\right)^2}$$

$$= \sqrt[3]{\frac{2 \times 1.2 \times 33\,159.7}{1.1} \times \frac{4.6 + 1}{4.6} \times \left(\frac{189.8 \times 2.5}{515}\right)^2} = 42.08 \text{ (mm)}$$

取 $d_1 = 45$ mm。

⑦ 计算圆周速度 v：

$$v = \frac{\pi n_1 d_1}{60 \times 1\,000} = \frac{3.14 \times 1\,440 \times 45}{60 \times 1\,000} = 3.39 \text{ (m/s)}$$

因 $v < 5$ m/s，查表 8-5，取 8 级精度合适。

（3）确定主要参数，计算主要几何尺寸。

① 齿数：

取 $z_1 = 20$，$z_2 = iz_1 = 20 \times 4.6 = 92$

② 模数：

$$m = \frac{d_1}{z_1} = \frac{45}{20} = 2.25$$

查表 8-1，按标准模数第一系列优先原则，取 $m = 2.5$。

③ 分度圆直径：

$$d_1 = mz_1 = 20 \times 2.5 = 50 \text{ (mm)}$$

$$d_2 = mz_2 = 92 \times 2.5 = 230 \text{ (mm)}$$

④ 中心距 a：

$$a = \frac{1}{2}(d_1 + d_2) = \frac{1}{2} \times (50 + 230) = 140 \text{ (mm)}$$

⑤ 齿宽 b：

$$b = \psi_d d_1 = 1.1 \times 50 = 55 \text{ (mm)}$$

经圆整后取 $b_2 = 55$ mm，$b_1 = 55 + 5 = 60$ (mm)（为了补偿安装误差，通常使小齿轮齿宽略大一些）。

（4）校核弯曲疲劳强度。先确定有关参数与系数：

① 复合齿形因数 Y_{FS} 由表 8-10 查得，$Y_{FS1} = 2.81$，$Y_{FS2} = 2.21$。

② 弯曲疲劳许用应力 $[\sigma_F]$。

由图 8-25 所示可得弯曲疲劳极限应力 $\sigma_{F\lim 1} = 190$ MPa，$\sigma_{F\lim 2} = 170$ MPa。

又由表 8-9 查得 $S_F = 1.3$

故

$$[\sigma_F]_1 = \frac{\sigma_{F\lim 1}}{S_F} = \frac{190}{1.3} = 146 \text{ (MPa)}$$

$$[\sigma_F]_2 = \frac{\sigma_{F\lim 2}}{S_F} = \frac{170}{1.3} = 131 \text{ (MPa)}$$

③ 校核计算：

$$\sigma_{F1} = \frac{2KT_1}{bd_1 m} \cdot Y_{FS1} = \frac{2 \times 1.2 \times 33\,159.7}{55 \times 2.5 \times 50} \times 2.81 = 32.48 \text{ (MPa)} < [\sigma_F]_1$$

$$\sigma_{F2} = \frac{2KT_1}{bd_1 m} \cdot Y_{FS2} = \frac{2 \times 1.2 \times 33\,159.7}{55 \times 2.5 \times 50} \times 2.21 = 25.54 \text{ (MPa)} < [\sigma_F]_2$$

故弯曲疲劳强度足够。

(5) 结构设计与工作图（略）。

第十一节　齿轮传动的润滑

齿轮在传动时将产生摩擦和磨损，造成能量损耗，而使传动效率降低。因此，齿轮传动的润滑就十分重要。润滑可以减小齿轮啮合处的摩擦损失，减少磨损，具有降低噪声、散热和防锈等作用。

齿轮传动润滑形式的选择应根据齿轮圆周速度的大小和开、闭式齿轮传动形式来决定。

1. 闭式齿轮传动的润滑

齿轮传动的圆周速度 $v \leq 12$ m/s 时，应采用如图 8-26 (a) 所示的油浴润滑方式。齿轮运转时把润滑油带到啮合齿面间，同时又将油甩到箱壁上，借以散热并使轴承得到润滑。为了减小齿轮的运转阻力和油的温升，齿轮浸入油中的深度不宜超过一两个齿高，但不应小于10 mm，转速低时可浸深一些。

在多级齿轮传动中，当几个大齿轮直径不相等时，可采用惰轮的油池润滑，如图 8-26 (b) 所示。

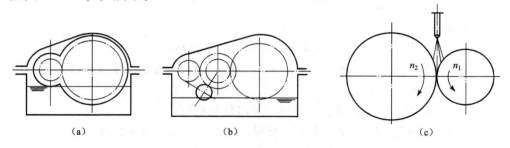

图 8-26　闭式齿轮传动的润滑
(a) 油浴润滑；(b) 油池润滑；(c) 喷油润滑

齿轮传动的圆周速度 $v>12$ m/s 时，由于离心力的作用，附在齿轮上的油将甩掉，齿面不能良好润滑。此外，齿轮搅油过于剧烈，使功率损失增大。因此，不宜采用油浴润滑而应采用如图 8-26（c）所示的喷油润滑。但喷油润滑需用压力泵将油经喷嘴喷到轮齿啮合面上，因此结构复杂。

2. 开式、半开式齿轮传动润滑

开式、半开式齿轮传动润滑采用人工周期性加油润滑，润滑剂为润滑油或润滑脂。

3. 齿轮传动的润滑剂

齿轮传动的润滑剂的选择应根据齿轮的承载情况和圆周速度选取。表 8-11 列出了闭式齿轮传动常用的润滑油，可参考选用。

表 8-11 齿轮传动推荐用的润滑油运动黏度 v（40℃）

齿轮材料	强度极限 σ_B/MPa	圆周速度 v/（m·s^{-1}）					
		<0.5	<1	<2.5	<5	<12.5	<25	>25
		运动黏度 v（mm^2·s^{-1}）						
铸铁、青铜	—	350	220	150	100	80	55	—
钢	450~1 000	500	350	220	150	100	80	55
	1 000~1 250	500	500	350	220	150	100	80
渗碳或表面淬火钢	1 250~1 580	900	500	500	350	220	150	100

注：对于多级齿轮传动，应采用各级传动圆周速度的平均值选取润滑油黏度。

实训　渐开线直齿圆柱齿轮范成实训

一、实训目的

（1）通过实训掌握用范成法制造渐开线齿轮齿廓的基本原理。
（2）了解渐开线齿轮产生根切现象的原因和避免根切的方法。
（3）分析比较标准齿轮和变位齿轮的异同点。

二、实训设备和工具

（1）齿轮范成仪。
（2）钢直尺、圆规、绘图纸、剪刀。
（3）三角尺、两支不同颜色的铅笔或圆珠笔（学生自备）。

三、实训原理

范成法是利用一对齿轮（或齿轮、齿条）互相啮合时其共轭齿廓互为包络线的原理来加工轮齿的一种方法。加工时，其中一齿轮（或齿条）为刀具，另一齿轮为轮坯，二者对滚，同时刀具还沿轮坯的轴向做切削运动，最后轮坯上被加工出来的齿廓就是刀具刀刃在各个位置的包络线，其过程好像一对齿轮（或齿轮、齿条）做无齿侧间隙啮合传动一样。为了看清楚齿廓形成的过程，可以用图纸做轮坯。在不考虑切削和让刀运动的情况下，刀具与轮坯对滚时，刀刃在图纸上所印出的各个位置的包络线，就是被加工齿轮的齿廓曲线。

图 8-27 所示为齿轮范成仪，圆盘 2（相当于待切齿轮）绕固定于机架 1 上的轴心 O 转动，在圆盘的周缘刻有凹槽，槽内嵌两根钢丝 3，其中心线（图中圆盘 2 上虚线为钢丝 3 的中心线 1 形成的圆）相当于被加工齿轮的分度圆。两根钢丝的一端分别固定在圆盘 2 上 B、B'，另一端分别固定在拖板 4 的 A、A'处，拖板在机架上沿水平方向移动时，钢丝便拖动圆盘转动。这与被加工齿轮相对于齿条刀具的运动相同。

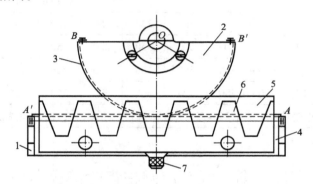

图 8-27 齿轮范成仪
1—机架；2—圆盘；3—钢丝；4—拖板；
5—小拖板；6—齿条刀具；7—转动螺旋

在拖板 4 上还装有带齿条刀具 6 的小拖板 5，转动螺旋 7 可使其相对于拖板 4 垂直移动，从而可调节齿条刀具中线至轮坯中心的距离。

在齿轮范成仪中，已知的齿条刀具参数为：压力角 α；齿顶高系数 h_a^*；径向间隙系数 c^*；模数 m；被加工齿轮的分度圆直径 $d = mz$。

四、实训过程

（1）根据已知的刀具参数和被加工齿轮分度圆直径，计算被加工齿轮的基圆、不发生根切的最小变位系数与最小变位量、标准齿轮的齿顶圆与齿根圆直径以及变位齿轮的齿顶圆与齿根圆直径。然后根据计算数据将上述 6 个圆画在同一张纸上,并沿最大圆的圆周剪成圆形纸片,作为本实验用的"轮坯"。

(2) "轮坯"安装到范成仪的圆盘上,必须注意对准中心。

(3) 调节齿条刀具中线,使其与被加工齿轮分度圆相切。刀具处于切制标准齿轮时的安装位置上。

(4) "切制"齿廓时,先把刀具移向一端,使刀具的齿廓退出轮坯中标准齿轮的齿顶圆;然后每当刀具向另一端移动 2~3 mm 距离时,描下刀刃在图纸轮坯上的位置,直到形成两个完整的轮齿齿廓曲线为止。此时,应注意轮坯上齿廓的形成过程。

(5) 观察根切现象(用标准渐开线齿廓检验所绘得的渐开线齿廓或观察刀具的齿顶线是否超过被加工齿轮的极限点)。

(6) 重新调整刀具,使刀具中线远离轮坯中心,移动距离为避免根切的最小变位量,再"切制"齿廓。此时也就是刀具齿顶线与变位齿轮的根圆相切。按照上述的操作过程,同样可以"切制"得到两个完整的正变位齿轮的齿廓曲线。为便于比较,此齿廓可用另一种颜色的笔画出。

五、思考题

(1) 实训得到的标准齿轮齿廓与正变位齿轮齿廓(如图 8-17 所示)形状是否相同?为什么?

(2) 通过实训,你所观察到的根切现象发生在基圆之内还是基圆之外?是什么原因引起的?如何避免根切?

(3) 比较用同一齿条刀具加工出的标准齿轮和正变位齿轮的以下参数尺寸: m、α、d、d_b、h_a、h_f、h、p、s、a,其中发生哪些变化了?哪些没有变?为什么?

(4) 通过实训,对范成齿廓和变位齿廓有何体会?

思考题与习题

1. 渐开线的形状因何而异?一对啮合的渐开线齿轮,若其齿数不同,其齿廓渐开线形状是否相同?又如两个齿轮,其分度圆及压力角相同,但模数不同,试问其齿廓渐开线形状是否相同?又若两个齿轮的模数和齿数均相同,但压力角不同,其齿廓渐开线形状是否相同?

2. 什么叫齿轮的模数?它的大小说明什么?模数的单位是什么?

3. 何谓齿轮中的分度圆?何谓节圆?二者的直径是否一定相等或一定不相等?

4. 对齿轮传动的基本要求是什么?

5. 什么叫啮合角?什么是啮合线?在已知一对齿轮的齿数、模数和压力角的条件下，怎样画出理论啮合线长度？怎样画出实际啮合线长度？

6. 何谓齿廓的根切现象？在什么情况下会产生根切现象？是否基圆半径越小就越容易产生根切？齿廓的根切有什么危害？根切与被切齿轮的齿数有什么关系？如何避免根切？

7. 齿轮传动的主要失效形式有哪些？齿轮传动的设计准则是什么？

8. 为何设计一对软齿面齿轮传动时，要使两齿轮的齿面有一定的硬度差？该硬度差通常取多大？

9. 一对圆柱齿轮传动大、小齿轮的齿面接触应力是否相等？大、小齿轮的齿面接触强度是否相等？在什么条件下两齿轮的接触强度相等？

10. 一渐开线标准直齿圆柱齿轮的齿数 $z=30$，模数 $m=4$ mm，齿顶高系数 $h_a^*=1$，压力角 $\alpha=20°$。求其齿廓在分度圆及齿顶圆上的压力角和曲率半径。

11. 有一渐开线标准直齿圆柱齿轮，基圆半径 $r_b=56.382$ mm，分度圆压力角 $\alpha=20°$。

试求：

① 在 $r_K=65$ mm 的圆上，渐开线 K 点的压力角 α 及曲率半径 ρ_K；

② 分度圆半径及渐开线分度圆处的曲率半径 ρ；

③ 基圆上渐开线起始点的压力角 β 及曲率半径 ρ_b。

12. 已知一对外啮合渐开线标准直齿圆柱齿轮传动，$i_{12}=3$，$z_1=19$，$m=5$ mm。试计算这对齿轮的分度圆直径、齿顶圆直径、齿根圆直径、基圆直径、中心距、齿距、齿厚和齿槽宽。

13. 现有两个渐开线标准直齿圆柱齿轮，测得齿数 $z_1=22$，$z_2=98$，小齿轮齿顶圆直径 $d_{a1}=240$ mm，大齿轮的全齿高 $h=22.5$ mm（因大齿轮太大，不便测其齿顶圆直径），试问这两个齿轮能否正确啮合传动？

14. 单级闭式直齿圆柱齿轮传动中，小齿轮的材料为 45 钢调质处理，大齿轮的材料为 ZG 270-500 正火，$P=4$ kW，$n_1=720$ r/min，$m=4$ mm，$z_1=25$，$z_2=75$，$b_1=86$ mm，$b_2=80$ mm，单向转动，载荷有中等冲击，用电动机驱动，试验算此单级传动的强度。

15. 设计一闭式标准直齿圆柱齿轮传动。已知条件：传递功率 $P=7.5$ kW，小齿轮转速 $n_1=960$ r/min，传动比 $i_{12}=3.1$，原动机为电动机，工作机为矿山通风机，单向运转，齿轮在轴上非对称布置，启动短期过载为正常载荷的 1.5 倍。

第九章　斜齿圆柱齿轮传动

本章要点及学习指导：

　　本章主要介绍斜齿圆柱齿轮齿廓的形成、主要参数与几何尺寸、正确啮合条件、当量齿轮、强度计算。通过对本章的学习，对渐开线斜齿圆柱齿轮传动的类型、特点有一定了解；掌握斜齿圆柱齿轮的当量齿轮及当量齿数；掌握渐开线斜齿圆柱齿轮的主要参数和几何尺寸计算；掌握渐开线斜齿轮传动正确啮合的条件；熟练掌握斜齿圆柱齿轮的受力分析。本章学习的目的是掌握斜齿圆柱齿轮传动的设计方法，能正确地分析和选用主要参数，并能进行几何尺寸计算。

　　在平面齿轮的类型中，除了直齿圆柱齿轮以外，还有一种比较常见的齿轮，其外形是圆柱形，但其轮齿的方向是斜的。其齿廓曲面也具有渐开线的属性。本章讨论斜齿圆柱齿轮的齿廓曲面的形成、啮合特性及几何参数等问题。

第一节　斜齿圆柱齿轮概述

1. 斜齿圆柱齿轮齿廓曲面的形成

　　对于直齿圆柱齿轮，其端面的齿形等于任何一个与其轴线垂直的截面的齿形，所以齿轮的基圆应该是基圆柱，发生线应是发生面，K 点应是一条与轴线平行的直线 KK，图 9-1（a）所示为发生面沿基圆柱做纯滚动时，直线 KK 在空间运动的轨迹——渐开面，这就是直齿圆柱齿轮的齿面。渐开面与发生面的交线 KK 始终保持与齿轮的轴线平行，渐开面与基圆柱的交线 AA 为一条与齿轮轴线相平行的直线。

　　当一对直齿圆柱齿轮相啮合时，理论上两轮齿廓曲面相接触时，其瞬时接触线为一条平行于齿轮轴线的直线。所以两轮的轮齿在进入或退出啮合时总是沿着全齿宽同时进行的。因而瞬时接触时齿面之间的冲击是沿着齿宽方向同时发生的；所以直齿轮传动时产生的冲击、振动和噪声较大。

　　斜齿圆柱齿轮的齿面形成原理与直齿轮相似，所不同的是形成渐开面的直线 KK 相对于轴线方向偏转了一个角度 β_b，如图 9-1（b）所示。当发生面绕基圆柱做纯滚动时，斜直线 KK 的空间轨迹就形成了斜齿轮的齿廓曲面——渐

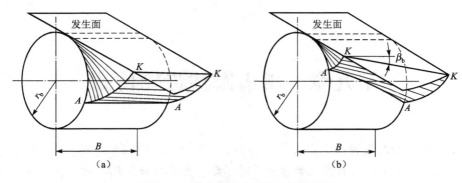

图 9-1 圆柱齿轮渐开线齿面的形成
(a) 直齿圆柱齿轮齿面的形成；(b) 斜齿圆柱齿轮齿面的形成

开螺旋面。斜齿轮端面上的齿廓仍是渐开线。斜线 KK 与发生面在基圆柱上的切线 AA 之间的夹角 β_b 称为基圆螺旋角。β_b 角越大，轮齿越偏斜。当 $\beta_b = 0$ 时，斜齿轮就演变为直齿轮了，所以，直齿轮是当斜齿轮的螺旋角等于零时的特例。

另外，斜齿轮轮齿的齿廓与其分度圆柱面的交线也是一条螺旋线，如图 9-2 所示。将分度圆柱面展开，这条螺旋线便成了一条与分度圆柱面母线夹角为 β 的斜直线，角 β 称为分度圆柱面上的螺旋角，简称螺旋角。

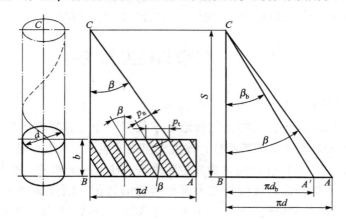

图 9-2 斜齿轮分度圆柱的展开图

根据螺旋的方向，斜齿轮分为右旋和左旋两种。判别方法：将齿轮轴线竖起来，若轮齿向右倾斜时则为右旋，否则为左旋。图 9-2 所示的是左旋。

2. 斜齿圆柱齿轮的啮合特性

一对渐开线斜齿轮啮合时，相互啮合的齿面是沿斜线接触的，所以斜齿圆柱齿轮啮合时，其瞬时接触线为一条斜线，而且两齿面开始进入啮合时是点接触，然后接触线逐渐延长，再由长变短至退出啮合，齿面上的接触线如图 9-3 所示。

由于理论上两齿面的啮合过程的初始接触是点接触,所以在斜齿轮的啮合传动中,齿面接触冲击造成的噪声比直齿圆柱齿轮的噪声小,传动也比较平稳。斜齿圆柱齿轮的其他特点将在后面介绍。故斜齿圆柱齿轮传动克服了直齿圆柱齿轮传动的缺点,使得其能够适用于高速、重载的传动场合。

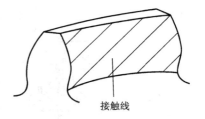

图 9-3 斜齿轮齿廓接触线

第二节 斜齿圆柱齿轮的几何尺寸计算和正确啮合条件

一、斜齿圆柱齿轮的基本参数

斜齿圆柱齿轮的几何参数有端面参数和法向参数。所谓端面是指垂直于轴线的平面,端面参数均带有下标 t,法向是指垂直于分度圆柱面上螺旋线的切线的平面内的方向,法向参数均带有下标 n。

斜齿圆柱齿轮通常是采用滚刀或盘形齿轮铣刀加工的,由于用铣刀切削齿轮的齿槽时,其运动方向是沿斜齿轮分度圆的螺旋线方向行进的,所以刀具的模数和压力角与斜齿圆柱齿轮的法向模数和法向压力角相同。因刀具上的参数为标准值,故斜齿圆柱齿轮的法向参数是标准值。

斜齿圆柱齿轮端面的基圆柱是圆柱体,而法向上的基圆柱的截面是椭圆,为了计算和测量方便,在计算斜齿轮几何尺寸时,所计算的绝大部分都是端面尺寸,所以,应同时讨论端面和法向两种参数及其两者之间的关系。

1. 法面模数 m_n 和端面模数 m_t

图 9-2 所示为展开的斜齿圆柱齿轮分度圆柱面,p_t 为端面齿距,p_n 为法面齿距,由图可知两者关系是

$$p_n = p_t \cos \beta$$

又因 $p_n = \pi m_n$,$p_t = \pi m_t$

所以　　　$m_n = m_t \cos \beta$

式中,m_n、m_t 分别是法面模数和端面模数。规定法面模数 m_n 为标准值,参见表 8-1。

由于 $\cos \beta \leq 1$,故端面模数不小于法面模数。

2. 法面压力角 α_n 和端面压力角 α_t

如图 9-4 所示,它们之间有如下关系:

$$\tan \alpha_n = \frac{OC}{OA}, \ \tan \alpha_t = \frac{OB}{OA}, \ OC = OB \cos \beta$$

所以
$$\tan\alpha_n = \tan\alpha_t \cos\beta$$

规定,法面压力角 α_n 为标准值,$\alpha_n = 20°$。又因为当 $90° > \beta > 0$ 时,$\cos\beta < 1$,所以 $\alpha_t > \alpha_n$,即端面压力角 α_t 大于 $20°$。

3. 齿顶高系数及顶隙系数

斜齿圆柱齿轮的齿顶高和齿根高,不论从法面还是从端面来看,均是相等的。

即
$$h_a = h_{an}^* m_n = h_{at}^* m_t$$
$$c = c_n^* m_n = c_t^* m_t$$

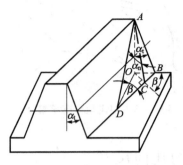

图 9-4 法面压力角 α_n 和端面压力角 α_t

式中,h_{an}^* 和 h_{at}^* 分别为法面和端面齿顶高系数;c_n^* 和 c_t^* 分别为法面和端面顶隙系数。整理得
$$h_{at}^* = h_{an}^* \cos\beta$$
$$c_t^* = c_n^* \cos\beta$$

规定,法面齿顶高系数 h_{an}^* 和法面顶隙系数 c_n^* 为标准值,$h_{an}^* = 1$,$c_n^* = 0.25$。

4. 螺旋角

螺旋角一般取 $\beta = 8° \sim 20°$。

二、斜齿轮的几何尺寸计算

由于一对斜齿轮的啮合,在端面相当于一对直齿轮的啮合,故可将直齿轮的几何计算公式应用于斜齿轮端面的计算,见表 9-1。

表 9-1 标准斜齿圆柱齿轮传动的参数和几何尺寸计算

序号	名称	符号	计算公式及参数
1	端面模数	m_t	$m_t = m_n/\cos\beta$,m_n 为标准值,见表 8-1
2	螺旋角	β	一般取 $\beta = 8° \sim 20°$
3	端面压力角	α_t	$\tan\alpha_t = \tan\alpha_n/\cos\beta$,$\alpha_n$ 为标准值,$\alpha_n = 20°$
4	分度圆直径	d_1,d_2	$d_1 = m_t z_1 = \dfrac{m_n z_1}{\cos\beta}$,$d_2 = m_t z_2 = \dfrac{m_n z_2}{\cos\beta}$
5	齿顶高	h_a	$h_a = h_{an}^* m_n = m_n$ ($h_{an}^* = 1$)
6	齿根高	h_f	$h_f = 1.25 m_n$
7	全齿高	h	$h = h_a + h_f = 2.25 m_n$
8	齿顶圆直径	d_{a1},d_{a2}	$d_{a1} = d_1 + 2m_n$,$d_{a2} = d_2 + 2m_n$

续表

序号	名称	符号	计算公式及参数
9	齿根圆直径	d_{f1}，d_{f2}	$d_{f1} = d_1 - 2.5m_n$，$d_{f2} = d_2 - 2.5m_n$
10	顶隙	c	$c = h_f - h_a = 0.25m_n$
11	中心距	a	$a = \frac{1}{2}(d_1 + d_2) = \frac{1}{2}m_t(z_1 + z_2) = \frac{m_n(z_1 + z_2)}{2\cos\beta}$

三、斜齿圆柱齿轮的正确啮合条件和重合度

1. 正确啮合条件

一对外啮合斜齿轮能够正确啮合，除了像直齿轮那样必须保证模数和压力角均分别相等外，还须考虑到螺旋角 β 相匹配的问题，即螺旋角也必须大小相等、旋向相反（内啮合时旋向相同），即

$$m_{n1} = m_{n2} = m$$
$$\alpha_{n1} = \alpha_{n2} = \alpha$$
$$\beta_1 = -\beta_2$$

2. 重合度

为了讨论方便，将端面参数相同的直齿轮机构与斜齿轮机构进行比较。如图 9-5 所示，上图为直齿轮机构的啮合面；下图为斜齿轮机构的啮合面。

图 9-5 中直线 B_1B_1 和 B_2B_2 之间的区域为啮合区。对直齿轮机构来说，轮齿在 B_2B_2 处开始沿全齿宽同时进入啮合，到 B_1B_1 处沿全齿宽同时退出啮合，故其重合度 $\varepsilon_t = L/p_b$。对于斜齿轮机构来说，轮齿也是在 B_2B_2 处开始进入啮合，但不是沿整个轮齿同时进入啮合，而仅是后端开始进入啮合，整个轮齿并未进入啮合；当到达位置 B_1B_1' 时，仅是后端开始退出啮合（此时，斜齿轮机构的重合度为 $\varepsilon_t = L/p_b$），而整个轮齿仍在啮合中，到整个轮齿全部退出啮合，还要继续多啮合一段 ΔL。斜齿轮机构的实际啮合区比直齿轮机构要增大一段 $\Delta L = b\tan\beta$。因此，斜齿轮机构的重合度要比直齿轮机构大一些，其增大的部分称为轴面重合度，用 ε_β 表示。所以，斜齿轮机构的重合度为

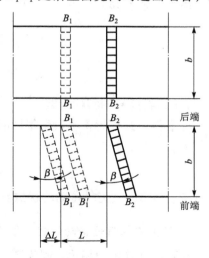

图 9-5 斜齿轮传动重合度分析

$$\varepsilon = \varepsilon_t + \varepsilon_\beta$$

式中，与直齿轮重合度相同的部分 ε_t 称为端面重合度；ε_β 为轴面重合度，轴面重合度随齿宽 b 和螺旋角 β 的增大而增大。所以，斜齿轮机构的传动平稳性和承载能力都较直齿轮机构的好，适用于高速、重载的场合。

第三节　斜齿轮的当量齿数及斜齿轮传动的特点

一、斜齿圆柱齿轮的当量齿数

用仿形法加工斜齿轮时，选用铣刀及进行斜齿轮强度计算时，都必须知道它的法面齿形。如图 9-6 所示，过斜齿轮分度圆柱面上齿廓的一点 C 作该齿廓的法面 $n-n$，该法面分度圆柱面的交线为一椭圆。其长半轴 $a = \dfrac{d}{2\cos\beta}$，短半轴 $b = \dfrac{d}{2}$。在椭圆上 C 点附近的齿形与斜齿轮法面齿形相近。以 C 点的曲率半径 ρ 作为分度圆半径，以斜齿轮的法面模数和法面压力角作一假想直齿圆柱齿轮，

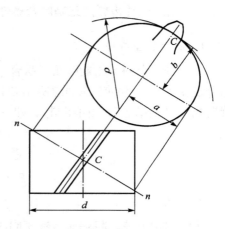

图 9-6　斜齿轮的当量齿数

则其齿形可认为近似于斜齿轮的法面齿形。假想直齿圆柱齿轮称为该斜齿圆柱齿轮的当量齿轮，其齿数称为当量齿数，用 z_v 表示。

由高等数学知

$$\rho = \frac{a^2}{b} = \frac{d}{2\cos^2\beta} = \frac{m_n z}{2\cos^3\beta}$$

$$z_v = \frac{2\rho}{m_n} = \frac{z}{\cos^3\beta}$$

式中，z 为斜齿轮的实际齿数。

标准斜齿圆柱齿轮不发生根切的最少齿数，可由当量齿轮的最少齿数（正常齿制 $z_{min} = 17$）算出

$$z_{min} \geqslant z_{vmin} \cos^3\beta$$

二、斜齿圆柱齿轮传动的优缺点和人字齿轮

1. 斜齿圆柱齿轮传动的优、缺点

与直齿圆柱齿轮相比，斜齿圆柱齿轮传动具有以下优、缺点。

（1）由于重合度大，所以传动平稳，冲击和噪声都较小，啮合性能好；承载

能力强。

（2）斜齿轮不产生根切的最少齿数比直齿轮不产生根切的最少齿数少，使齿轮机构的尺寸更加紧凑。

（3）斜齿轮的制造成本及所用机床均与直齿轮相同。

（4）由于有螺旋角，所以工作时会产生轴向分力 F_a，从而增加了轴承的负荷，对传动不利，如图9-7（a）所示。

2. 人字齿轮

为了克服斜齿轮传动时产生轴向力的缺点，可采用如图9-7（b）所示的人字齿轮。人字齿轮的左、右两排轮齿

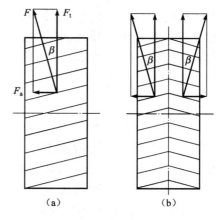

图9-7　斜齿轮与人字齿轮传动的轴向力
(a) 斜齿轮；(b) 人字齿轮

完全对称，使两侧所产生的轴向力相互抵消，但人字齿轮制造成本较高，且轴向尺寸较大，故主要用于低速、重载场合。

螺旋角过小的斜齿轮将近似直齿轮，特点不明显。螺旋角过大，则轴向力增大，故一般取 $\beta = 8° \sim 20°$ 为宜。对于人字齿轮，轴向力可以互相抵消，可取 $\beta = 20° \sim 30°$。

第四节　斜齿圆柱齿轮传动的强度计算

斜齿轮的强度计算与直齿轮的计算相似，仍按齿面接触疲劳强度和齿根弯曲疲劳强度进行计算，但它的受力情况是按轮齿的法面齿形进行计算。下面分别讨论齿面接触疲劳强度计算和齿根弯曲疲劳强度计算。

一、轮齿上的作用力

图9-8所示为斜齿圆柱齿轮传动中主动轮上的受力分析图。法向力 F_{n1} 作用在齿面的法面内，忽略摩擦力的影响，法向力 F_{n1} 可以分解为3个互相垂直的分力，即圆周力 F_{t1}、径向力 F_{r1} 和轴向力 F_{a1}，计算公式为

圆周力　　$F_{t1} = \dfrac{2T_1}{d_1} = -F_{t2}$

径向力　　$F_{r1} = \dfrac{F_{t1} \tan \alpha_n}{\cos \beta} = -F_{r1}$

轴向力　　$F_{a1} = F_{t1} \tan \beta = -F_{a2}$

各力的方向是：主动轮上圆周力和径向力的方向与直齿圆柱齿轮相同，轴向力的方向可利用左、右手法则判定，即右旋齿轮用右手、左旋齿轮用左手判定，

弯曲的四指指向齿轮的转动方向，则大拇指的指向表示它所受轴向力的方向。从动轮上所受各力的方向与主动轮相反，但大小相等。

二、强度计算

1. 齿面接触疲劳强度计算

斜齿圆柱齿轮传动齿面不产生疲劳点蚀的强度计算公式与直齿圆柱齿轮相似，但考虑到斜齿轮接触线的长度随啮合位置的不同而变化，且接触线的倾斜有利于提高接触疲劳强度，故引入螺旋角系数 Z_β，并且计入载荷系数 K，得齿轮齿面接触疲劳强度计算公式。

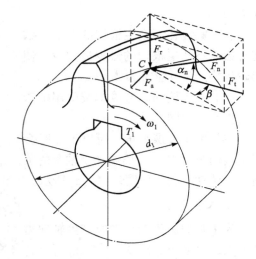

图 9-8 轮齿上的作用力

校核公式

$$\sigma_H = Z_E Z_H Z_\varepsilon Z_\beta \sqrt{\frac{2KT_1}{bd_1^2} \cdot \frac{u \pm 1}{u}} \leq [\sigma_H]$$

设计公式

$$d_1 \geq \sqrt[3]{\frac{2KT_1}{\psi_d} \cdot \frac{u \pm 1}{u} \left(\frac{Z_E Z_H Z_\varepsilon Z_\beta}{[\sigma_H]}\right)^2}$$

以上两式中，弹性系数 Z_E、节点区域系数 Z_H 与直齿轮的同名系数相同，查表 8-7 可得；重合度系数 Z_ε，一般取 $0.65 \sim 1$；螺旋角系数 $Z_\beta = \sqrt{\cos \beta}$；许用接触应力 $[\sigma_H]$ 同直齿轮计算。其他参数同直齿轮。

2. 齿根弯曲疲劳强度计算

同直齿轮相似，轮齿折断仍是斜齿圆柱齿轮的主要失效形式。但由于斜齿轮接触线倾斜，且接触线长度随接触位置的变动而变化，故轮齿往往是局部折断。为简化计算，通常以斜齿轮的当量齿轮为基础，以法面齿形为研究对象，进行强度分析。考虑到接触线的倾斜对弯曲强度的有利影响，再次引入螺旋角系数 Y_β，得斜齿圆柱齿轮齿根弯曲疲劳强度的计算公式。

校核公式

$$\sigma_F = \frac{2KT_1}{bd_1 m_n} \cdot Y_{FS} Y_\varepsilon Y_\beta \leq [\sigma_F]$$

设计公式

$$m_n \geq \sqrt[3]{\frac{2KT_1 \cos^2 \beta}{\psi_d z_1^2 [\sigma_F]} Y_{FS} Y_\varepsilon Y_\beta}$$

式中，Y_{FS} 为齿形系数，按当量齿数 $z_v = \dfrac{z}{\cos^3\beta}$ 查表 8-10 得到；Y_ε 为重合度系数，$Y_\varepsilon = 0.25 + \dfrac{0.75}{\varepsilon_\alpha}$，一般 $\varepsilon_\alpha = 1 \sim 2$，$Y_\varepsilon = 0.25 \sim 1$，其中 ε_α 应代以当量齿轮的端面重合度 ε_α，$\varepsilon_\alpha = \left[1.88 - 3.2\left(\dfrac{1}{z_1} \pm \dfrac{1}{z_2}\right)\right]\cos\beta$，式中，"+"用于外啮合、"-"用于内啮合；$Y_\beta$ 为螺旋角系数，$Y_\beta = 1 - \varepsilon_\beta\dfrac{\beta}{120°}$，一般 $Y_\beta = 0.75 \sim 1$；式中 $\varepsilon_\beta = \dfrac{b\sin\beta}{\pi m_n}$；若 $Y_\beta < 0.75$，则取 $Y_\beta = 0.75$；当 $\beta > 30°$ 时，按 $\beta = 30°$ 计算。许用弯曲应力 $[\sigma_F]$ 同直齿轮计算。其他参数同直齿轮。

例 9-1 如图 9-9 所示，试设计带式输送机减速器的斜齿轮传动。已知输入功率 $P = 40$ kW，小齿轮转速 $n_1 = 960$ r/min，齿数比 $u = 3.2$，由电动机驱动，工作寿命 15 年（设每年工作 300 天），两班制，带式输送机工作平稳，单向工作。

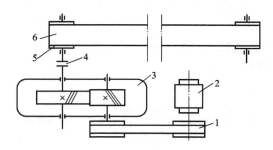

图 9-9 带式输送机传动示意图
1—带传动；2—电动机；3—减速器；4—联轴器；5—卷筒；6—传送带

解：（1）选择材料和热处理。考虑到此减速器的功率较大，故大、小齿轮均选用硬齿面，材料选取 45 钢，并经表面淬火，齿面硬度为 48~55 HRC。

（2）选取精度等级。因采用表面淬火，轮齿的变形不大，故初选 7 级精度。

（3）选小齿轮齿数 $z_1 = 27$，大齿轮齿数 $z_1 = uz_1 = 86$。

（4）初选螺旋角 $\beta_0 = 14°$。

（5）按齿面接触疲劳强度设计。

先确定有关参数与系数：

① 载荷系数 K：圆周速度不大，精度不高，取 $K = 1.2$。

② 转矩 T_1：

$$T_1 = 9.55 \times 10^6 \times \dfrac{P}{n} = 9.55 \times 10^6 \times \dfrac{40}{960} = 3.98 \times 10^5 \text{ (N·mm)}$$

③ 由表 8-8，选取齿宽系数 $\psi_d = 0.9$。

④ 由表 8-7 得，选取材料的弹性系数

$Z_E = 189.8 \sqrt{MPa}$；选取 $Z_H = 2.433$

⑤ 取重合度系数 $Z_\varepsilon = 0.8$；$Z_\beta = \sqrt{\cos\beta} = 0.985$。

⑥ 接触疲劳许用应力 $[\sigma_H]$ 的确定同直齿轮。

由图 8-23 查得：$\sigma_{H\lim 1} = 1\,170$ MPa，$\sigma_{H\lim 2} = 1\,170$ MPa，由表 8-9 查得 $S_H = 1$

故

$$[\sigma_H]_1 = \frac{\sigma_{H\lim 1}}{S_H} = \frac{1\,170}{1} = 1\,170 \text{ (MPa)}$$

$$[\sigma_H]_2 = \frac{\sigma_{H\lim 2}}{S_H} = \frac{1\,170}{1} = 1\,170 \text{ (MPa)}$$

⑦ 计算小齿轮直径：

$$d_1 \geq \sqrt[3]{\frac{2KT_1}{\psi_d} \cdot \frac{u \pm 1}{u} \left(\frac{Z_E Z_H Z_\varepsilon Z_\beta}{[\sigma_H]}\right)^2}$$

$$= \sqrt[3]{\frac{2 \times 1.2 \times 3.98 \times 10^5}{0.09} \times \frac{3.2 + 1}{3.2} \times \left(\frac{189.8 \times 2.433 \times 0.8 \times 0.985}{1\,170}\right)^2}$$

$$= 55.8 \text{ (mm)}$$

初定小齿轮分度圆直径 $d_1 = 56$ mm。

(6) 确定主要参数。

① 确定模数 m_n：

$$m_n = \frac{d_1 \cos\beta_0}{z_1} = \frac{56 \times \cos 14°}{27} = 2.01 \text{ (mm)}$$

取 $m_n = 2$ mm

② 计算中心距 a：

$$d_2 = d_1 u = 56 \times 3.2 = 179 \text{ (mm)}$$

初定中心距 $a_0 = \frac{d_1 + d_2}{2} = 117.5$ mm，圆整后 $a = 118$ mm。

③ 计算螺旋角 β：

$$\cos\beta = \frac{m_n (z_1 + z_2)}{2a} = 0.958，得实际螺旋角 \beta = 16.7°$$

④ 齿宽 b：

$$b = \psi_d d_1 = 0.9 \times 56 = 50.4 \text{ (mm)}$$

经圆整后取 $b_2 = 55$ mm，$b_1 = 55 + 5 = 60$ (mm)

⑤ 计算大、小齿轮分度圆直径：

$$d_1 = \frac{m_n z_1}{\cos\beta} = \frac{2 \times 27}{0.985} = 54.82 \text{ (mm)}$$

$$d_2 = \frac{m_n z_2}{\cos\beta} = \frac{2 \times 86}{0.985} = 174.62 \text{ (mm)}$$

(7) 计算圆周速度 v

$$v = \frac{\pi n_1 d_1}{60 \times 1\,000} = \frac{3.14 \times 960 \times 56.37}{60 \times 1\,000} = 2.83 \text{ (m/s)}$$

因 $v < 5$ m/s，故取 7 级精度合适。

(8) 校核弯曲疲劳强度。先确定有关参数与系数：

① 复合齿形系数 Y_{FS}：

按当量齿数 $z_v = \dfrac{z}{\cos^3 \beta}$，$z_{v1} = 30.7$，$z_{v2} = 97$，故 $Y_{FS1} = 4.11$，$Y_{FS2} = 3.98$。

② 确定重合度系数 Y_ε：

$$\varepsilon_\alpha = \left[1.88 - 3.2\left(\frac{1}{z_1} + \frac{1}{z_2}\right)\right]\cos \beta = 1.65$$

$$Y_\varepsilon = 0.25 + \frac{0.75}{\varepsilon_\alpha} = 0.7$$

③ 确定螺旋角系数 Y_β：

$$\varepsilon_\beta = \frac{b\sin \beta}{\pi m_n} = \frac{51 \times 0.29}{3.14 \times 2} = 2.33$$

得

$$Y_\beta = 1 - \varepsilon_\beta \frac{\beta}{120°} = 0.68$$

④ 确定许用弯曲应力 $[\sigma_F]$。

由图 8-25 所示可得弯曲疲劳极限应力 $\sigma_{F\lim 1} = \sigma_{F\lim 2} = 680$ MPa。又由表 8-9 查得 $S_F = 1.25$

故

$$[\sigma_F]_1 = \frac{\sigma_{F\lim 1}}{S_F} = \frac{680}{1.25} = 544 \text{ (MPa)}$$

$$[\sigma_F]_2 = \frac{\sigma_{F\lim 2}}{S_F} = \frac{680}{1.25} = 544 \text{ (MPa)}$$

⑤ 校核计算：

$$\sigma_{F1} = \frac{2KT_1}{bd_1 m_n} \cdot Y_{FS} Y_\varepsilon Y_\beta$$

$$= \frac{2 \times 1.2 \times 3.98 \times 10^5}{55 \times 56 \times 2} \times 4.11 \times 0.7 \times 0.68 = 278 \text{ (MPa)} \leqslant [\sigma_F]_1$$

$$\sigma_{F2} = \frac{2KT_1}{bd_2 m_n} \cdot Y_{FS} Y_\varepsilon Y_\beta$$

$$= \frac{2 \times 1.2 \times 3.98 \times 10^5}{55 \times 179 \times 2} \times 3.98 \times 0.7 \times 0.68 = 91.9 \text{ (MPa)} \leqslant [\sigma_F]_2$$

故弯曲强度足够。

(9) 设计与工作图（略）。

思考题与习题

1. 斜齿轮的螺旋角 β 对传动有什么影响？它的常用范围是多少？是如何考虑的？

2. 斜齿圆柱齿轮的螺旋角在各个圆柱面上是否相同？所讲的螺旋角是指哪一个圆柱面上的螺旋角？

3. 斜齿圆柱齿轮的法面参数与端面参数，哪组参数为标准值？它们之间存在怎样的对应关系？

4. 何为斜齿轮的当量齿轮？斜齿圆柱齿轮的齿数 z 与其当量齿数 z_v 有什么关系？在下列几种情况下应分别采用哪种齿数？
   （1）计算齿轮传动比；
   （2）用仿形法切制斜齿轮时选盘形铣刀；
   （3）计算分度圆直径和—中心距。

5. 为什么斜齿轮传动强度计算在当量齿轮上进行？

6. 斜齿轮传动中，作用在斜齿轮上的圆周力、径向力、轴向力的方向怎样判定？

7. 已知一对渐开线标准斜齿圆柱齿轮的 $\alpha_n = 20°$，$m_n = 4$ mm，$z_1 = 23$，$z_2 = 98$，中心距 $a = 250$ mm。试计算螺旋角 β；端面模数 m_t；端面压力角 α_t；当量齿数 z_{v1}、z_{v2}；分度圆直径 d_1、d_2；齿顶圆直径 d_{a1}、d_{a2}；齿根圆直径 d_{f1}、d_{f2}。

8. 已知一对斜齿圆柱齿轮传动"1"轮主动，"2"轮螺旋线方向为左旋，其转向如题 8 图所示。试在图中标出"1"、"2"轮的螺旋线方向及圆周力 F_{t1}、F_{t2}，轴向力 F_{a1}、F_{a2} 的方向。

9. 某二级斜齿圆柱齿轮减速器。已知轮 1 主动，转动方向和螺旋方向如图所示。若使轴 II 上轮 2、3 的轴向力抵消一部分，试确定轮 3 螺旋线的方向。并将各轮的螺旋线方向及轴向力的方向标在题 9 图中。

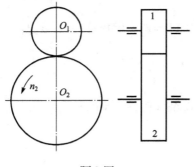

题 8 图

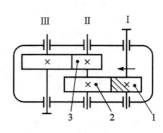

题 9 图

10. 已知单级斜齿圆柱齿轮传动的 $P = 22$ kW，$n_1 = 1\,450$ r/min，双向转动，电动机驱动，载荷平稳，$z_1 = 22$，$z_2 = 109$，$m_n = 3$ mm，$\beta = 16°15'$，$b_1 = 86$ mm，$b_2 = 81$ mm，小齿轮的材料为 40MnB 调质，大齿轮的材料为 35SiMn 调质，试校核此闭式传动的强度。

11. 设计计算电动机驱动的带式运输机上单级斜齿圆柱齿轮减速器中的齿轮传动。已知传递功率 $P = 7.4$ kW，$n_1 = 960$ r/min，传动比 $i_{12} = 4.2$，单向传动。

第十章　直齿圆锥齿轮传动

> **本章要点及学习指导：**
> 　　本章主要介绍直齿圆锥齿轮齿廓的形成、背锥和当量齿数、主要参数与几何尺寸、正确啮合条件、强度计算。
> 　　通过对本章的学习，对直齿锥齿轮传动的类型、特点有一般了解；掌握直齿圆锥齿轮的背锥和当量齿数；要掌握直齿锥齿轮的主要参数、几何尺寸计算、正确啮合条件；要熟练掌握直齿锥齿轮的受力分析。本章学习的目的是理解直齿圆锥齿轮传动的设计方法，同时能正确地分析和选用主要参数，并能进行几何尺寸计算。

　　直齿圆柱齿轮和斜齿圆柱齿轮属于平面齿轮机构，相互啮合的两个齿轮的轴线是相互平行的。但在实际机械传动中，有时要求两传动轴的轴线相交。故在直齿圆柱齿轮的基础上，发展了锥齿轮传动。锥齿轮机构属于空间机构，本章讨论圆锥齿轮机构的齿廓形成过程、啮合特点和几何参数计算及直齿圆锥齿轮的强度计算。

第一节　锥齿轮概述

　　锥齿轮机构属于空间齿轮机构，用于传递两相交轴之间的运动和动力，且轴交角最常用的是90°。其轮齿分布在一个圆锥体上，齿形从大端到小端逐渐变小，如图10-1所示。由于这个特点，相对应于圆柱齿轮的各有关"圆柱"，在这里就都变为"圆锥"了，故有节圆锥、分度圆锥、基圆锥、齿顶圆锥和齿根圆锥

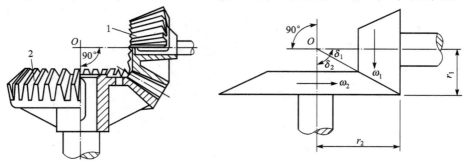

图 10-1　直齿圆锥齿轮传动

等。显然,锥齿轮大端和小端的参数是不同的。为了计算和测量方便,规定大端上的参数为标准值。

一对锥齿轮两轴线间的夹角 Σ 可根据传动的需要任意选择,在一般机械中多采用 $\Sigma = 90°$ 的传动。一对标准直齿锥齿轮啮合传动,标准安装时其节圆锥与分度圆锥重合。

按照分度圆锥上轮齿的方向,锥齿轮可分为直齿、斜齿和曲线齿 3 种。直齿锥齿轮的设计、制造和安装相对比较简单,应用较广。曲线齿锥齿轮传动平稳、承载能力强,常用于高速、重载的传动,但其设计和制造比较复杂。斜齿锥齿轮则很少应用。本章只讨论直齿圆锥齿轮。

第二节　直齿锥齿轮的齿廓曲面、背锥和当量齿数

直齿锥齿轮机构也具有传动比恒定的特点,故其齿廓是一对共轭齿廓。

1. 直齿锥齿轮的齿廓曲面

直齿锥齿轮齿廓的形成如图 10-2 所示,设一个发生面 S 与一个基圆锥相切,该发生面在基圆锥上做纯滚动时,其上任一点 K 将在空间展出一条渐开线 AK,它上面任一点到锥顶 O 的距离都是相等的,故是球面渐开线。在发生面上线段 KK'(KK' 过锥顶 O)的轨迹即是直齿圆锥齿轮齿廓曲面——球面渐开面齿廓。

2. 背锥

如上所述,一对直齿锥齿轮传动时,其锥顶相交于一点 O,其共轭齿廓为球面渐开线。但由于球面无法展开成平面,使得锥齿轮的设计和制造遇到许多困难,所以需采用近似方法进行研究。

如图 10-3 所示,$O'O$ 以为轴线、$O'A$ 为母线作一圆锥 $O'AB$,这个圆锥称为锥齿轮的背锥。背锥与球面相切于锥齿轮大端的分度圆上。大端齿形与投影到背锥上的齿形非常接近,故近似地用背锥齿形代替球面齿形。

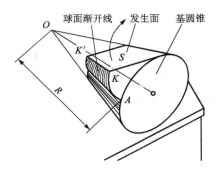

图 10-2　球面渐开线的形成

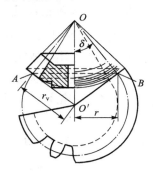

图 10-3　锥齿轮的背锥

3. 当量齿数

如图 10-4 所示,将两锥齿轮的背锥分别展开,则成为两个扇形平面。两个扇形的半径就是这两个背锥的锥距 r_{v1} 和 r_{v2}。此时扇形齿轮上的齿数 z_1 及 z_2,是锥齿轮的实际齿数,扇形上的齿形就是锥齿轮大端的齿形。现将扇形齿轮按原来的齿形补足为完整的圆柱齿轮,则两圆柱齿轮的齿数将增为 z_{v1} 及 z_{v2},该圆柱齿轮称为该锥齿轮的当量齿轮,其齿数 z_{v1} 和 z_{v2} 称为"当量齿数"。

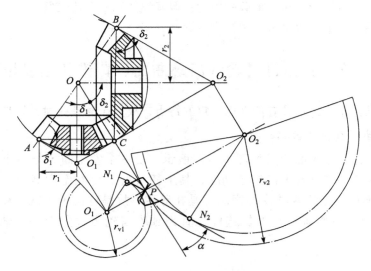

图 10-4 锥齿轮的当量齿轮

设 δ 为锥齿轮的分度圆锥角 (°),从图可得到如下关系:

$$r_v = \frac{mz_v}{2} = \frac{r}{\cos\delta} = \frac{mz}{2\cos\delta}$$

所以

$$z_v = \frac{z}{\cos\delta}$$

4. 锥齿轮不发生根切的最少齿数

与直齿圆柱齿轮一样,在用展成法加工锥齿轮时,也会发生根切现象。

通过当量齿数的计算公式,可以知道锥齿轮的当量齿数大于其实际齿数,而锥齿轮的当量齿轮是圆柱齿轮,所以锥齿轮不发生根切的最少齿数 z_{min} 要小于直齿圆柱齿轮(当量齿轮)的最少齿数 z_{vmin}。它们之间的关系为

$$z_{min} = z_{vmin}\cos\delta$$

例如,当 $\delta = 60°$、$\alpha = 20°$、$h_a^* = 1$ 时

$$z_{min} = z_{vmin}\cos\delta = 17\cos 60° = 8.5$$

第三节 直齿锥齿轮的几何尺寸计算和正确啮合条件

与直齿圆柱齿轮一样，相互啮合的一对锥齿轮，也要满足一定的条件才能正确啮合。

1. 直齿锥齿轮的正确啮合条件

直齿锥齿轮的正确啮合条件是：两互相啮合的锥齿轮的大端模数和压力角分别相等，且为标准值。

2. 直齿锥齿轮的基本参数和几何尺寸

显然，锥齿轮大端和小端的参数是不同的。为了计算和测量方便，规定大端上的参数为标准值；锥齿轮的几何尺寸计算以大端几何尺寸为准。

锥齿轮大端模数按表 10-1 选取。图 10-5 表示一标准直齿锥齿轮，它的各部分的名称和几何尺寸计算如表 10-2 所列。

表 10-1 锥齿轮模数（摘自 GB 12368—1990）

0.1	0.12	0.15	0.2	0.25	0.3	0.35	0.4	0.5	0.6	0.7	0.8	0.9
1	1.25	1.375	1.5	1.75	2	2.25	2.5	2.75	3	3.25	3.75	4
4.5	5	5.6	6	6.5	7	8	9	10	11	12	14	16
18	20	22	25	28	30	32	36	40	45	50		

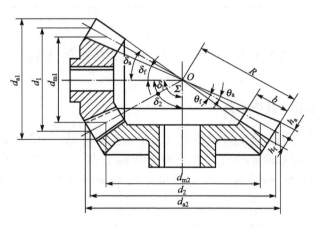

图 10-5 直齿锥齿轮的各部分的名称和几何尺寸

表 10-2 $\Sigma = 90°$ 标准直齿锥齿轮的各部分名称及几何尺寸计算

序号	名称	符号	计算公式及参数的选择
1	模数	m	按 GB 12368—1990 取标准值（查表 9-1）

续表

序号	名称	符号	计算公式及参数的选择
2	传动比	i	$i = \dfrac{z_2}{z_1} = \tan \delta_2 = \cot \delta_1$
3	分度圆锥角	δ_1、δ_2	$\delta_2 = \arctan \dfrac{z_2}{z_1}$，$\delta_1 = 90° - \delta_2$
4	分度圆直径	d_1、d_2	$d_1 = mz_1$，$d_2 = mz_2$
5	齿顶高	h_a	$h_a = m$
6	齿根高	h_f	$h_f = 1.2m$
7	全齿高	h	$h = 2.2m$
8	顶隙	c	$c = 0.2m$
9	齿顶圆直径	d_{a1}、d_{a2}	$d_{a1} = d_1 + 2m\cos \delta_1$，$d_{a2} = d_2 + 2m\cos \delta_2$
10	齿根圆直径	d_{f1}、d_{f2}	$d_{f1} = d_1 - 2.4m\cos \delta_1$，$d_{f2} = d_2 - 2.4m\cos \delta_1$
11	锥距	R	$R = \dfrac{m}{2}\sqrt{z_1^2 + z_2^2}$
12	齿宽	b	$b = (0.2 \sim 0.3)R$
13	齿顶角	θ_a	$\theta_a = \arctan \dfrac{h_a}{R}$
14	齿根角	θ_f	$\theta_f = \arctan \dfrac{h_f}{R}$
15	根锥角	δ_f	$\delta_f = \delta - \theta_f$
16	顶锥角	δ_a	$\delta_a = \delta - \theta_a$

第四节　直齿圆锥齿轮强度计算

一、直齿圆锥齿轮受力分析

图 10-6 所示为直齿圆锥齿轮主动轮轮齿受力情况。为简化起见，忽略摩擦力的影响，并假定载荷集中作用在齿宽中部的节点上。法向力 F_{n1} 可以分解为 3 个互相垂直的分力，即圆周力 F_{t1}、径向力 F_{r1} 和轴向力 F_{a1}。3 个分力的计算公式可由图 10-6 导出。

圆周力　　$F_{t1} = \dfrac{2T_1}{d_{m1}} = -F_{t2}$

径向力　　$F_{r1} = F_{t1} \tan \alpha \cos \delta_1 = -F_{a2}$

轴向力　　$F_{a1} = F_{t1} \tan \alpha \sin \delta_1 = -F_{r2}$

法向力　　$F_{n1} = \dfrac{F_{t1}}{\cos \alpha} = -F_{n2}$

式中，d_{m1} 为小齿轮齿宽中点的分度圆直径，$d_{m1} = d_1 - b\sin\delta_1$。

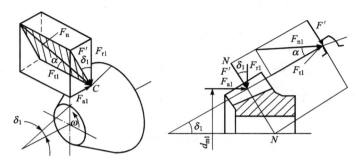

图 10-6　直齿圆锥齿轮主动轮轮齿受力分析

各力的方向是：圆周力和径向力的方向的确定方法与直齿圆柱齿轮相同，两齿轮轴向力的方向都是沿着各自的轴线方向并指向轮齿的大端。从动轮上所受各力可根据作用力与反作用力的关系确定：$F_{t1} = -F_{t2}$，$F_{r1} = -F_{a2}$，$F_{a1} = -F_{r2}$。

二、齿面接触疲劳强度

直齿锥齿轮的失效形式及强度计算的依据与直齿圆柱齿轮基本相同，可近似地按齿宽中点的一对当量直齿圆柱齿轮传动来考虑。将当量齿轮的有关参数代入直齿圆柱齿轮的强度校核及设计计算公式，得直齿锥齿轮的齿面接触疲劳强度校核和设计计算公式如下。

校核公式

$$\sigma_H = Z_E Z_H \sqrt{\frac{4.7KT_1}{\psi_R (1-0.5\psi_R)^2 d_1^3 u}} \leqslant [\sigma_H]$$

设计公式

$$d_1 \geqslant \sqrt[3]{\frac{4.7KT_1}{\psi_R (1-0.5\psi_R)^2 u} \cdot \left(\frac{Z_E Z_H}{[\sigma_H]}\right)^2}$$

以上两式中，ψ_R 为齿宽系数，$\psi_R = \dfrac{b}{R}$，一般取 $\psi_R = 0.25 \sim 0.3$；其余参数的含义及其单位与直齿圆柱齿轮相同。$[\sigma_H]$ 为许用接触应力，确定方法与直齿轮相同。

三、齿根弯曲疲劳强度

齿根弯曲疲劳强度的校核公式和设计公式如下。

校核公式

$$\sigma_F = \frac{4.7KT_1}{\psi_R (1-0.5\psi_R)^2 z_1^2 m^3 \sqrt{u^2+1}} Y_{FS} \leqslant [\sigma_F]$$

设计公式

$$m \geqslant \sqrt[3]{\frac{4.7KT_1}{\psi_R(1-0.5\psi_R)^2 z_1^2 [\sigma_F] \sqrt{u^2+1}} Y_{FS}}$$

式中，齿形系数 Y_{FS}，按当量齿数 $z_v = \dfrac{z}{\cos\delta}$ 由表 8-10 查取；$[\sigma_F]$ 为许用弯曲应力，确定方法与直齿轮相同。

思考题与习题

1. 直齿锥齿轮何处的模数、压力角为标准值？

2. 在直齿锥齿轮传动中，作用在直齿锥齿轮上的圆周力、径向力、轴向力的方向怎样判定？

3. 什么叫直齿锥齿轮的当量齿轮及当量齿数？它们有什么用处？

4. 已知一等顶隙渐开线标准直齿锥齿轮 $\Sigma = 90°$，$z_1 = 20$，$z_2 = 40$，$m = 5$ mm。试求两锥齿轮的分度圆锥角、分度圆直径、齿顶圆直径、齿根圆直径、锥距、顶锥角、根锥角、当量齿数。

5. 某二级直锥齿—斜齿圆柱齿轮传动，已知轴Ⅰ主动，转向如图所示，为使Ⅱ上轴承所受轴向力抵消一部分，试确定轮 3 的螺旋方向。并将轮 3、4 螺旋方向、各轮轴向力 F_a 的方向及各轮的转动方向标在题 5 图中。

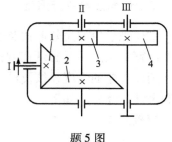

题 5 图

6. 设计一用电动机驱动的单级直齿锥传动的减速器，已知 $\Sigma = 90°$，传递功率 $P = 9.2$ kW，转速 $n_1 = 960$ r/min，传动比 $i_{12} = 2.5$，载荷平稳。

第十一章　蜗杆传动

本章要点及学习指导：

本章主要介绍了普通圆柱蜗杆传动的特点、类型、基本参数、几何关系、失效形式、强度计算及传动效率等。通过学习，要了解蜗杆传动的特点、啮合特点、运动关系、类型、失效形式、设计准则；掌握蜗杆传动的基本参数、几何尺寸、强度、效率、热平衡的选择计算方法；学会蜗杆传动的受力分析、材料选择。

第一节　蜗杆传动的组成、特点和类型

在运动转换中，常需要进行空间交错轴之间的运动转换，在要求大传动比的同时，又希望传动机构的结构紧凑，采用蜗杆传动机构则可以满足这些要求。

一、蜗杆传动的组成

蜗杆传动是由蜗杆和蜗轮组成的，蜗杆类似于螺杆，蜗轮类似于一个具有凹形轮缘的斜齿轮，如图 11-1 所示。一般蜗杆为主动件，蜗轮为从动件，通常两轴在空间交错成 90°，主要用于传递空间交错的两轴之间的运动和动力。

二、蜗杆传动的特点

（1）传动平稳，噪声小。蜗杆的齿是一条连续的螺旋线，蜗轮轮齿与蜗杆的啮合是逐步进入又逐步退出，实现传动过程的连续性。

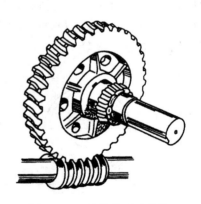

图 11-1　蜗轮传动示意图

（2）传动比大，结构紧凑。单级蜗杆传动在传递动力时，传动比 $i = 8 \sim 80$，常用的为 $i = 15 \sim 50$。分度传动时传动比 $i = 600 \sim 1\,000$。这样大的传动比，如果用齿轮传动，则需要采用多级传动，结构较大，而采用蜗杆传动结构较小。因此，与齿轮传动相比则结构紧凑。

（3）具有自锁性。当蜗杆的导程角小于轮齿间的当量摩擦角时，可实现自

锁。此时只能蜗杆带动蜗轮旋转，而蜗轮不能带动蜗杆转动。例如，手动链轮式起吊机械就是利用蜗杆传动的自锁性来制造的，这种起吊机械在重物吊起后不因物体的自重而落下，解决了起吊过程中的安全问题。

（4）传动效率低，发热量大。蜗杆传动由于齿面间相对滑动速度大，齿面摩擦严重，故在制造精度和传动比相同的条件下，蜗杆传动的效率比齿轮传动低，一般只有 0.7~0.9。具有自锁功能的蜗杆机构，效率则一般不大于 0.5。效率低不仅造成能量的损失，而且使传动发热量大，连续工作时需要散热和润滑。

（5）制造成本高。为了降低摩擦，减小磨损，提高齿面抗胶合能力，蜗轮齿圈常用贵重的青铜合金制造，成本较高。

由上述特点可知，蜗杆传动适用于传动两轴空间交错，传动比大，而传递功率不大，并且做间歇运转的机床、汽车、仪器仪表、起重运输机械、冶金机械以及其他机械的减速装置中。其最大传动功率可达 750 kW，但通常用在 50 kW 以下。

三、蜗杆传动的类型

蜗杆传动按照蜗杆的形状不同，可分为圆柱蜗杆传动［图 11-2（a）］、环面蜗杆传动［图 11-2（b）］和锥面蜗杆传动［图 11-2（c）］。圆柱蜗杆传动按照蜗杆的轴面齿形形状不同，可分为普通圆柱蜗杆传动和圆弧齿圆柱蜗杆传动。普通圆柱蜗杆传动按螺旋面的形状，分为阿基米德圆柱蜗杆传动、渐开线圆柱蜗杆传动、法面直齿廓圆柱蜗杆传动和锥面包络圆柱蜗杆传动等。圆柱蜗杆传动机构加工方便，环面蜗杆传动机构承载能力较强，锥面蜗杆传动机构的结构不对称，不能正、反转。

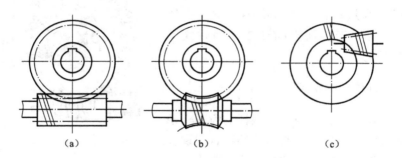

图 11-2　蜗杆传动的类型
(a) 圆柱蜗杆传动；(b) 环面蜗杆传动；(c) 锥面蜗杆传动

1. 普通圆柱蜗杆传动

普通圆柱蜗杆传动应用较广，多用直母线刀刃在车床上加工而成。

（1）阿基米德圆柱蜗杆传动（ZA 型）。切制这种蜗杆时，与加工普通梯形螺纹相似,梯形车刀切削刃顶面通过蜗杆轴线[图11-3（a）]。这样加工出来的蜗杆在垂直于蜗杆轴线的截面中,齿形为阿基米德螺旋线。在过蜗杆轴线并垂直于蜗轮轴线的中间平面中蜗杆为梯形齿条,蜗轮为渐开线齿轮,蜗杆与蜗轮的啮合关系相似于齿条与齿轮的啮合。

此种蜗杆难以磨削,因此精度不高。当其螺旋线的升角较大时,车削亦较困难。故通常在无需磨削加工的情况下广泛采用。

（2）渐开线圆柱蜗杆传动（ZI型）。切制这种蜗杆时,通常将车刀刀刃平面与基圆相切安装[图11-3（b）]。这样加工出来的蜗杆其端面为渐开线齿廓,与基圆柱相切的截面其齿廓为直线。这种蜗杆可以磨削,并可保证获得较高的精度,但磨削需要专用机床。

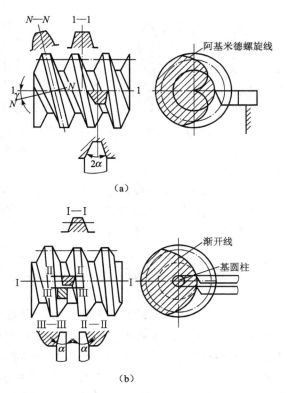

图11-3 普通圆柱蜗杆加工断面
(a) 阿基米德圆柱蜗杆；(b) 渐开线圆柱蜗杆

（3）法面直齿廓圆柱蜗杆传动（ZN型）。切制这种蜗杆时,应将直刃车刀切削刃放置在垂直于齿槽中线处螺旋线的法面内,这样切出的蜗杆在法截面上的齿形为直边梯形,在端面内齿形为延伸渐开线。这种蜗杆亦不易磨削,难以获得较高的精度。

（4）锥面包络圆柱蜗杆传动（ZK型）。此种蜗杆用锥面盘状铣刀和锥面盘状砂轮加工而成。由于砂轮的母线为直线,易于修整,故蜗杆磨削及蜗轮滚刀制造也较容易,并可获得较高的精度和硬度。因此这种蜗杆传动日益获得广泛的应用。

2. 圆弧齿圆柱蜗杆传动

圆弧齿圆柱蜗杆（ZC蜗杆）传动是一种非直纹面圆柱蜗杆,在中间平面上蜗杆的齿廓为凹圆弧,与之相配的蜗轮齿廓为凸圆弧,如图11-4所示。这种蜗杆传动的特点如下。

（1）蜗杆与蜗轮两共轭齿面是凹凸啮合,增大了综合曲率半径,因而单位齿面接触应力（赫兹应力）减小,接触强度得以提高。

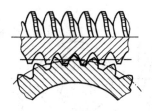

图 11-4 圆弧齿圆柱蜗杆传动

(2) 瞬时啮合时的接触线方向与相对滑动速度方向的夹角（润滑角）大，易于形成和保持共轭齿面间的动压油膜，使摩擦系数小，齿面磨损少，传动效率可达 95% 以上。

(3) 在蜗杆强度不削弱的情况下，能增大蜗轮的齿根厚度，使蜗轮轮齿的弯曲强度增大。

(4) 传动比范围大（$i_{max} = 100$），制造工艺复杂，质量轻。

(5) 传动中心距难以调整，对中心距误差的敏感性强。

由于普通圆柱蜗杆传动加工制造简单，应用最广泛，所以本章着重介绍以阿基米德蜗杆为代表的普通圆柱蜗杆传动。

第二节　蜗杆传动的基本参数和几何尺寸计算

蜗杆传动的主要参数包括模数 m、压力角 α、蜗杆分度圆直径 d_1、直径系数 q、传动比 i、导程角 γ、蜗杆头数 z_1 和蜗轮齿数 z_2。这些参数不仅影响着蜗杆和蜗轮的各部分尺寸，也影响着蜗杆传动的性能。这些参数之间是相互联系的，故不能孤立地去确定，而应根据蜗杆传动的工作条件和加工条件，考虑参数间的相互影响和联系，综合分析后合理选定。

一、蜗杆传动的基本参数

1. 模数 m 和压力角 α

图 11-5 所示为阿基米德蜗杆传动，将通过蜗杆轴线并与蜗轮轴线垂直的平面定义为中间平面。在此平面内，蜗杆传动相当于渐开线齿轮与齿条的啮合传动。因此，为了加工方便，规定了这个主面内的几何参数均是标准值，计算公式与圆柱齿轮相同。

阿基米德蜗杆传动的正确啮合条件：根据齿轮齿条正确啮合条件，蜗杆轴平面上的轴面模数 m_{a1} 等于蜗轮的端面模数 m_{t2}；蜗杆轴平面上的轴面压力角 α_{a1} 等于蜗轮的端面压力角 α_{t2}；蜗杆分度圆导程角 γ 等于蜗轮分度圆螺旋角 β，且旋向相同，即

$$\left. \begin{array}{l} m_{a1} = m_{t2} = m \\ \alpha_{a1} = \alpha_{t2} = \alpha = 20° \\ \gamma = \beta \end{array} \right\} \quad (11-1)$$

2. 蜗杆头数 z_1、蜗轮齿数 z_2 和传动比 i

选择蜗杆头数 z_1 时，主要考虑传动比、效率和制造 3 个方面。从制造方面

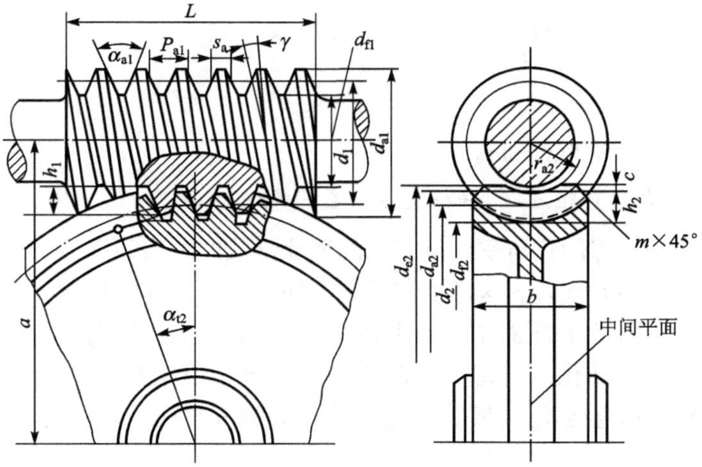

图 11-5　阿基米德蜗杆传动的几何尺寸

看，头数越多，蜗杆制造精度要求也越高，加工制造难度越大；从提高效率看，头数越多，蜗杆传动机构效率越高；若要求自锁，应选择单头。从提高传动比出发，也应选择较少的头数。换言之，如果要求传动比一定，z_1 较少，则 z_2 也较少，这样蜗杆传动结构就紧凑。因此，在选择 z_1、z_2 时要全面分析上述因素。一般来说，在动力传动中，在考虑结构紧凑的前提下，应很好地考虑提高效率，所以，当 i 较小时，宜采用多头蜗杆，一般取 $z_1 = 1$、2、4。而在传递运动要求自锁时，常选用单头蜗杆，一般取 $z_1 = 1$。通常推荐蜗杆头数 z_1、蜗轮齿数 z_2 和传动比 i 采用值见表 11-1。

表 11-1　蜗杆头数 z_1、蜗轮齿数 z_2 和传动比 i 推荐值

传动比公称值 i	5、7.5、10、12.5、15、20、25、30、40、50、60、70、80					
i	7~8	9~13	14~24	25~27	28~40	>40
z_1	4	3~4	2~3	2~3	1~2	1
z_2	28~32	27~52	28~72	50~81	28~80	>40

为避免加工蜗轮时产生根切，当 $z_1 = 1$ 时，选 $z_2 \geq 17$；当 $z_1 = 2$ 时，取 $z_2 \geq 27$。对于动力传动，为保证传动的平稳性，z_2 不应少于 28，一般选 $z_2 = 32 \sim 63$ 为宜。蜗轮直径越大，蜗杆越长时，则蜗杆刚度小而易变形，从而影响啮合的精度，故 z_2 最好不大于 80。对于分度机构，传动比可以很大，z_2 可达数百以上。

必须指出，蜗杆传动的传动比不等于蜗轮蜗杆的直径比，也不等于蜗杆与蜗轮的分度圆直径之比。

蜗杆传动的传动比 i 等于蜗杆转速 n_1 与蜗轮转速 n_2 之比，或蜗轮齿数 z_2 与蜗杆头数 z_1 之比。其中优先选用 $i=10$、20、40、80。

$$i = \frac{n_1}{n_2} = \frac{z_2}{z_1} \qquad (11-2)$$

式中，n_1、n_2 的单位为 r/min。

3. 蜗杆分度圆直径 d_1 和蜗杆直径系数（特征系数）q

加工蜗轮时，用的是与蜗杆具有相同尺寸参数的滚刀，因此加工不同尺寸的蜗轮，就需要不同的滚刀。这样生产厂为了加工不同尺寸的蜗轮，既要花费大量的资金来生产不同尺寸的滚刀，同时又扩大了产品的生产周期。为了限制滚刀的数量，并使滚刀标准化，对每一标准模数，规定了一定数量的蜗杆分度圆直径 d_1。把蜗杆分度圆直径 d_1 与模数 m 的比值称为蜗杆直径系数，用 q 表示，即

$$q = \frac{d_1}{m} \qquad (11-3)$$

式中，d_1、m 的单位为 mm。

模数一定时，q 值增大则蜗杆的直径 d_1 增大，刚度提高。因此，为保证蜗杆有足够的刚度，小模数蜗杆的 q 值一般较大。

在蜗杆直径系数 q 及蜗杆头数 z_1 选定以后，蜗杆分度圆柱导程角 γ 就确定了。从图 11-6 中可知

$$\tan \gamma = \frac{L}{\pi d_1} = \frac{z_1 \pi m}{\pi d_1} = \frac{z_1 m}{d_1} = \frac{z_1}{q} \qquad (11-4)$$

式中，L 为蜗杆螺旋线的导程（mm），$L = z_1 p_{a1} = z_1 \pi m$，其中 p_{a1} 为蜗杆轴向齿距（mm）；d_1 为蜗杆分度圆直径（mm）；m 为标准模数（mm）。

当 q 取小值时，γ 增大，效率随之提高，故在蜗杆轴刚度允许的情况下，应尽可能选较小的 q 值。

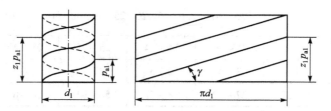

图 11-6 蜗杆螺旋线的导程角与导程的关系

蜗杆的螺旋线与螺纹相似，也分为左旋和右旋，一般多用右旋。通常螺旋线的导程角 $\gamma = 3°30' \sim 27°$，导程角在 $3°30' \sim 4°30'$ 范围内的蜗杆可实现自锁。导程角大时，传动效率高，但蜗杆加工难度大。

综合上述情况，为了满足强度、刚度、效率等各种需要，对于同一模数 m，允许直径系数 q 值在一定范围内波动，以便选用不同的标准蜗杆直径 d_1。圆柱蜗

杆的基本参数搭配表（$\Sigma = 90°$）如表 11-2 所列。

表 11-2 蜗杆基本参数配置表（$\Sigma = 90°$）（GB/T 10085—1988）

模数 m /mm	分度圆直径 d_1/mm	蜗杆头数 z_1	直径系数 q	$m^3 q$ /mm³	模数 m /mm	分度圆直径 d_1/mm	蜗杆头数 z_1	直径系数 q	$m^3 q$ /mm³
1	**18**	1	18.000	18	6.3	(80)	1, 2, 4	12.698	3 175
1.25	20	1	16.000	31.25		**112**	1	17.778	4 445
	22.4	1	17.920	35		(63)	1, 2, 4	7.875	4 032
1.6	20	1, 2, 4	12.500	51.2	8	80	1, 2, 4, 6	10.000	5 120
	28	1	17.500	72.68		(100)	1, 2, 4	12.500	6 400
2	(18)	1, 2, 4	9.000	72		**140**	1	17.500	8 960
	22.4	1, 2, 4, 6	11.200	89.6		(71)	1, 2, 4	7.100	7 100
	(28)	1, 2, 4	14.000	112	10	90	1, 2, 4, 6	9.000	9 000
	35.5	1	17.750	142		(112)	1, 2, 4	11.200	11 200
2.5	(22.4)	1, 2, 4	8.960	140		**160**	1	16.000	16 000
	28	1, 2, 4, 6	11.200	175		(90)	1, 2, 4	7.200	14 062
	(35.5)	1, 2, 4	14.200	221.9	12.5	**112**	1, 2, 4	8.960	17 500
	45	1	18.000	281		(140)	1, 2, 4	11.200	21 875
3.15	(28)	1, 2, 4	8.889	278		200	1	16.000	31 250
	35.5	1, 2, 4, 6	11.270	352		(112)	1, 2, 4	7.000	28 672
	(45)	1, 2, 4	14.286	447.5	16	140	1, 2, 4	8.750	35 840
	56	1	17.778	556		(180)	1, 2, 4	11.250	46 080
4	(31.5)	1, 2, 4	7.875	504		250	1	15.625	64 000
	40	1, 2, 4, 6	10.000	640		(140)	1, 2, 4	7.000	56 000
	(50)	1, 2, 4	12.500	800	20	160	1, 2, 4	8.000	64 000
	71	1	17.750	1 136		(224)	1, 2, 4	11.200	89 600
5	(40)	1, 2, 4	8.000	1 000		315	1	15.750	126 000
	50	1, 2, 4, 6	10.000	1 250		(180)	1, 2, 4	7.200	112 500
	(63)	1, 2, 4	12.600	1 575	25	200	1, 2, 4	8.000	125 000
	90	1	18.000	2 250		(280)	1, 2, 4	11.200	175 000
6.3	(50)	1, 2, 4	7.936	1 984		400	1	16.000	250 000
	63	1, 2, 4, 6	10.000	2 500					

注：表中分度圆直径 d_1 的数字，带（ ）的尽量不用；黑体的为 $\gamma < 3°30'$ 的自锁蜗杆。

二、蜗杆传动的基本几何尺寸计算

根据图 11-5 所示的阿基米德蜗杆传动的几何尺寸，其标准圆柱蜗杆传动的几何尺寸计算公式见表 11-3。其中规定标准中心距为 40、50、63、80、100、125、160、(180)、200、(225)、250、(280)、315、(355)、400、(450)、500。括号内的数字尽量不用，在设计蜗杆传动时中心距应按照标准中心距圆整。

表 11-3 标准普通圆柱蜗杆传动几何尺寸计算公式

名 称	计 算 公 式	
	蜗 杆	蜗 轮
齿顶高	$h_{a1} = m$	$h_{a2} = m$
齿根高	$h_{f1} = 1.2\ m$	$h_{f2} = 1.2\ m$
分度圆直径	$d_1 = mq$	$d_2 = mz_2$
齿顶圆直径	$d_{a1} = m(q+2)$	$d_{a2} = m(z_2+2)$
齿根圆直径	$d_{f1} = m(q-2.4)$	$d_{f2} = m(z_2-2.4)$
顶隙	$c = 0.2\ m$	
蜗杆轴向齿距 蜗轮端面齿距	$p_{a1} = p_{t2} = p = m\pi$	
蜗杆分度 圆柱的导程角	$\tan \gamma = \dfrac{z_1}{q}$	
蜗轮分度圆上 轮齿的螺旋角		$\beta = \gamma$
中心距	$a = (d_1 + d_2)/2 = m(q+z_2)/2$	
蜗杆螺纹部分长度	$z_1 = 1、2，\quad b_1 \geq (11+0.06z_2)m$ $z_1 = 3、4，\quad b_1 \geq (12.5+0.09z_2)m$	
蜗轮齿顶圆弧半径		$R_{a2} = a - d_{a2}/2$
蜗轮最大外圆直径		$z_1 = 1, d_{e2} \leq d_{a2} + 2m$ $z_1 = 2、3, d_{e2} \leq d_{a2} + 1.5m$ $z_1 = 4 \sim 6, d_{e2} \leq d_{a2} + m$
蜗轮轮缘宽度		$z_1 = 1、2, b \leq 0.75 d_{a1}$ $z_1 = 4 \sim 6, b \leq 0.67 d_{a1}$
蜗轮轮齿包角		$\theta = 2\arcsin(b/d_1)$ 一般动力传动 $\theta = 70° \sim 90°$ 高速动力传动 $\theta = 90° \sim 130°$ 分度传动 $\theta = 45° \sim 60°$

第三节 蜗杆传动的失效形式、设计准则、材料和结构

一、蜗杆传动的滑动速度

因蜗杆传动的两轴线空间交错成 90°，工作时在其啮合面间会产生较大的相对滑动速度 v_s，如图 11-7 所示，蜗杆传动在节点 C 处啮合，其滑动速度 v_s（m/s）为

$$v_s = \sqrt{v_1^2 + v_2^2} = \frac{v_1}{\cos \gamma} = \frac{\pi d_1 n_1}{60 \times 1\,000 \cos \gamma} \quad (11-5)$$

式中，v_1 为蜗杆分度圆圆周速度（m/s）；v_2 为蜗轮分度圆圆周速度（m/s）；d_1 为蜗杆分度圆直径（mm）；n_1 为蜗杆转速（r/min）；γ 为蜗杆分度圆上的导程角。

在润滑良好时，相对滑动速度越大，齿面间越容易形成油膜，则摩擦系数减小，因而传动效率就提高。但另一方面，由于啮合处的相对滑动，加剧了接触面的磨损，因而应选用恰当的蜗轮蜗杆的配对材料，并注意蜗杆传动的润滑条件。由此可见，滑动速度对齿面的润滑情况、齿面的失效形式和传动效率都有很大影响，如图 11-8 所示。

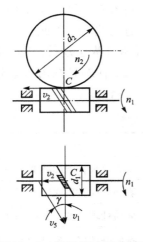

图 11-7 蜗杆传动滑动速度

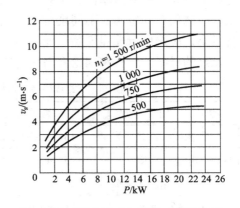

图 11-8 滑动速度与传动功率的关系

二、轮齿的失效形式和设计准则

1. 失效形式

与齿轮传动相似，蜗杆传动的失效形式有齿面点蚀、磨损、胶合和轮齿折断

等。由于蜗杆传动的工作齿面间相对滑动速度较大、发热量大，增大了产生齿面胶合和磨损的可能性，尤其在润滑不良、散热条件不好时，齿面胶合的可能性更大。因此，蜗杆传动的承载能力往往受材料副（即蜗杆和蜗轮两者的材料相互影响）抗胶合能力的限制。当材料副（如表面硬化钢对锡青铜）抗胶合能力强，润滑、散热条件又好的情况下，亦可能出现点蚀。

在闭式蜗杆传动中，主要失效形式是齿面胶合和点蚀，在开式蜗杆传动中，主要是齿面磨损和轮齿折断。所以在确定传动方案时，常将蜗杆传动布置在高速级。但如果润滑不良，则会因摩擦发热严重而发生胶合。尤其以磨损和胶合最容易发生。

2. 设计准则

由于蜗杆的齿是连续的螺旋线，并且其强度高于蜗轮，因此失效多发生在蜗轮的轮齿面上。因此，蜗杆传动的设计准则：一般情况下，闭式蜗杆传动根据齿面接触疲劳强度计算来确定其基本参数，然后校核蜗轮轮齿的弯曲疲劳强度和做热平衡计算。对开式蜗杆传动，通常只需进行蜗轮轮齿的弯曲疲劳强度。

三、蜗杆、蜗轮的材料和结构

1. 蜗杆、蜗轮的材料

蜗杆和蜗轮材料的合理选择是提高蜗杆传动承载能力和效率的重要途径之一。根据蜗杆传动的失效形式可知，蜗杆、蜗轮的材料不仅要有足够的强度，更重要的是有良好的减摩性、耐磨性和抗胶合能力，且易跑合。因此，蜗杆、蜗轮二者应选用不同金属、不同硬度的材料。考虑一般蜗杆为主动件，啮合次数多、直径小，应选用齿面强度高、硬度高、刚性好的材料。而蜗轮则用耐摩擦、减摩性能好的材料。蜗杆和蜗轮常用材料选择见表 11-4 所列。

表 11-4 蜗杆、蜗轮常用材料

名称	工 况	常用材料牌号	备 注
蜗杆	高速、重载	15Cr、20Cr、20CrMnTi	渗碳淬火，表面硬度 58~63 HRC
	中速、中载	45、40Cr、35SiMn	表面淬火，表面硬度 45~55 HRC
	一般速度和载荷	40、45	调质处理，硬度 220~270 HBS
蜗轮	$v_s \leq 25$ m/s	ZCuSn10P1	抗胶合性好，耐磨性好，易加工，强度较低，价格较贵
	$v_s < 12$ m/s	ZCuSn5Pb5Zn5	
	$v_s \leq 4$ m/s	ZCuAl10Fe3	抗胶合性较好，减摩性较好，价格便宜，强度高
	$v_s \leq 2$ m/s	HT150、HT200	抗胶合性和减摩性一般，价格便宜，加工容易

2. 蜗杆、蜗轮的结构

一般蜗杆往往与轴做成一体,称为蜗杆轴。按照蜗杆的切制方式不同,分为铣削结构和车削结构两种,如图11-9所示。除螺旋部分的结构尺寸决定于蜗杆的几何尺寸外,其余的结构尺寸按普通轴的结构尺寸要求确定。

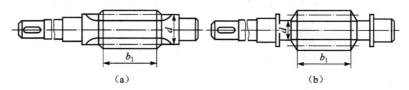

图11-9 蜗杆的结构
(a)铣削结构;(b)车削结构

蜗轮的结构如图11-10所示。直径较小的蜗轮可以制成整体的[图11-10(a)]。对于尺寸较大的蜗轮,为了节省有色金属,可以做成组合式结构,即齿圈采用青铜材料,而轮芯用铸铁或钢。齿圈与轮芯之间的连接常用过盈配合连接[图11-10(b)]或螺栓连接[图11-10(c)],也可以将青铜齿圈浇铸在铸铁轮芯上[图11-10(d)]。

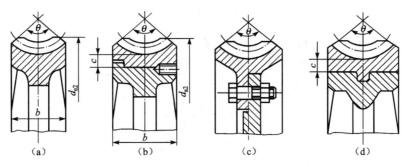

图11-10 蜗轮结构
(a)整体式结构;(b)组合式结构;(c)螺栓连接;(d)青铜浇铸

第四节 蜗杆传动的强度计算

一、蜗杆传动的受力分析

蜗杆传动的受力分析与斜齿圆柱齿轮的受力分析相似,如图11-11所示,根据理论力学知识,齿面上的法向力 F_n 分解为3个相互垂直的分力:圆周力 F_t、轴向力 F_a、径向力 F_r。

蜗杆受力指向:轴向力 F_{a1} 的方向由左、右手定则确定。图11-11所示为右旋蜗杆,则用右手握住蜗杆,四指所指方向为蜗杆转向,拇指所指方向为轴向力

F_{a1} 的方向；圆周力 F_{t1} 与主动蜗杆转向相反；径向力 F_{r1} 指向蜗杆中心。

蜗轮受力指向：因为 F_{a1} 与 F_{t2}、F_{t1} 与 F_{a2}、F_{r1} 与 F_{r2} 是作用力与反作用力关系，所以蜗轮上的 3 个分力方向，与蜗杆上力的指向相反。F_{a1} 的反作用力 F_{t2} 是驱使蜗轮转动的力，所以通过蜗轮、蜗杆的受力分析也可判断它们的转动方向。径向力 F_{r2} 指向轮心，圆周力 F_{t2} 驱动蜗轮转动，轴向力 F_{a2} 与轮轴心线平行。

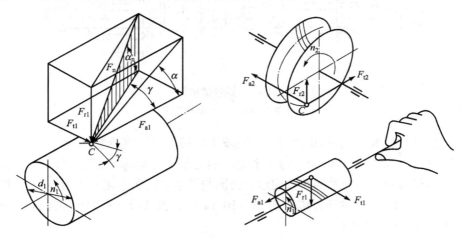

图 11-11　蜗杆传动受力分析

力的大小可按式（11-6）计算，即

$$\left.\begin{aligned} F_{t1} &= F_{a2} = \frac{2\,000 T_1}{d_1} \\ F_{a1} &= F_{t2} = \frac{2\,000 T_2}{d_2} \\ F_{r1} &= F_{r2} = F_{t2} \cdot \tan\alpha \\ T_2 &= T_1 \cdot i \cdot \eta \end{aligned}\right\} \quad (11-6)$$

式中，T_1、T_2 分别为蜗杆和蜗轮上的工作转矩（$T_2 = T_1 i\eta$，N·m）；d_1、d_2 分别为蜗杆和蜗轮的分度圆直径（mm）；i 为蜗杆传动的传动比；η 为蜗杆传动的总效率；α 为蜗杆传动标准压力角，$\alpha = 20°$；力的单位为 N。

二、蜗轮齿面接触疲劳强度计算

蜗轮齿面接触疲劳强度计算与斜齿轮相似，是防止齿面产生疲劳胶合和点蚀。以赫兹公式为计算基础，按蜗杆传动节点处的啮合情况进行分析，可推出钢制蜗杆与青铜蜗杆或铸铁蜗杆配对使用时的齿面接触疲劳强度计算公式。

校核公式　　$\sigma_H = \dfrac{15\,000}{d_2}\sqrt{\dfrac{KT_2}{d_1}} \leqslant [\sigma_H]$　　（MPa）　　（11-7）

第十一章 蜗杆传动

设计公式

$$qm^3 \geq KT_2 \left(\frac{15\,000}{z_2 [\sigma_H]} \right)^2 \quad (\text{mm}^3) \quad (11-8)$$

式中，T_2 为蜗轮上的工作转矩（$T_2 = T_1 i\eta$，N·m），$T_1 = 9\,550 P_1/n_1$；T_1 为蜗杆上的工作转矩（N·m）；P_1 为蜗杆传递功率（kW）；n_1 为蜗杆的转速（r/min）；d_1、d_2 分别为蜗杆和蜗轮的分度圆直径（mm）；q 为蜗杆直径系数；z_2 为蜗轮头数；m 为标准模数（mm）；K 为载荷系数，一般 $K = 1 \sim 1.5$，载荷平稳时取小值，严重冲击时取大值；$[\sigma_H]$ 为蜗轮材料的许用接触应力（MPa）。常用蜗轮材料的许用接触应力如表 11-5 所列，其他蜗杆、蜗轮材料的许用接触应力查有关机械工程手册。

表 11-5 蜗轮材料的许用接触应力

材料牌号		铸造方法	适用的滑动速度 / (m·s^{-1})	许用接触应力 $[\sigma_H]$ /MPa 滑动速度/ (m·s^{-1})							许用弯曲应力 $[\sigma_F]$ /MPa
蜗轮	蜗杆			0.5	1	2	3	4	6	8	
ZCuSn10P1	钢（淬火）	砂模	≤25	134							50
		金属模		200							70
ZCuSn5Pb5Zn5	钢（淬火）	砂模	≤12	128							33
		金属模		134							40
		离心浇铸		174							40
ZCuAl10Fe3	钢（淬火）	砂模	≤10	250	230	210	180	160	120	90	80
		金属模									90
		离心浇铸									100
ZCuZn58Mn2Pb2	钢（淬火）	砂模	≤10	215	200	180	150	135	95	75	62
		金属模									—
HT150 HT200 (120~150 HBS)	渗碳钢	砂模	≤2	130	115	90	—	—	—	—	40
HT150 (120~150 HBS)	钢（正火或调质）	砂模		110	90	70					48

注：(1) 表中 $[\sigma_H]$ 值是 HBS > 350 的，若 HBS ≤ 350 时需降低 15%~20%；
(2) 锡青铜 $[\sigma_F]$ 值，当传动短时工作时，可将表中值增大 40%~50%。

三、蜗轮轮齿的齿根弯曲疲劳强度计算

蜗轮轮齿的齿根弯曲疲劳强度计算是防止轮齿折断和过早磨损。按斜齿轮相似的方法，可推出蜗轮轮齿的齿根弯曲疲劳强度计算公式。

校核公式 $\sigma_F = \dfrac{1\,380KT_2 Y_{F2}}{d_1 d_2 m} \leq [\sigma_F]$ （MPa） （11-9）

设计公式 $qm^3 \geq \dfrac{1\,380KT_2 Y_{F2}}{z_2 [\sigma_F]}$ （mm³） （11-10）

式中，T_2 为蜗轮上的工作转矩（$T_2 = T_1 i\eta$，N·m），$T_1 = 9\,550P_1/n_1$；T_1 为蜗杆上的工作转矩（N·m）；P_1 为蜗杆传递功率（kW）；n_1 为蜗杆的转速（r/min）；d_1、d_2 分别为蜗杆和蜗轮的分度圆直径（mm）；q 为蜗杆直径系数；z_2 为蜗轮头数；m 为标准模数（mm）；K 为载荷系数，一般 $K = 1 \sim 1.5$，载荷平稳时取小值，严重冲击时取大值；$[\sigma_F]$ 为蜗轮材料的许用弯曲应力（MPa），见表11-5；Y_{F2} 为蜗轮的齿形系数，按当量齿数 $z_{v2} = z_2/\cos^3\gamma$ 由表11-6查得。

表 11-6 蜗轮的齿形系数 Y_{F2}（$\alpha = 20°$，$h_a^* = 1$）

z_{v2}	20	24	26	28	30	32	35	37
Y_{F2}	1.98	1.88	1.85	1.80	1.76	1.71	1.64	1.61
z_{v2}	40	45	50	60	80	100	150	300
Y_{F2}	1.55	1.48	1.45	1.40	1.34	1.30	1.27	1.24

一般来说在设计蜗杆传动时，闭式蜗杆传动根据齿面接触疲劳强度计算来确定其基本参数，然后校核蜗轮轮齿的弯曲疲劳强度和做热平衡计算。也可以根据轮齿的弯曲疲劳强度计算来确定其基本参数，然后校核蜗轮齿面的接触疲劳强度和做热平衡计算。

第五节 蜗杆传动的效率、润滑和热平衡计算

由于蜗杆传动时的相对滑动速度 v_s 大，效率低，发热量大，故润滑特别重要。若润滑不良，会进一步导致效率显著降低，并且会带来剧烈的磨损，甚至出现胶合，故需选择合适的润滑油及润滑方式。对长时间工作的闭式蜗杆传动，应进行热平衡计算。

一、蜗杆传动的效率

闭式蜗杆传动的功率损失包括齿面间啮合摩擦损失、轴承摩擦损失和润滑油被搅动的油阻损失。因此，总效率为啮合效率 η_1、轴承效率 η_2、油的搅动和飞

溅损耗效率 η_3 的乘积，其中啮合效率 η_1 是主要的。总效率为

$$\eta = \eta_1 \eta_2 \eta_3 \quad (11-11)$$

当蜗杆主动时，啮合效率 η_1 为

$$\eta_1 = \frac{\tan \gamma}{\tan(\gamma + \rho_v)} \quad (11-12)$$

式中，γ 为普通圆柱蜗杆分度圆上的导程角；ρ_v 为当量摩擦角，$\rho_v = \arctan f_v$，f_v 为当量摩擦系数，其值可按蜗杆传动的材料及滑动速度查表 11-7 得出。

在一般情况下，轴承效率 $\eta_2 = 0.98 \sim 0.99$；油的搅动和飞溅损耗时的效率 $\eta_3 = 0.96 \sim 0.99$，故一般取 $\eta_2 \eta_3 = 0.95 \sim 0.97$。

为了近似地求出蜗轮轴上的转矩 T_2，在初步设计时总效率 η 常按以下数值估取。

(1) 闭式蜗杆传动。当 $z_1 = 1$ 时，总效率估取 $\eta = 0.7 \sim 0.75$；$z_1 = 2$ 时，$\eta = 0.75 \sim 0.82$；$z_1 = 3$ 时，$\eta = 0.82 \sim 0.87$；$z_1 = 4$ 时，$\eta = 0.84 \sim 0.90$；$z_1 = 5$ 时，$\eta = 0.86 \sim 0.93$；$z_1 = 6$ 时，$\eta = 0.87 \sim 0.95$；自锁时，$\eta < 0.50$。

(2) 开式蜗杆传动。当 $z_1 = 1$、2 时，$\eta = 0.60 \sim 0.70$。

表 11-7 当量摩擦系数 f_v 和当量摩擦角 ρ_v

蜗轮材料	锡 青 铜				无锡青铜		灰口铸铁	
蜗杆齿面硬度	≥45 HRC		<45 HRC		≥45 HRC		<45 HRC	
滑动速度 $v_s /$ (m·s^{-1})	f_v	ρ_v	f_v	ρ_v	f_v	ρ_v	f_v	ρ_v
0.01	0.110	6°17′	0.120	6°51′	0.180	10°12′	0.190	10°45′
0.05	0.090	5°09′	0.100	5°43′	0.140	7°58′	0.160	9°05′
0.10	0.080	4°34′	0.090	5°09′	0.130	7°24′	0.140	7°58′
0.25	0.065	3°43′	0.075	4°17′	0.100	5°43′	0.120	6°51′
0.50	0.055	3°09′	0.065	3°43′	0.090	5°09′	0.100	5°43′
1.00	0.045	2°35′	0.055	3°09′	0.070	4°00′	0.090	5°09′
1.50	0.040	2°17′	0.050	2°52′	0.065	3°43′	0.080	4°34′
2.00	0.035	2°00′	0.045	2°35′	0.055	3°09′	0.070	4°00′
2.50	0.030	1°43′	0.040	2°17′	0.050	2°52′	—	—
3.00	0.028	1°36′	0.035	2°00′	0.045	2°35′	—	—
4.00	0.024	1°22′	0.031	1°47′	0.040	2°17′	—	—
5.00	0.022	1°16′	0.029	1°40′	0.035	2°00′	—	—

续表

蜗轮材料	锡青铜		锡青铜		无锡青铜		灰口铸铁	
蜗杆齿面硬度	≥45 HRC		<45 HRC		≥45 HRC		<45 HRC	
滑动速度 v_s/(m·s^{-1})	f_v	ρ_v	f_v	ρ_v	f_v	ρ_v	f_v	ρ_v
8.00	0.018	1°02′	0.026	1°29′	0.030	1°43′	—	—
10.0	0.016	0°55′	0.024	1°22′	—	—	—	—
15.0	0.014	0°48′	0.020	1°09′	—	—	—	—
24.0	0.013	0°45′	—	—	—	—	—	—

注：(1) 蜗杆齿面粗糙度 $Ra = 0.2 \sim 0.8$ μm。
(2) 蜗轮材料为≥45HRC 的灰铸铁时，可按无锡青铜查取 f_v、ρ_v。

二、蜗杆传动的润滑

对于开式蜗杆传动，采用黏度较高的润滑油（齿轮油）或润滑脂。对于闭式蜗杆传动，根据工作条件和滑动速度 v_s 参考表 11-8 选定润滑油黏度和给油方式。当采用油池润滑时，在搅油损失不大的情况下，应有适当的油量，以利于形成动压油膜，并且有助于散热。当相对滑动速度 $v_s \leq 5$ m/s 时，常用下置式 [图 11-12（b）] 或侧置式蜗杆传动，浸油深度应为蜗杆的一个齿高。但油面不得超过蜗杆传动轴承的最低滚动体中心。当相对滑动速度 $v_s > 5$ m/s（蜗杆圆周速度 $v_1 > 4$ m/s）时，为减少搅油损失，常将蜗杆采用上置式 [图 11-12（c）] 喷油润滑方式，其浸油深度约为蜗轮外径的 1/3。

表 11-8 蜗杆传动的润滑油黏度及润滑方式

滑动速度 v_s/(m·s^{-1})	<1	<2.5	<5	>5~10	>10~15	>15~25	>25
工作条件	重载	重载	中载	—	—	—	—
运动黏度 $v_{40℃}$/(mm^2·s^{-1})	1 000	680	320	220	150	100	68
润滑方式	浸油			浸油或喷油	喷油，油压/MPa		
					0.07	0.2	0.3

三、蜗杆传动的热平衡计算

由于蜗杆传动的效率低，因而发热量大。在闭式传动中，如果不及时散热，将使润滑油温度升高，黏度降低，油被挤出，加剧齿面磨损，甚至引起胶合，特别是油温超过 100 ℃后，润滑油迅速老化，磨损加剧。因此，对闭式蜗杆传动要进行热平衡计算，以便在油的工作温度超过许可值时，采取有效的散热方法。

由摩擦损耗的功率变为热能，借助箱体外壁散热，当发热速度与散热速度相等时，就达到了热平衡。通过热平衡方程，可求出达到热平衡时，润滑油的温度。该温度一般限制在 $[t_1]$ = 70~80 ℃，最高不超过 85 ℃。

设蜗杆传动的输入功率为 P_1（kW），传动装置的总效率为 η，则损失的摩擦功率为 $P_1(1-\eta)$，而单位时间内由于摩擦损耗所产生的热量为

$$Q_1 = 1\,000 P_1 (1-\eta) \quad \text{(W)} \tag{11-13}$$

当蜗杆传动箱体的温度为 t_1，周围空气的温度 t_0（通常取 t_0 = 20 ℃），箱体散热面积为 A 时，则单位时间内箱体所散发出的热量为

$$Q_2 = k_s A (t_1 - t_0) \quad \text{(W)} \tag{11-14}$$

式中，k_s 为平均散热系数，通常取 k_s = 8~17 W/(m²·℃)，通风条件良好时取大值。若装有风扇 [图 11-12 (a)] 进行强迫冷却时，可取 k_s = 20~28 W/(m²·℃)；A 为散热面积，可按长方体表面积估算，但需除去不和空气接触的面积，凸缘和散热片面积按 50% 计算。

在平衡状态时，$Q_1 = Q_2$，热平衡方程为

$$1\,000 P_1 (1-\eta) = k_s A (t_1 - t_0)$$

工作条件下的油温为

$$t_1 = \frac{1\,000 P_1 (1-\eta)}{k_s A} + t_0 \tag{11-15}$$

蜗杆传动安全工作的条件是

$$t_1 \leqslant [t_1] \tag{11-16}$$

同样也可以由热平衡方程得出该传动装置所必需的最小散热面积 $A_{\min}$：

$$A_{\min} = \frac{1\,000 P_1 (1-\eta)}{k_s ([t_1] - t_0)} \quad \text{(m}^2\text{)} \tag{11-17}$$

如果实际散热面积小于最小散热面积 $A_{\min}$，或润滑油的工作温度超过 80 ℃时，为保证油的温度在安全范围内，以提高传动能力，则需采取以下强制散热措施。

（1）在箱体外壁铸造出或焊接上散热片，以增大散热面积 A。

（2）在蜗杆轴端部安装风扇 [图 11-12 (a)]，加速空气流通以增大平均散热系数 k_s。增大为 k_s = 20~28 W/(m²·℃)。

（3）采用上述方法后，如散热能力还不够，可在箱体油池内铺设蛇形冷却水管，用循环水冷却 [图 11-12 (b)]。

（4）采用压力喷油循环润滑。油泵将高温的润滑油抽到箱体外，经过滤器、冷却器冷却后，喷射到传动的啮合部位 [图 11-12 (c)]。

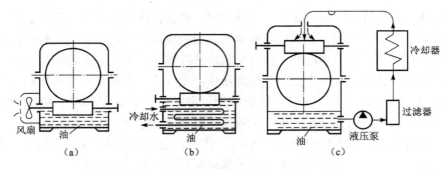

图 11-12 蜗杆传动的冷却和润滑方式
(a) 风扇冷却；(b) 冷却水冷却；(c) 压力喷油润滑

实训 闭式蜗杆传动设计

一、实训题目

试设计一混料机的闭式蜗杆传动。蜗杆传递功率 $P_1 = 8.5$ kW，转速 $n_1 = 1\,460$ r/min，传动比 $i = 20$，工作载荷稳定，长期连续工作，润滑情况良好。

二、实训目的

理解蜗杆传动的失效形式和设计准则，熟练掌握阿基米德蜗杆传动的基本参数和几何尺寸计算及结构与材料的选择和受力分析，熟悉并且掌握传动设计说明书的格式。

三、实训过程

设计计算步骤和结果如表 11-9 所列。

表 11-9 设计计算步骤和结果

计算项目	计算内容	计算结果
1. 选择蜗杆及蜗轮的材料，并查表确定许用应力值	(1) 选择材料：由于转速较高，传递功率不大，所以蜗杆可采用 45 钢，表面淬火，硬度为 45～55 HRC。传动比较大，则蜗轮也大，为节省有色金属，常用组合式蜗轮，蜗轮齿圈查表 11-4、表 11-5 用锡青铜 ZCuSn10P1，金属模铸造，轮芯用铸铁 HT200 (2) 确定许用应力：由图 11-8 估计滑动速度 $v_s < 8$ m/s，查表 11-5，蜗轮材料的许用接触应力 $[\sigma_H] = 200$ MPa，许用弯曲应力 $[\sigma_F] = 70$ MPa	蜗杆采用 45 钢，表面淬火，硬度为 45～55 HRC；蜗轮用组合式蜗轮，蜗轮齿圈用锡青铜 ZCuSn10P1，金属模铸造，轮芯用铸铁 HT200 $[\sigma_H] = 200$ MPa $[\sigma_F] = 70$ MPa

续表

计算项目	计算内容	计算结果
2. 选择蜗杆齿数，计算蜗轮齿数，并取整数	查表 11-1，选择蜗杆齿数 $z_1 = 3$，根据传动比，计算蜗轮齿数 $z_2 = i z_1 = 20 \times 3 = 60$	蜗杆齿数 $z_1 = 3$ 蜗轮齿数 $z_2 = 60$
3. 计算蜗轮转矩	$T_2 = T_1 i \eta = 9\,550 \dfrac{P_1}{n_1} i \eta$ $= 9\,550 \times \dfrac{8.5}{1\,460} \times 20 \times 0.84$ $= 934 \text{ N} \cdot \text{m}$ 初步取蜗杆传动的总效率为 $\eta = 0.84$	$T_2 = 934 \text{ N} \cdot \text{m}$ 初步取总效率为 $\eta = 0.84$
4. 按齿面接触疲劳强度计算	$qm^3 \geqslant KT_2 \left(\dfrac{15\,000}{z_2 [\sigma_H]} \right)^2$ $= 1.1 \times 934 \times \left(\dfrac{15\,000}{60 \times 200} \right)^2$ $= 1\,605 \text{ mm}^3$ 由表 11-2 按偏大取，$qm^3 = 2\,250 \text{ mm}^3$ 查得，$m = 5 \text{ mm}$，$d_1 = 90 \text{ mm}$，$q = 18$，式中 K 按工作载荷平稳时取 1.1 $d_2 = mz_2 = 5 \times 60 = 300 \text{ (mm)}$ $\gamma = \arctan \dfrac{z_1}{q} = \arctan \dfrac{3}{18} = 9°27'44''$	$qm^3 = 1\,605 \text{ mm}^3$ 取 $qm^3 = 2\,250 \text{ mm}^3$ $m = 5 \text{ mm}$ $d_1 = 90 \text{ mm}$ $q = 18$ $K = 1.1$ $d_2 = 300 \text{ mm}$ $\gamma = 9°27'44''$
5. 按齿根弯曲疲劳强度计算	蜗轮当量齿数 $z_{v2} = \dfrac{z_2}{\cos^3 \gamma} = \dfrac{60}{\cos^3 9°27'44''} = 62.5$ 由表 11-6 中值法查得 $Y_{F2} = 1.39$ $\sigma_F = \dfrac{1\,380 K T_2 Y_{F2}}{d_1 d_2 m}$ $= \dfrac{1\,380 \times 1.1 \times 934 \times 1.39}{90 \times 300 \times 5}$ $= 14.6 \text{ MPa} < [\sigma_F] = 70 \text{ MPa}$ 由此可知蜗杆传动的强度足够	$z_{v2} = 62.5$ $Y_{F2} = 1.39$ $\sigma_F = 70 \text{ MPa}$ 蜗杆传动的强度足够

续表

计算项目	计 算 内 容	计算结果
6. 验算传动效率	$v_1 = \dfrac{\pi d_1 n_1}{60 \times 1\,000} = \dfrac{3.14 \times 90 \times 1\,460}{60 \times 1\,000} = 6.88$ m/s $v_s = \dfrac{v_1}{\cos \gamma} = \dfrac{6.88}{\cos 9°27'44''} = 6.98$ m/s 由表 11-7 中值法查得 $f_v = 0.019\,3$, $\rho_v = 1°07'$ $\eta = \eta_1 \eta_2 \eta_3 = (0.95 \sim 0.97)\eta_1$ $\quad = (0.95 \sim 0.97) \dfrac{\tan \gamma}{\tan(\gamma + \rho_v)}$ $\quad = (0.95 \sim 0.97) \times \dfrac{\tan 9°27'44''}{\tan(9°27'44'' + 1°07')}$ $\quad = 0.86 \sim 0.88$ 与初估值 $\eta = 0.84$ 接近，可行	$v_1 = 6.88$ m/s $v_s = 6.98$ m/s $f_v = 0.019\,3$ $\rho_v = 1°07'$ $\eta = 0.86 \sim 0.88$，可行
7. 确定蜗轮、蜗杆的主要尺寸	蜗杆： $d_1 = mq = 5 \times 18 = 90$ mm $d_{a1} = m(q+2) = 5 \times (18+2) = 100$ mm $d_{f1} = m(q-2.4) = 5 \times (18-2.4) = 78$ mm $b_1 \geqslant (12.5 + 0.09 z_2)m$ $\quad = (12.5 + 0.09 \times 60) \times 5 = 89.5$ mm $p_{a1} = \pi m = 3.14 \times 5 = 15.7$ mm	$d_1 = 90$ mm $d_{a1} = 100$ mm $d_{f1} = 78$ mm 取 $b_1 = 90$ mm $p_{a1} = 15.7$ mm
7. 确定蜗轮、蜗杆的主要尺寸	蜗轮： $d_2 = mz_2 = 5 \times 60 = 300$ mm $d_{a2} = m(z_2+2) = 5 \times (60+2) = 310$ mm $d_{f2} = m(z_2-2.4) = 5 \times (60-2.4) = 288$ mm $b \leqslant 0.75 d_{a1} = 0.75 \times 100 = 75$ mm $d_{e2} \leqslant d_{a2} + 1.5m = 310 + 1.5 \times 5 = 317.5$ mm	$d_2 = 300$ mm $d_{a2} = 310$ mm $d_{f2} = 288$ mm 取 $b = 70$ mm $d_{e2} = 310$ mm
	中心距：$a = \dfrac{d_1 + d_2}{2} = \dfrac{90 + 300}{2} = 195$ mm	$a = 195$ mm

续表

计算项目	计算内容	计算结果
8. 热平衡计算	取 $t_0 = 20$ ℃、$[t_1] = 75$ ℃、$k_s = 16$ W/(m²·℃) $$A_{min} = \frac{1\,000 P_1(1-\eta)}{k_s([t_1]-t_0)}$$ $$= \frac{1\,000 \times 8.5 \times (1-0.87)}{16 \times (75-20)}$$ $$= 1.256 \text{ m}^2$$	所需散热面积 $A_{min} = 1.256$ m²，如果设计的蜗杆传动箱体的实际散热面积小于最小散热面积 A_{min}，或润滑油的工作温度超过80 ℃时，可考虑在蜗杆轴端部设计安装风扇；或在箱体油池内铺设蛇形冷却水管，用循环水冷却；或采用压力喷油循环润滑
9. 绘制蜗轮、蜗杆零件图	（略）	

思考题与习题

1. 蜗杆传动有哪些特点？适用于什么场合？
2. 蜗杆传动有哪些类型？常用哪一种形式？
3. 蜗杆传动的正确啮合条件是什么？
4. 蜗杆传动中各力方向如何确定？两轮各力的关系如何？
5. 蜗杆传动的失效形式有哪些？计算准则如何考虑？
6. 对蜗杆和蜗轮的材料有何要求？根据什么选择蜗杆、蜗轮的材料？
7. 蜗轮有哪些结构形式？适用于什么场合？
8. 蜗杆为什么通常与轴做成一体？
9. 为何对闭式蜗杆传动要进行热平衡计算？
10. 蜗杆传动时若温度过高，常用散热的措施有哪些？
11. 有一标准圆柱蜗杆传动，已知模数 $m = 5$ mm，传动比 $i = 20$，蜗杆分度圆直径 $d_1 = 80$ mm，蜗杆头数 $z_1 = 2$。试计算该蜗杆传动的主要几何尺寸（d_{a1}、d_{f1}、d_2、d_{a2}、d_{f2}、a）。
12. 已知一蜗杆减速器中蜗杆的参数为 $z_1 = 2$ 右旋、$d_{a1} = 48$ mm、$p_{a1} = 12.56$ mm、中心距 $a = 100$ mm，试计算蜗轮的几何尺寸（d_2、z_2、d_{a2}、d_{f2}、β）。

13. 如题 13 图所示，蜗杆为主动件，蜗轮螺旋线为左旋，其转向如图所示。试在图中画出蜗杆的螺旋线方向，蜗杆、蜗轮在啮合点处的圆周力 F_{t1}、F_{t2} 及轴向力 F_{a1}、F_{a2}。

14. 如题 14 图所示为一蜗杆斜齿圆柱齿轮传动，蜗杆由电动机驱动，转动方向如图所示。已知蜗轮轮齿的螺旋线方向为右旋，试选择斜齿轮的螺旋方向，使两轴所受轴向力为最小。

15. 试设计单级蜗杆减速器，蜗杆传递功率 $P_1 = 5.5$ kW，转速 $n_1 = 1\ 440$ r/min，传动比 $i = 20$，工作载荷稳定，长期连续工作，润滑情况良好。

16. 试设计带式输送机的闭式蜗杆传动。蜗杆传递功率 $P_1 = 7.5$ kW，转速 $n_1 = 970$ r/min，传动比 $i = 24$，工作载荷稳定，长期单向连续运转。

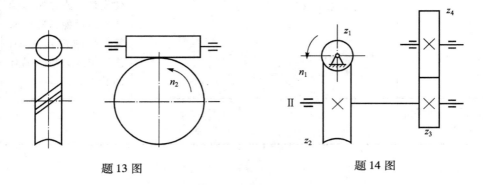

题 13 图　　　　　　　　题 14 图

第十二章 轮　　系

> **本章要点及学习指导：**
> 　　本章首先介绍轮系的分类；然后重点介绍定轴轮系、行星轮系、组合轮系及其传动比计算；最后介绍了轮系的应用。通过对本章的学习，要求学习者了解轮系分类，掌握定轴轮系传动比的计算方法和方向判定；理解行星轮系的求解方程；掌握混合轮系传动比的计算方法。

　　在机械设备中，由一对齿轮所组成的齿轮机构是齿轮传动中最简单的形式，只用一对齿轮传动往往难以满足工作要求。为了获得较大的传动比，或者为了变速、换向，一般需要采用多对齿轮进行传动，这种由多对齿轮组成的传动系统称为轮系。本章主要讨论齿轮系的常见类型、不同类型齿轮系传动比的计算方法。

第一节　轮系的分类

　　按轮系运动时轴线是否固定，将其分为两大类。

　　(1) 定轴轮系。轮系运动时，所有齿轮轴线都固定的轮系，称为定轴轮系，如图 12-1 所示。

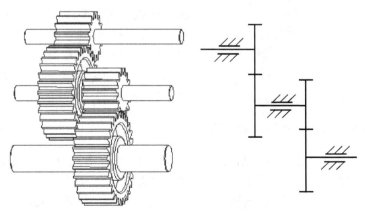

图 12-1　定轴轮系

　　(2) 行星轮系。轮系运动时，如果至少有一个齿轮的轴线相对机架不是固定的，而是绕另一个齿轮的轴线转动，则称该轮系为行星轮系，如图 12 - 2 所示（具体的结构见第三节）。

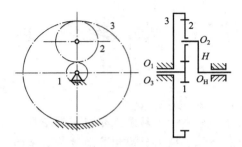

图 12 - 2 行星轮系

第二节 定轴轮系及其传动比

当轮系运动时，其输入轴与输出轴的角速度（或转速）之比称为该轮系的传动比。例如，设 A 为轮系的输入轴，B 为输出轴，则该轮系的传动比 $i_{AB} = \omega_A / \omega_B = n_A / n_B$，式中 ω 和 n 分别为角速度和每分钟的转数。计算传动比时，不仅要计算其数值大小，还要确定输入轴与输出轴的转向关系。对于平行轴定轴轮系，其转向关系用正、负号表示：转向相同用正号，相反用负号。对于非平行轴定轴轮系，各轮转动方向用箭头表示。

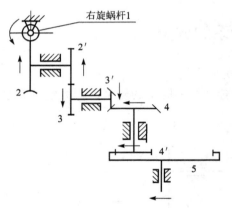

图 12 - 3 空间定轴轮系

定轴轮系分为两大类：一类是所有齿轮的轴线都相互平行，称为平行轴定轴轮系（亦称平面定轴轮系），如图 12 - 1 所示；另一类轮系中有相交或交错的轴线，称为非平行轴定轴轮系（亦称空间定轴轮系），如图 12 - 3 所示。

一、平面定轴轮系传动比的计算

图 12 - 4 所示为各轴线平行的定轴轮系，它的传动比有正、负之分：如果输入轴与输出轴的转动方向相同，则其传动比为正，反之为负。

设 Ⅰ 为输入轴，Ⅴ 为输出轴，z_1、z_2、z_3、z_4 及 z_5 为各轮的齿数；ω_1、ω_2、ω_3、ω_4 及 ω_5 为各轮的角速度。

那么各对齿轮的传动比的大小为

$$i_{12} = \frac{\omega_1}{\omega_2} = \frac{z_2}{z_1}, \quad i_{2'3} = \frac{\omega_{2'}}{\omega_3} = \frac{z_3}{z_{2'}},$$

$$i_{3'4} = \frac{\omega_{3'}}{\omega_4} = \frac{z_4}{z_{3'}}, \quad i_{45} = \frac{\omega_4}{\omega_5} = \frac{z_5}{z_4}$$

将以上各式两边分别连乘后得

$$i_{12} i_{2'3} i_{3'4} i_{45} = \frac{\omega_1 \omega_{2'} \omega_{3'} \omega_4}{\omega_2 \omega_3 \omega_4 \omega_5} = \frac{z_2 z_3 z_4 z_5}{z_1 z_{2'} z_{3'} z_4} = \frac{z_2 z_3 z_5}{z_1 z_{2'} z_{3'}}$$

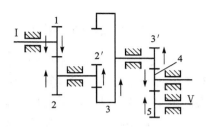

图 12-4　平面定轴轮系

所以

$$i_{15} = \frac{\omega_1}{\omega_5} = \frac{\omega_1 \omega_{2'} \omega_{3'} \omega_4}{\omega_2 \omega_3 \omega_4 \omega_5} = \frac{z_2 z_3 z_5}{z_1 z_{2'} z_{3'}}$$

上式表明平面定轴轮系中输入轴与输出轴的传动比为各对齿轮传动比的连乘积，其值等于各对齿轮从动轮齿数的乘积与各对齿轮主动齿轮数的乘积之比。其正、负号取决于轮系中外啮合齿轮的对数。

从式中还可看出，式中分子、分母均有齿轮 4 的齿数 z_4，这是因为齿轮 4 在与齿轮 3' 啮合时是从动轮，但在与齿轮 5 啮合时又为主动轮，因此可在等式右边分子分母中互消去 z_4。这说明齿轮 4 的齿数不影响轮系传动比的大小。但齿轮 4 的加入，改变了传动比的正、负号，即改变了齿轮系的从动轮转向，这种齿轮称为惰轮。

由以上所述可知，在平行轴定轴齿轮系中，当输入轴为 A、输出轴为 B 时，则此齿轮系的传动比为

$$i_{AB} = \frac{\omega_A}{\omega_B} = \frac{\omega_主}{\omega_从} = (-1)^m \frac{\text{所有各对齿轮的从动轮齿数的连乘积}}{\text{所有各对齿轮的主动轮齿数的连乘积}} \quad (12-1)$$

式中，m 为齿轮系中外啮合齿轮的对数。

以下举例说明平行轴定轴齿轮系的传动比计算。

例 12-1　在图 12-4 所示的齿轮系中，已知 $z_1 = 20$，$z_2 = 40$，$z_{2'} = 30$，$z_3 = 60$，$z_{3'} = 25$，$z_4 = 30$，$z_5 = 50$，均为标准齿轮传动。若已知轮 1 的转速 $n_1 = 1\,440$ r/min，试求轮 5 的转速。

解：此定轴齿轮系各轮轴线相互平行，且齿轮 4 为惰轮，齿轮系中有 3 对外啮合齿轮，

由式（12-1）得

$$i = \frac{n_1}{n_5} = (-1)^3 \frac{z_2}{z_1} \cdot \frac{z_3}{z_{2'}} \cdot \frac{z_4}{z_{3'}} \cdot \frac{z_5}{z_4} = (-1)^3 \times \frac{40 \times 60 \times 30 \times 50}{20 \times 30 \times 25 \times 30} = -8$$

$$n_5 = \frac{n_1}{i} = \frac{1\,440}{-8} = -180 \text{ (r/min)}$$

负号表示轮 1 和轮 5 的转向相反。

二、非平行轴定轴轮系（空间定轴轮系）传动比的计算

图 12-3 所示的非平行轴定轴齿轮系，其传动比的大小仍可用平行轴定轴齿轮系的传动比计算公式计算，但因各轴线并不全部相互平行，故不能用 $(-1)^m$ 来确定主动轮与从动轮的转向，必须用画箭头的方式在图上标注出各轮的转向。

一对互相啮合的圆锥齿轮传动时，在其节点处的圆周速度是相同的，所以标志两者转向的箭头不是同时指向啮合点，就是同时背离啮合点；图 12-3 所示轮系中圆锥齿轮的转向即可按此法判断。

第三节　行星轮系及其传动比

一、行星齿轮系

若有一个或一个以上的齿轮除绕自身轴线自转外，其轴线又绕另一个轴线转动的轮系称为行星齿轮系，如图 12-5（a）所示。

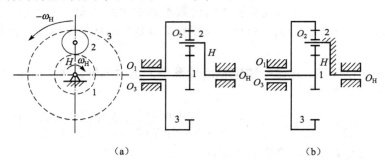

图 12-5　行星轮系

行星齿轮系中，既绕自身轴线（O_2）自转又绕另一固定轴线（轴线 O_H）公转的齿轮 2 称为行星轮。支承行星轮做自转并带动行星轮做公转的构件 H 称为行星架。轴线固定的齿轮 1、3 则称为中心轮或太阳轮。因此，行星齿轮系是由中心轮、行星架和行星轮 3 种基本构件组成。

二、行星齿轮系传动比的计算

在图 12-5（a）所示行星齿轮系中，行星轮 z_2 既绕本身的轴线自转，又绕 O_1 或 O_H 公转，因此不能直接用定轴轮系传动比计算公式求解行星轮系的传动比，而通常采用反转法来间接求解其传动比。

假定行星齿轮系各齿轮和行星架 H 的转速分别为 ω_1、ω_2、ω_3、ω_H。现在整个行星齿轮系上加上一个与行星架转速大小相等、方向相反的公共转速（ω_H），将行星齿轮系转化成一假想的定轴齿轮系（行星架固定不动），如图 12-5（b）

所示。再用定轴齿轮系的传动比计算公式，求解行星齿轮系传动比。

由相对运动原理可知，对整个行星齿轮系加上一个公共转速（ω_H）以后，该齿轮系中各构件之间的相对运动规律并不改变，但转速发生了变化，其变化结果如表 12-1 所列。

表 12-1 轮系转速表

构件	行星轮中各构件转速	转化轮系中各构件转速
齿轮 1	ω_1	$\omega_1^H = \omega_1 - \omega_H$
齿轮 2	ω_2	$\omega_2^H = \omega_2 - \omega_H$
齿轮 3	ω_3	$\omega_3^H = \omega_3 - \omega_H$
行星架 H	ω_H	$\omega_H^H = \omega_H - \omega_H = 0$

既然该齿轮系的反转机构是定轴齿轮系，轮 1 和轮 3 间的传动比可表达为

$$i_{13}^H = \frac{\omega_1^H}{\omega_3^H} = \frac{\omega_1 - \omega_H}{\omega_3 - \omega_H} = (-1)^1 \frac{z_2 z_3}{z_1 z_2} = -\frac{z_3}{z_1}$$

式中，i_{13}^H 表示反转机构中轮 1 与轮 3 相对于行星架 H 的传动比。其中"$(-1)^1$"号表示在反转机构中有一对外啮合齿轮传动，传动比为负说明轮 1 与轮 3 在反转机构中的转向相反。

一般情况下，若某单级行星齿轮系由多个齿轮构成，则传动比求法如下。
（1）求传动比大小：

$$i_{1k}^H = \frac{\omega_1^H}{\omega_k^H} = \frac{\omega_1 - \omega_H}{\omega_k - \omega_H} = (-1)^m \frac{\text{从轮 1 到轮 } k \text{ 之间所有从动轮齿数的连乘积}}{\text{从轮 1 到轮 } k \text{ 之间所有主动轮齿数的连乘积}}$$

(12-2)

（2）再确定传动比符号。标出反转机构中各个齿轮的转向，来确定传动比符号。当轮 1 与轮 k 的转向相同，取"+"号；反之取"-"号。

以下举例说明行星齿轮系的传动比计算。

例 12-2 图 12-6 所示的轮系中，已知 $z_1 = 100$，$z_2 = 101$，$z_{2'} = 100$，$z_3 = 99$，均为标准齿轮传动。试求 i_{H1}。

解：由式（12-2）得

$$i_{13}^H = \frac{n_1^H}{n_3^H} = \frac{n_1 - n_H}{n_3 - n_H} = \frac{z_2 z_3}{z_1 z_{2'}}$$

因 $n_3 = 0$

故有 $\dfrac{n_1 - n_H}{0 - n_H} = \dfrac{z_2 z_3}{z_1 z_{2'}}$

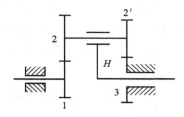

图 12-6 例 12-2 图

$$i_{1H} = \frac{n_1}{n_H} = 1 - \frac{z_2 z_3}{z_1 z_{2'}} = 1 - \frac{101 \times 99}{100 \times 100} = \frac{1}{10\ 000}$$

所以

$$i_{H1} = \frac{n_H}{n_1} = \frac{1}{i_{1H}} = 10\ 000$$

例 12-3 在图 12-7 所示的轮系中,已知 $z_1 = z_2 = z_3 = 40$,均为标准齿轮传动。试求 i_{13}^H。

解:由式(12-2)得

$$i_{13}^H = \frac{n_1^H}{n_3^H} = \frac{n_1 - n_H}{n_3 - n_H} = -\frac{z_2 z_3}{z_1 z_2} = -\frac{z_3}{z_1} = -1$$

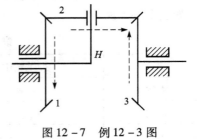

图 12-7 例 12-3 图

"-"号表示轮 1 与轮 3 在反转机构中的转向相反。

第四节 混合轮系及其传动比

混合轮系是指定轴轮系和行星轮系组合而成的轮系,如图 12-8 所示。

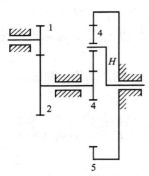

图 12-8 混合轮系

混合轮系的传动比计算步骤如下:

(1) 区别轮系中的定轴轮系部分和行星齿轮系部分。

(2) 分别列出定轴轮系部分和行星齿轮系部分的传动比公式,并代入已知数据。

(3) 找出定轴轮系部分与行星齿轮系部分之间的运动关系,并联立求解即可求出组合轮系中两轮之间的传动比。

以下举例说明混合轮系的传动比计算。

例 12-4 在图 12-8 所示的齿轮系中,已知 $z_1 = 20$,$z_2 = 40$,$z_3 = 20$,$z_4 = 30$,$z_5 = 60$,均为标准齿轮传动。试求 i_{1H}。

解:(1) 分析轮系:

由图可知该轮系为一平行轴定轴轮系与简单行星轮系组成的组合轮系,其中行星轮系:$3-4-5-H$;定轴轮系:$1-2$。

(2) 分析轮系中各轮之间的内在关系,由图中可知:

$$n_5 = 0, \quad n_2 = n_3$$

(3) 分别计算各轮系传动比:

① 定轴齿轮系。

由式(12-1)得

$$i_{12} = \frac{n_1}{n_2} = (-1)^1 \frac{z_2}{z_1} = -\frac{40}{20} = -2$$

$$n_1 = -2n_2 \qquad (1)$$

② 行星齿轮系。

由式（12-2）得

$$i_{35}^H = \frac{n_3^H}{n_5^H} = \frac{n_3 - n_H}{n_5 - n_H} = -\frac{z_5 z_4}{z_4 z_3} = -\frac{60}{20} = -3 \qquad (2)$$

③ 联立求解。

联立式（1）、（2），代入 $n_5 = 0$，$n_2 = n_3$，得

$$\frac{n_2 - n_H}{0 - n_H} = -3$$

所以

$$i_{1H} = \frac{n_1}{n_H} = \frac{-2n_2}{\frac{n_2}{4}} = -8$$

第五节　轮系的应用

轮系广泛用于各种机械设备中，其功用如下。

1. 实现远距离的传动

如图 12-9 所示，当两轴中心距较大时，若仅用一对齿轮传动，两齿轮的尺寸较大，结构很不紧凑。若改用定轴轮系传动，则缩小传动装置所占空间。

2. 实现大传动比传动

一对齿轮传动的传动比不能很大，一般取 $i_{max} = 5 \sim 7$，采用定轴轮系或周转轮系均

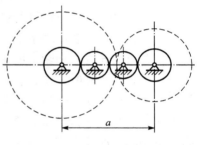

图 12-9　实现远距离传动

可获得大的传动比。若用定轴轮系来获得大传动比，需要多级齿轮传动，致使传动装置的结构复杂和庞大；若采用蜗杆蜗轮传动，传动效率偏低。而采用周转轮系，只需很少几个齿轮，就可获得大的传动比，如例 12-2。

3. 实现变速、变向传动

在主动轴转速不变的情况下，应用齿轮系可使从动轴获得多种转速，此种传动则称为变速传动。

图 12-10 所示为汽车的变速箱，图中轴Ⅰ为动力输入轴，轴Ⅱ为输出轴，4、6 为滑移齿轮，A—B 为离合器，该变速箱可使输出轴得到 4 种转速。

第一挡齿轮 5、6 相啮合，而 3、4 和离合器 A、B 均脱离。

第二挡齿轮 3、4 相啮合，而 5、6 和离合器 A、B 均脱离。

第三挡离合器 A、B 相啮合，而齿轮 3、4 和 5、6 均脱离。

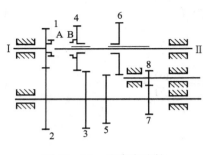
图 12-10　汽车变速箱

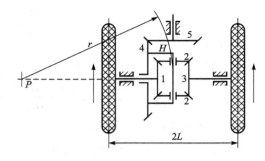
图 12-11　汽车后桥差速器

倒退挡齿轮 7、8 相啮合，6、8 相啮合，而 3、4 和 5、6 以及离合器 A、B 均脱离，此时，由于惰轮 8 的作用，转出轴 Ⅱ 反转。

4. 实现运动的合成与分解

图 12-7 所示为一差动轮系，其中 $z_1 = z_2$，这种轮系可作运动的合成。如以齿轮 1 和齿轮 3 为原动件时，则行星架 H 的转速是齿轮 1 和齿轮 3 转速之和，将两个独立的转动合成为一个转动。

不仅如此，差动轮系还可以将一个构件的转动分解为两个构件的转动。

图 12-11 所示为汽车后桥差速器，即为分解运动的齿轮系。发动机通过传动轴驱动齿轮 5。齿轮 2 为行星轮，齿轮 4 上固连着行星架 H，左、右车轮固连的齿轮 1 和齿轮 3 为太阳轮。齿轮 1、2、3、行星架 H 及机架组成一差动轮系。

当汽车直线行驶时，左、右两轮转速相同，行星轮不发生自转，齿轮 1、2、3 作为一个整体，随齿轮 4 一起转动，此时 $n_1 = n_3 = n_4$。

当汽车拐弯时，为了保证两车轮与地面做纯滚动，显然左、右两车轮行走的距离应不相同，即要求左、右轮的转速也不相同。此时，可通过差速器（4、2、1）轮和（4、2、3）轮将发动机传到齿轮 5 的转速分配给后面的左、右轮，实现运动分解。

思考题与习题

1. 定轴轮系与周转轮系的主要区别是什么？行星轮系和差动轮系有何区别？
2. 定轴轮系中传动比大小和转向的关系是什么？
3. 什么是惰轮？它有何用途？
4. 什么是转化轮系？如何通过转化轮系计算出周转轮系的传动比？
5. 如何区别转化轮系的转向和周转轮系的实际转向？
6. 怎样从一个复合轮系中区分哪些构件组成一个周转轮系？哪些构件组成一个定轴轮系？怎样求复合轮系的传动比？
7. 观察日常生活周围的机器，各举出一个定轴轮系和周转轮系，并计算出传动比和转向。

8. 如题 8 图所示的轮系中,已知 $z_1 = z_2 = z_{3'} = z_4 = 20$,$z_3 = z_5 = 20$。试计算传动比 i_{15}。

9. 如题 9 图所示为一定轴轮系 $z_1 = 20$,$z_5 = 30$,$z_7 = 25$,$z_{10} = 35$。设轴 I 为输入轴,转速 $n_1 = 1\,440$ r/min,试问按图示啮合传动路线,轴Ⅲ的转速和转动方向?轴Ⅲ能获得几种不同的转速?

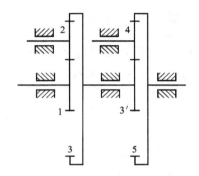

题 8 图 平面定轴轮系

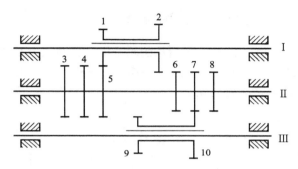

题 9 图 平面定轴轮系

10. 如题 10 图所示的轮系中,已知主动轴 I 的转速 $n_1 = 1\,450$ r/min,各轮齿数 $z_1 = 18$,$z_2 = 54$,$z_{2'} = 19$,$z_3 = 78$。求从动轴Ⅲ的转速及其转向。

11. 如题 11 图所示的周转轮系中,已知 $z_1 = 40$,$z_2 = 16$,$z_{2'} = 20$,$z_3 = 78$。求当 $\omega_H = 100$ rad/s 时轮 1 的角速度 ω_1。

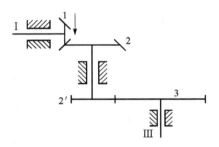

题 10 图 空间定轴轮系

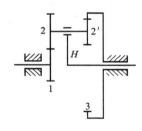

题 11 图 空间周转轮系

12. 如题 12 图所示的周转轮系中,已知 $z_1 = 40$,$z_2 = 20$,$z_{2'} = z_3 = 60$。求传动比 i_{1H}。

13. 如题 13 图所示的轮系中,已知各轮的齿数为 $z_1 = 20$,$z_2 = 40$,$z_3 = 30$,$z_4 = 15$,$z_5 = 30$。求 $n_1 = 140$ r/min,$n_3 = 70$ r/min 时的转速 n_H、n_5 和 n_4。

14. 如题 14 图所示的轮系中,已知 $z_1 = 48$,$z_2 = 27$,$z_{2'} = 45$,$z_3 = 102$,$z_4 = 120$。设输入转速 $n_1 = 3\,750$ r/min,试求传动比 i_{14} 和转速 n_4。

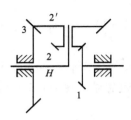
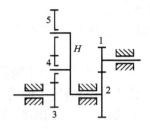

题 12 图　平面周转轮系　　　　　　题 13 图　混合轮系

15. 如题 15 图所示的轮系中，已知 $n_1 = 3\,549$ r/min，各轮齿数 $z_1 = 36$，$z_2 = 60$，$z_3 = 23$，$z_4 = 49$，$z_{4'} = 69$，$z_5 = 30$，$z_6 = 131$，$z_7 = 94$，$z_8 = 36$，$z_9 = 167$。试求系杆 H 的转速 n_H。

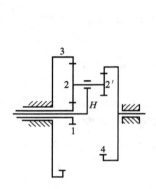
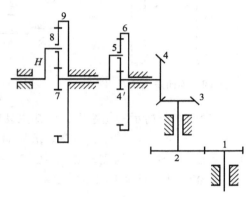

题 14 图　混合轮系　　　　　　题 15 图　混合轮系

第十三章 轴 承

本章要点及学习指导：

本章首先介绍滑动轴承的基础知识，滚动轴承的构造、代号；然后介绍滚动轴承的润滑密封、组合设计；最后重点讨论滚动轴承的选择计算、滚动轴承的静强度计算。通过对本章的学习，要求学习者了解滑动轴承的润滑、滚动轴承的类型、轴承的润滑等基本知识；熟悉滑动轴承的结构和材料、滚动轴承代号的意义，达到选择应用滚动轴承，并能对轴承的组合结构进行设计的目的；掌握滚动轴承设计的基本理论和计算方法，以便对所选轴承作出评价，能否满足预期寿命、静强度等要求，解决轴系零件的固定、轴承与相关零件配合、轴承安装、调整和配合，以及轴承的润滑与密封等问题。

轴承是轴及轴上零件的支承，是各种机械中常见的重要零件之一。其功用主要有：支承轴和轴上的零件，并保证轴的旋转精度；减小转轴与支承之间的摩擦和磨损。

根据轴承工作的摩擦性质不同，可分为滚动摩擦轴承（简称滚动轴承）和滑动摩擦轴承（简称滑动轴承）。

第一节 摩擦状态及滑动轴承的类型和特点

一、摩擦状态

两相对运动表面间因润滑膜存在的状态不同而有不同的润滑状态，也称为摩擦状态。滑动轴承的摩擦状态有干摩擦、边界摩擦、液体摩擦和混合摩擦。其摩擦状态如图 13-1 所示。

（1）干摩擦。如果两物体的滑动表面为无任何润滑剂或保护膜的纯金属，这两个物体直接接触时的摩擦称为干摩擦，如图 13-1（a）所示。干摩擦状态产生较大的摩擦功耗及严重的磨损，一般应尽量避免这种摩擦。

（2）边界摩擦。两摩擦表面间加入润滑剂后被吸附在表面的边界膜（一层极薄的润滑膜，油膜厚度小于 0.1 μm）隔开，使其处于干摩擦与液体摩擦之间的状态，这种摩擦称为边界摩擦，如图 13-1（b）所示。

（3）液体摩擦。两摩擦表面不直接接触，被油膜（油膜厚度一般在 1.5～

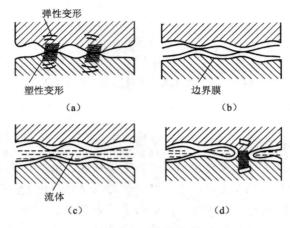

图 13-1 摩擦状态
(a) 干摩擦；(b) 边界摩擦；(c) 液体摩擦；(d) 混合摩擦

2 μm 以上）隔开的摩擦称为液体摩擦，不会发生金属表面的磨损，如图 13-1 (c) 所示。

（4）混合摩擦。在实践中有很多摩擦副处于干摩擦、液体摩擦与边界摩擦的混合状态，称为混合摩擦。这种状态仍然有粗糙凸峰直接接触和磨损，但摩擦较小，如图 13-1 (d) 所示。

干摩擦的摩擦系数最大；边界摩擦及混合摩擦均可有效地降低摩擦系数；液体摩擦的摩擦系数更低，在液体摩擦状态下，滑动轴承不仅具有承载能力强、抗振性好、噪声低等优点，而且还可以高速运转。但在技术上比较困难，成本高。

由于液体摩擦、边界摩擦和混合摩擦都必须在一定的润滑条件下才能实现，因此这 3 种摩擦又分别称为液体润滑、边界润滑和混合润滑。

二、滑动轴承的分类

滑动轴承的分类方法很多，按所承受载荷的方向不同可以分为以下几种。

（1）承受径向载荷的径向滑动轴承，如图 13-2、图 13-3 所示。

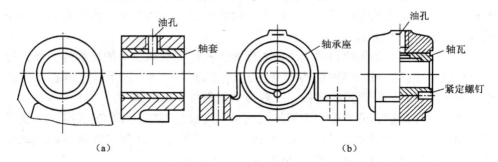

图 13-2 整体式滑动轴承的结构

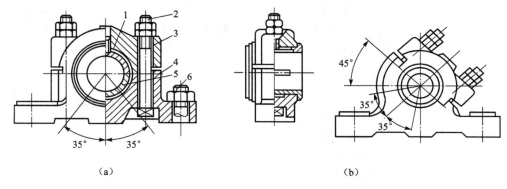

图 13-3 剖分式滑动轴承的结构
(a) 对开式滑动轴承；(b) 斜开式滑动轴承

(2) 承受轴向载荷的推力滑动轴承，如图 13-4 所示。

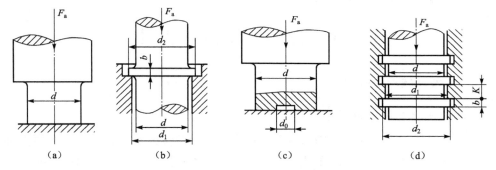

图 13-4 推力滑动轴承结构
(a) 实心式；(b) 单环式；(c) 空心式；(d) 多环式

(3) 承受径向、轴向联合载荷的径向止推滑动轴承。

(4) 按滑动轴承是否可以剖分又可分为整体式（如图 13-2 所示）和剖分式（如图 13-3 所示）。

整体式滑动轴承构造简单，常用于低速、载荷小的间歇工作机器上，而且只能从轴的端部装入。剖分式滑动轴承的轴瓦一般是对开式，如图 13-3 (a) 所示，当它的轴瓦磨损后可以适当地调整垫片或对其分合面进行刮削、研磨来调整轴与孔的间隙，应用较广。当载荷垂直向下或略有偏斜，则轴承的中分面常为水平面。若载荷方向有较大偏差，则轴承的剖分面可斜着布置，使剖分面垂直或接近垂直于载荷方向，如图 13-3 (b) 所示。

三、滑动轴承的特点

(1) 优点：承载能力大；工作平稳可靠、噪声低；径向尺寸小；精度高；液体润滑时，摩擦、磨损较小；油膜有一定的吸振能力。

(2) 缺点：非液体摩擦滑动轴承，摩擦较大、磨损严重；液体摩擦滑动轴承在启动、行车、载荷和转速比较大的情况下难以实现液体摩擦；液体摩擦滑动轴承设计、制造及维护费用较高。

四、滑动轴承的应用

(1) 转速特高或特低的场合。
(2) 对回转精度要求特别高的轴。
(3) 承受特大载荷的场合。
(4) 冲击、振动较大时。
(5) 特殊工作条件下的轴承。
(6) 径向尺寸受限制或轴承要做成剖分式的结构。

例如，机床、汽轮机、发电机、轧钢机、大型电机、内燃机、铁路机车、仪表和天文望远镜等中都有滑动轴承的应用。

第二节 滑动轴承的结构及材料

一、滑动轴承的结构

1. 向心滑动轴承的结构

(1) 整体式滑动轴承。图 13-2 所示为典型的整体式滑动轴承。它主要由轴承座和轴瓦两部分组成。对于载荷小，速度低的不重要场合，也可以不要轴瓦。

整体式滑动轴承的结构比较简单，成本低，但无法调节轴径和轴承孔间的间隙，当轴承磨损到一定程度后必须更换；此外，在装拆轴时，必须做轴向移动，很不方便，故多用于轻载、低速、间歇工作而不需要经常装拆的场合。这种轴承有标准件可供选择。其标准见 JB 2560—1979。

(2) 剖分式滑动轴承。图 13-3 所示为典型的剖分式滑动轴承。它主要由轴承座、轴承盖、剖分的上下轴瓦、螺栓等几部分组成。轴承盖上部有螺纹孔，用以安装油杯或油管。剖分式轴瓦通常是下轴瓦承受载荷，上轴瓦不承受载荷。为了节省贵重金属或其他需要，通常轴瓦内表面附一层轴承衬。为了使润滑油能够均匀地分布在整个工作表面上，一般在轴瓦不承受载荷的表面上开出油沟和油孔，油沟的形式很多，如图 13-5 所示。轴承盖和轴承座的剖分面做成阶梯形定位止口，这样在安装时容易对中，并可承受剖分面方向的径向分力，保证连接螺

  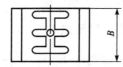

图 13-5 油沟的形式

栓不受横向载荷。

剖分式滑动轴承装拆方便,并且轴瓦磨损后可通过适当减少剖分面处垫片的厚度来调整,剖分式滑动轴承应用较为广泛。

(3) 自动调心式向心滑动轴承。当轴承宽度 B 较大时 ($B/d > 1.5 \sim 2$),由于轴的变形、装配或工艺原因,会引起轴径的偏斜,使轴承两端边缘与轴径局部接触,如图 13-6 (a) 所示,这将导致轴承两端边缘急剧磨损。因此在这种情况下,应采用自动调心式滑动轴承。常见的结构有:轴承的支持表面呈球面,球面的中心恰好在轴线上,如图 13-6 (b) 所示,轴承可绕球形配合面自动调整位置,这种结构承载能力较大。

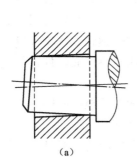
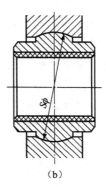

图 13-6 自动调心式向心滑动轴承
(a) 轴承两端边缘急剧磨损;(b) 轴承绕球形配合面自动调整位置

轴瓦宽度与轴径直径之比 B/d 称为宽径比,它是向心滑动轴承的重要参数之一。对于液体摩擦的滑动轴承,常取 $B/d > 0.5 \sim 1$;对于非液体摩擦的滑动轴承,常取 $B/d > 0.8 \sim 1.5$;有时可以更大些。

2. 推力滑动轴承的结构

图 13-7 所示为推力滑动轴承。它由轴承座 1、衬套 2、轴瓦 3 和推力轴瓦 4 组成。为了使推力轴瓦工作表面受力均匀,推力轴承底部做成球面,用销钉 5 来防止轴瓦随轴转动。润滑油从下面的油管注入,从上部油管导出。这种轴承主要承受轴向载荷,也可承受较小的径向载荷。

图 13-7 所示为常见的推力轴承轴颈的结构形式,有实心、环形、空心和多环等几种。由图可见,推力轴承的工作表面可以是轴的端面或轴上的环形平面。由于支承面上离中心越远处,其相对滑动速度越大,因而磨损也越严

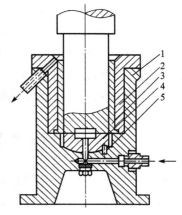

图 13-7 推力滑动轴承
1—轴承座;2—衬套;3—轴瓦;
4—推力轴瓦;5—销钉

重。实心端面上的压力分布极不均匀,靠近中心处的压强极高。因此,一般推力轴承大多采用环状支承面。多环轴颈不仅能承受双向的轴向载荷,且承载能力较大。

二、滑动轴承材料

1. 对滑动轴承材料性能的要求

(1) 足够的冲击强度、抗压强度和疲劳强度。防止轴承受载后被挤压变形或材料被挤出。

(2) 低的摩擦系数和高的耐磨性。

(3) 良好的顺应性和嵌藏性。顺应性是指材料产生弹性变形和塑性变形以补偿对中误差及适应轴颈产生几何误差能力。一般塑性好的材料,顺应性也好。嵌藏性是指材料嵌藏污物和外来微粒,防止剐伤轴颈以致增大磨损的能力。一般来说,塑性好,弹性模量低,顺应性好的金属材料,嵌藏性也好。

(4) 有良好的导热性能,有利于散热。

(5) 良好的磨合性。新制造、装配好的轴承经短时间跑合,能迅速结束高磨损率的跑合期,达到低磨损率的正常磨损期。

(6) 有良好的抗胶合能力。要求与轴颈材料的互溶性低,不宜采用与轴颈相同的材料。

(7) 有良好的抗腐蚀性能和加工性能。

(8) 对润滑剂分子有较强的亲和能力。亲和能力强,容易建立油膜,避免干摩擦。

2. 常用滑动轴承材料

(1) 轴承合金(通常称巴氏合金或白合金)。轴承合金主要分锡基和铅基两大类。其金相组织是在锡或铅的软基体中夹着锑、铜等硬的合金颗粒。因此,它既有很好的顺应性和嵌藏性,又有良好的减摩性能。锡基轴承合金还有很好的抗胶合性能。轴承合金是现有轴承材料中最理想的减摩材料。但轴承合金价格昂贵,并且机械强度较低,故只能用作多层轴瓦的减摩层。此外,它也不适宜用于高温工作条件。

(2) 铜合金。铜合金是常用的轴瓦材料。

锡青铜可用于温度较高和承受冲击载荷的条件,疲劳强度也较高,但其跑合性能不如轴承合金,在各种青铜材料中,锡青铜的减摩性能最好。

铅青铜可承受较大的冲击载荷,比轴承合金耐磨,启动摩擦也小。用钢衬背和铅青铜减摩层的双层轴瓦应用很广。铅青铜由于较硬,跑合性能较差,所以要求与之相配的轴颈表面要淬硬、磨光。

铅青铜可用作锡青铜的代用品,但要求有较大的轴承间隙。它的硬度较高,抗胶合性能较差，因此它对边缘压力与外来磨料的不良影响较敏感。

（3）铝合金。这种材料强度高，导热性好，耐腐蚀。要求轴颈表面淬火、磨光。其跑合性、顺应性和嵌藏性较差。

（4）粉末合金材料。这种材料是将金属粉末加石墨经压制、烧结而成的轴承材料。这种材料呈多孔结构，使用前先在热油中浸渍数小时，使孔隙中充满润滑油。轴承工作时，轴承孔隙中的油能自动渗出而起润滑作用，不必在运转过程中加油。用这种材料做成的轴承叫含油轴承，其吸油量可达体积的35%左右。它特别适用于较低速度、缓慢运动及摆动等工作条件。不宜用于冲击工作条件。

（5）减摩铸铁或灰铸铁。由于石墨本身就是一种固体润滑剂，因此铸铁中的片状或球状石墨在一定程度上可起一些润滑作用。价廉简便，可用在低速、轻载场合。

（6）非金属材料。石墨、橡胶、塑料、尼龙都可用作轴承材料。塑料用作轴承材料，主要需考虑如何散发摩擦热量的问题，与金属材料相比，塑料的热导率要低得多，它又会因吸收水分而发生膨胀，为此要求塑料轴承有较大的轴承间隙。随着化学工业的发展，新型材料正在日益被应用到滑动轴承中去。

常用滑动轴承材料如表13－1所列。

表13－1 常用滑动轴承材料

轴承材料		最大许用值			最高工作温度/℃	最小轴颈硬度/HBS	性能比较				备 注
		$[p]$/MPa	$[v]$/(m·s^{-1})	$[pv]$/(MPa·m·s^{-1})			抗胶合性	顺应性、嵌藏性	耐蚀性	耐疲劳强度	
锡基轴承合金	ZSnSb11Cu6 ZSnSb8Cu4	平稳载荷			150	150	1	1	1	5	用于高速、重载下工作的重要轴承，变载荷下易疲劳，价贵
		25	80	20							
		冲击载荷									
		20	60	15							
铅基轴承合金	ZPbSb16Sn16Cu2	15	12	10	150	150	1	1	3	5	用于中速、中等载荷的轴承，不宜受显著的冲击载荷。可作为锡锑轴承合金的代用品
	ZPbSb15Sn5Cu3	5	8	5							

续表

轴承材料		[p]/MPa	[v]/(m·s⁻¹)	[pv]/MPa·(m·s⁻¹)	最高工作温度/℃	最小轴颈硬度/HBS	抗胶合性	顺应性、嵌藏性	耐蚀性	耐疲劳强度	备注
锡青铜	ZCuSn10P1	15	10	15	280	200	3	5	1	1	用于中速、重载及受变载荷的轴承
	ZCuSn5Pb5Zn5	8	3	15							用于中速、中等载荷的轴承
铝青铜	ZCuAl10Fe3	15	4	12	280	200	5	5	5	2	用于润滑充分的低速、重载轴承

第三节　滑动轴承的润滑

在摩擦副间加入润滑剂，以降低摩擦、减轻磨损，这种措施称为润滑。轴承润滑的主要目的是减少摩擦和磨损，以提高轴承的工作能力和使用寿命，同时起冷却、防尘、防锈和吸振作用。设计滑动轴承时，必须恰当地选择润滑剂和润滑装置。本节还简要介绍了动压液体摩擦滑动轴承。

一、润滑剂及其选用原则

1. 润滑油

黏度是润滑油的主要性能指标，它是润滑油抵抗变形的能力，用以表征流体内部的摩擦阻力大小，也是润滑油牌号的区分标志。黏度的度量有多种指标，如动力黏度、运动黏度、恩氏黏度等，我国使用运动黏度，其计量单位多用 mm^2/s。润滑油的黏度随温度的升高而降低。

2. 润滑脂

润滑脂是润滑油加入各种稠化剂和稳定剂制成的膏状润滑剂，俗称黄油。根据调制的皂基不同，分为钙基、钠基、锂基和铝基润滑脂几种。其中钙基和铝基润滑脂的抗水性好，但耐热性差；钠基润滑脂则与它们相反；锂基有良好的抗水性、耐热性，用途较广。

3. 润滑剂选用的基本原则

润滑剂的流动性除了反映内部摩擦力的大小外，还是润滑膜厚度和承载能力高低的主要影响因素。在液体摩擦和非液体摩擦滑动轴承中，大多选用润滑油。在轴承载荷大、有冲击、温度高、工作表面粗糙等情况下，宜选用黏度大的润滑油；载荷小、轴颈转速高时宜选用黏度小的润滑油；当轴颈速度低于 1～2 m/s 时，宜选用润滑脂，但要注意润滑脂的温度适应范围；当轴承在高温介质或低速、重载的工作条件下，宜选用润滑脂。

滑动轴承常用润滑油和润滑脂的选用如表 13-2 和表 13-3 所列。

表 13-2 常用滑动轴承润滑油牌号

轴颈圆周速度 $v/(\text{m}\cdot\text{s}^{-1})$	轻载（$p<3$ MPa）工作温度（10~60 ℃）		中载（$p=3$~7.5 MPa）工作温度（10~60 ℃）		重载（$p=7.5$~30 MPa）工作温度（20~80 ℃）	
	运动黏度 $v_{40}/(\text{mm}^2\cdot\text{s}^{-1})$	适用油牌号	运动黏度 $v_{40}/(\text{mm}^2\cdot\text{s}^{-1})$	适用油牌号	运动黏度 $v_{40}/(\text{mm}^2\cdot\text{s}^{-1})$	适用油牌号
0.3~0.2	60~80	L-AN46 L-AN68	85~115	L-AN100	10~20	L-AN100 L-AN150
1.5~2.5	40~80	L-AN46 L-AN68	65~90	L-AN100 L-AN150		
5.0~9.0	15~50	L-AN15 L-AN22 L-AN32				
>9	5~22	L-AN7 L-AN10 L-AN15				

表 13-3 滑动轴承润滑脂选择

轴承压强 p/MPa	轴颈圆周速度 $v/(\text{m}\cdot\text{s}^{-1})$	最高工作温度 /℃	选用润滑脂牌号
<1.0	≤1.0	75	钙、锂基脂 L-XAAMHA3，ZL-3
1.0~6.5	0.5~5.0	55	钙、锂基脂 L-XAAMHA2，ZL-2
>6.5	≤0.5	75	钙、锂基脂 L-XAAMHA3，ZL-3
≤6.5	0.5~5.0	120	钙、锂基脂 L-XAAMHA3，ZL-3
1.0~6.5	≤0.5	110	钙钠基脂 ZGN-2
1.0~6.5	≤1.0	50~100	锂基脂 ZL-3

二、常用润滑方法及装置

1. 油润滑

（1）间歇润滑。直接由人工用油壶向油杯中注油。如图 13 - 8（a）、（b）所示，此种润滑方法只适用于低速、轻载和不重要的轴承。

（2）连续润滑。图 13 - 8（c）所示为针阀式油杯，用手柄控制针阀运动，使油孔关闭或开启，用调节螺母控制供油量。图 13 - 8（d）所示为芯捻油杯，纱线的毛细管作用把油引到轴承中。此方法油量不易控制。图 13 - 8（e）所示为油环润滑，轴颈上的油环下部浸入油池，轴颈旋转时带动油环旋转，从而把油带入轴承。

（3）飞溅润滑。利用转动件的转动使油飞溅到箱体内壁上，再通过油沟将油导入轴承中进行润滑。

（4）压力循环润滑。用一套可提供较高油压的循环油压系统对重要轴承进行强迫润滑的方法。

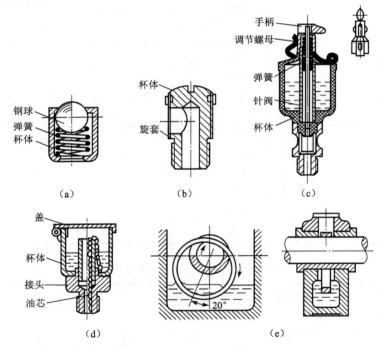

图 13 - 8　几种供油方法与装置

（a）压配式压注油杯；（b）旋套式注油油杯；（c）针阀式注油油杯；（d）芯捻油杯；（e）油环润滑

2. 脂润滑

采用油脂润滑时只能间歇供油。通常将如图 13 - 9 所示的黄油杯装于轴承的非承压区，用油脂枪向杯内油孔压注油脂。

三、润滑方法的选择

可根据以下经验公式计算出系数 K 值，通过查表 13-4，确定滑动轴承的润滑方法和润滑剂类型。

$$K = \sqrt{pv^3} \quad (13-1)$$

式中，p 为轴颈上的平均压强（MPa），$p = F/Bd$ [F 为轴承所受载荷（N）；d 为轴颈直径（mm）；B 为轴瓦宽度（mm）；v 为轴颈的圆周速度（m/s）]。

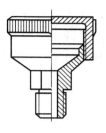

图 13-9 黄油杯

表 13-4 滑动轴承润滑方式的选择

K 值	≤1 900	>1 900 ~16 000	>16 000 ~30 000	>30 000
润滑方式	润滑脂润滑	润滑油滴油润滑	飞溅润滑	循环压力润滑

四、动压液体摩擦滑动轴承简介

动压液体摩擦滑动轴承也称液体动压轴承，是利用摩擦副表面的相对运动，将液体带进摩擦表面之间，形成压力油膜，将摩擦表面隔开，如图 13-10 所示。两个互相倾斜的平板，在它们之间充满具有一定黏度的液体。当 AB 以速度 v 向左移动而 CD 保持静止时，液体在此楔形间隙中做层流流动。当各流层的速度分布规律为直线时（图中虚线所示），由于进口间隙大于出口间隙，则进口流量必大于出口流量。但液体是不可压缩的，因此，在楔形间隙内形成油压，迫使大口的进油速度减小，小口的出油速度增大（图中实线所示），从而使流经各截面的液体流量相等。同时，楔形油膜产生的内压将与外载荷相平衡。

从上述分析可知，获得动压液体摩擦的基本条件是：① 两平面间的间隙必须沿运动方向由大至小形成收敛楔形；② 两平面间的相对运动速度必须足够大，以带动润滑油连续进入楔形间隙；③ 必须连续地向楔形间隙供入适当黏度的润滑油，以形成具有承载能力的压力油膜。

图 13-11 所示为一轴颈和轴瓦，由于轴瓦的孔径大于轴颈的直径，所以在

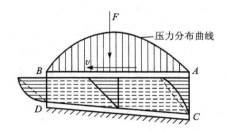

图 13-10 动压液体摩擦原理

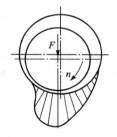

图 13-11 轴承中的油压

外载荷 F 的作用下也能形成一楔形间隙。当轴的转速足够高时，就可克服外载荷而形成油膜，把承受载荷 F 的轴颈抬起，隔开两金属表面达到液体摩擦状态。在这种状态下工作的轴承，称为动压液体摩擦滑动轴承。

第四节　滚动轴承的构造及基本类型

滚动轴承是现代机器中广泛应用的部件之一，它是依靠主要元件间的滚动接触来支承转动零件的。常用的滚动轴承已经标准化，并由专业工厂大量制造及供应各种常用规格的轴承。

与滑动轴承相比，滚动轴承主要有下列优点：启动灵活、摩擦阻力小、效率高、轴向结构紧凑、润滑简便及易于互换等，所以应用广泛。它的缺点是：抗冲击能力差，高速时有噪声，工作寿命不及液体摩擦的滑动轴承。

一、滚动轴承的构造

滚动轴承的基本构造如图 13 - 12 所示，一般由内圈、外圈、滚动体和保持架组成。多数情况下，内圈装在轴颈上，与轴配合并一起转动；外圈装在机座或零件的轴承孔内，外圈不转动。但也可用于外圈回转而内圈不动，或内、外圈同时回转的场合。保持架使滚动体均匀分布在滚道上，并减少滚动体之间的碰撞和磨损。轴承运动时，内、外圈之间相对旋转，滚动体在保持架的作用下沿着滚道滚动。

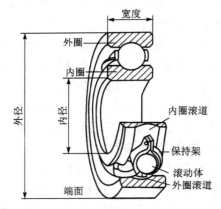

图 13 - 12　滚动轴承的基本构造

保持架的主要作用是均匀地隔开滚动体。保持架有冲压的和实体的两种。冲压保持架一般用低碳钢板冲压制成，它与滚动体间有较大间隙。实体保持架常用铜合金、铝合金或塑料经切削加工制成，有较好的定心作用。

滚动轴承的内、外圈和滚动体均采用强度高、耐磨性好的含铬轴承钢制造，如 GCr9、GCr15 和 GCr15SiMn 等（G 表示专用的滚动轴承钢），热处理后硬度一般不低于 60 HRC。由于一般的轴承的这些元件都经过 150 ℃的回火处理，所以通常当轴承的工作温度不高于 120 ℃时，元件的硬度不会下降。

当滚动体是圆柱滚子或滚针时，在某些情况下，可以没有内圈、外圈或保持架，这时的轴颈或轴承座就起到内圈或外圈的作用，因而工作表面应具备相应的硬度和粗糙度。此外，还用一些轴承，除了以上 4 种基本零件外，还增加有其他特殊零件,如在外圈上加止动环或带密封盖等。

常见的滚动体形状如图 13-13 所示。

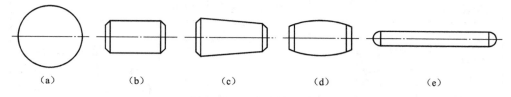

图 13-13 滚动体的形状

(a) 球;(b) 圆柱滚子;(c) 圆锥滚子;(d) 鼓型滚子;(e) 滚针

二、滚动轴承的类型

滚动体与外圈滚道接触点(线)处的法线 $N-N$ 与半径方向的夹角 α,叫做滚动轴承的接触角 α,如图 13-14 所示。接触角 α 越大,轴承承受轴向载荷的能力也越大。

滚动轴承按滚动轴承所承受外载荷的方向和大小可分为向心轴承、推力轴承和向心推力轴承 3 大类。向心轴承主要承受径向载荷,其中有几种类型还可以承受不大的轴向载荷;推力轴承只能承受轴向载荷;向心推力轴承能够同时承受轴向载荷和径向载荷。

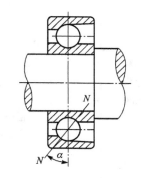

图 13-14 滚动轴承的接触角

滚动轴承按滚动体的形状可分为球轴承和滚子轴承,滚子轴承按滚子的外形和尺寸又可分为圆柱滚子轴承、滚针轴承、圆锥滚子轴承及调心滚子轴承(球面鼓形滚子)。

按滚动体的列数,滚动轴承可分为单列、双列及多列滚动轴承。滚动轴承的主要类型和特性如表 13-5 所列。

表 13-5 滚动轴承的主要类型和特性

轴承名称类型及代号	结构简图	基本额定动载荷比	极限转速比	允许偏位角	主要特性及应用
调心球轴承 10000		0.6~0.9	中	2°~3°	主要承受径向载荷,也能承受少量的轴向载荷。因为外圈滚道表面是以轴线中点为球心的球面,故能自动调心

续表

轴承名称类型及代号	结构简图	基本额定动载荷比	极限转速比	允许偏位角	主要特性及应用
调心滚子轴承 20000		1.8~4	低	1°~2.5°	主要承受径向载荷，也可承受一些不大的轴向载荷，承载能力大，能自动调心
圆锥滚子轴承 30000		1.1~2.5	中	2′	能承受以径向载荷为主的径向、轴向联合载荷，当接触角 α 大时，亦可承受纯单向轴向联合载荷。因系线接触，承载能力大于 7 类轴承。内、外圈可以分离，装拆方便，一般成对使用
推力球轴承 51000		1	低	不允许	接触角 $\alpha=0°$，只能承受单向轴向载荷，而且载荷作用线必须与轴线相重合，高速时钢球离心力大，磨损、发热严重，极限转速低。所以只用于轴向载荷大，转速不高之处
双向推力球轴承 52000		1	低	不允许	能承受双向轴向载荷。其余与推力轴承相同
深沟球轴承 60000		1	高	8′~16′	主要承受径向载荷，同时也能承受少量的轴向载荷。当转速很高而轴向载荷不太大时，可代替推力球轴承承受纯轴向载荷。生产量大，价格低

续表

轴承名称类型及代号	结构简图	基本额定动载荷比	极限转速比	允许偏位角	主要特性及应用
角接触球轴承 70000		1.0～1.4	较高	2′～10′	能同时承受径向和轴向联合载荷。接触角α越大，承受轴向载荷的能力也越大。接触角α有15°、25°和40° 3种。一般成对使用，可以分装于两个支点或同装于一个支点上
圆柱滚子轴承 N0000		1.5～3	较高	2′～4′	外圈（或内圈）可以分离，故不能承受轴向载荷。由于是线接触，所以能承受较大的径向载荷
滚针轴承 NA0000		—	低	不允许	在同样内径条件下，与其他类型轴承相比，其外径最小，外圈（或内圈）可以分离，径向承载能力较大，一般无保持架，摩擦系数大

注：1. 基本额定动载荷比：是指同一尺寸系列（直径及宽度）各种类型和结构形式的轴承的基本额定动载荷与 6 类深沟球轴承的（推力轴承则与单向推力球轴承）基本额定动载荷之比。
2. 极限转速比：是指同一尺寸系列 0 级公差的各类轴承脂润滑时的极限转速与 6 类深沟球轴承脂润滑时的极限转速之比。高、中、低的含义为：高为 6 类深沟球轴承极限转速的 90%～100%；中为 6 类深沟球轴承极限转速的 60%～90%；低为 6 类深沟球轴承极限转速的 60% 以下。

第五节　滚动轴承的代号

滚动轴承类型甚多，为了表征各类图形的特点，便于生产管理和选用，规定了轴承代号及其表示方法。

国家标准 GB/T 272—1993 规定，轴承代号由前置代号、基本代号和后置代号组成，用字母和数字表示，轴承代号的构成见表 13 - 6。前置代号是用字母表示轴承分部件的某些特点；基本代号用数字或字母表示轴承的类型、尺寸系列（宽度系列、直径系列）、内径；后置代号是用字母和数字表示轴承的内部结构、公差等级和游隙等。

表 13-6　轴承代号的构成

前置代号	基本代号					后置代号					
	五	四	三	二	一						
轴承分部件代号	类型代号	尺寸系列代号		内径尺寸代号	*内部结构代号	密封与防尘结构代号	特殊轴承材料代号	特殊轴承材料代号	*公差等级代号	*游隙代号	其他代号
		宽度系列代号	直径系列代号								

注：1. 基本代号下面的一至五表示代号自右向左的位置序数。
　　2. "＊"表示常用后置代号。

一、基本代号

滚动轴承的基本代号包括类型代号、尺寸系列代号、内径尺寸代号，一般多为 5 位数。

1. 内径尺寸代号

右起第一、二位数字表示内径尺寸，表示方法见表 13-7。内径代号 ×5 = 内径，如 08 表示轴承内径 $d = 5 \times 08 = 40$ mm。

表 13-7　轴承内径尺寸代号

内径尺寸	代号表示	举例	
		代号	内径
10 12 15 17	00 01 02 03	6200	10
20~480（5 的倍数）	内径/5 的商	23208	40
22、28、32 及 500 以上	/内径	230/500 62/22	500 22

2. 尺寸系列代号

右起第三、四位表示尺寸系列（第四位为 0 时可不写出）。为了适应不同承载能力的需要，同一内径尺寸的轴承，可使用不同大小的滚动体，因而使轴承的外径和宽度也随着改变。这种内径相同而外径或宽度不同的变化称为尺寸系列，见表13-8。宽度系列代号：一般正常宽度为"0"，通常不标注。但对圆锥滚子轴承（3类）和调心滚子轴承（2类）不能省略"0"。

表13-8 向心轴承、推力轴承尺寸系列代号表示法

直径系列代号	向心轴承						推力轴承				
	宽度系列代号						高度系列代号				
	窄0	正常1	宽2	特宽3	特宽4	特宽5	特宽6	特低7	低9	正常1	正常2
	尺寸系列代号										
超特轻7	—	17	—	37	—	—	—	—	—	—	—
超轻8	08	18	28	38	48	58	68	—	—	—	—
超轻9	09	19	29	39	49	59	69	—	—	—	—
特轻0	00	10	20	30	40	50	60	70	90	10	—
特轻1	01	11	21	31	41	51	61	71	91	11	—
轻2	02	12	22	32	42	52	62	72	92	12	22
中3	03	13	23	33	—	—	63	73	93	13	23
重4	04	—	24	—	—	—	—	74	94	14	24

3. 类型代号

右起第五位表示轴承类型，其代号见表13-9。代号为0时不写出。

表13-9 轴承类型

轴承类型	代号	轴承类型	代号
双列角接触球轴承	0	推力球轴承	5
调心球轴承	1	深沟球轴承	6
调心滚子轴承	2	角接触球轴承	7
圆锥滚子轴承	3	圆柱滚子轴承	N
双列深沟球轴承	4	滚针轴承	NA

二、前置代号

用字母表示，是用以说明成套轴承部件特点的补充代号。

三、后置代号

内部结构、尺寸、公差等，如表13-10所列，用以说明轴承的内部结构、

密封和防尘圈形状、材料、公差等级等变化的补充代号。

公差等级代号位于后置代号中，即尺寸精度和旋转精度的特定组合。有2、4、5、6、0级，分别标注为/P2、/P4、/P5、/P6、/P6x、/P0。其中0级为普通级，可不标注。6x级仅用于圆锥滚子轴承。常见的轴承内部结构代号和公差等级见表13-11和表13-12。

表13-10 轴承代号排列

前置代号	基本代号	后置代号						
		1	2	3	4	5	6	7	8
成套轴承分部件		内部结构	密封与防尘套圈变型	保持架及其材料	轴承材料	公差等级	游隙	配置	其他

表13-11 轴承内部结构代号

代号	含义	示例
C	角接触球轴承公称接触角 $\alpha = 15°$ 调心滚子轴承 C 型	7005C 23122C
AC	角接触球轴承公称接触角 $\alpha = 25°$	7210AC
B	角接触球轴承公称接触角 $\alpha = 40°$ 圆锥滚子轴承接触角加大	7210B 32310B
E	加强型	N207E

表13-12 轴承公差等级代号

代号	含义	示例
/P0	公差等级符合标准规定的0级（可省略不标注）	6205
/P6	公差等级符合标准规定的6级	6205/P6
/P6x	公差等级符合标准规定的6x级	6205/P6x
/P5	公差等级符合标准规定的5级	6205/P5
/P4	公差等级符合标准规定的4级	6205/P4
/P2	公差等级符合标准规定的2级	6205/P2

例13-1 试说明轴承代号7214/P4和30213的意义。

解：轴承7214/P4中的各代号为：7—角接触球轴承，2—直径系列为轻系列，14—轴承内径 $d = 70$ mm，P4—公差等级为4级。

轴承30213中的各代号为：3—圆锥滚子轴承，2—直径系列轻系列，13—轴承内径 $d=65$ mm，0—宽度系列为正常宽度（0不可省略），公差等级未注，表示为0级。

四、滚动轴承类型选择

滚动轴承是标准零件，在设计过程中，需要根据使用要求合理地选择滚动轴承的类型与规格。

1. 轴承选择的一般过程

（1）选择轴承的类型和直径系列。

（2）按轴径确定轴承内径。

（3）进行承载能力验算。

2. 滚动轴承类型选择应考虑的问题

（1）承受载荷情况。

方向：向心轴承用于受径向力；推力轴承用于受轴向力；向心推力轴承用于承受径向力和周向力联合作用。

大小：滚子轴承或尺寸系列较大的轴承能承受较大载荷；球轴承或尺寸系列较小的轴承则反之。

（2）尺寸的限制。当对轴承的径向尺寸有较严格的限制时，可选用滚针轴承。

（3）转速的限制。球轴承和轻系列的轴承能适应较高的转速，滚子轴承和重系列的轴承则反之；推力轴承的极限转速很低。

（4）调心性要求。调心球轴承和调心滚子轴承均能满足一定的调心要求。

第六节　滚动轴承的选择计算

一、滚动轴承的失效形式

1. 滚动轴承的载荷分析

以深沟球轴承为例进行分析。如图13-15所示，轴承受径向载荷 F_r 作用时，各滚动体承受的载荷是不同的，处于最低位置的滚动体受载荷最大。当外圈不动内圈转动时，滚动体既自转又绕轴承的轴线公转，于是内、外圈与滚动体的接触点位置不断发生变化，滚道与滚动体接触表面上某点的接触应力也随着做周期性的变化，滚动体与旋转套圈受周期性变化的脉动循环接触应力作用，固定套圈上 A 点受最大的稳定脉动循环接触应力作用。当接触应力超过材料的极限应力时，滚动体、内圈或外圈的表面将形成疲劳点蚀，这将使传动出现振动、噪声和发热，为防止点蚀需要进行疲劳寿命计算。

2. 失效形式

滚动轴承的失效形式主要有以下3种。

（1）疲劳点蚀。滚动体和套圈滚道在脉动循环的接触应力作用下，当应力值或应力循环次数超过一定数值后，接触表面会出现接触疲劳点蚀。点蚀使轴承在运转中产生振动和噪声，回转精度降低且工作温度升高，使轴承失去正常的工作能力。接触疲劳点蚀是滚动轴承的最主要失效形式。

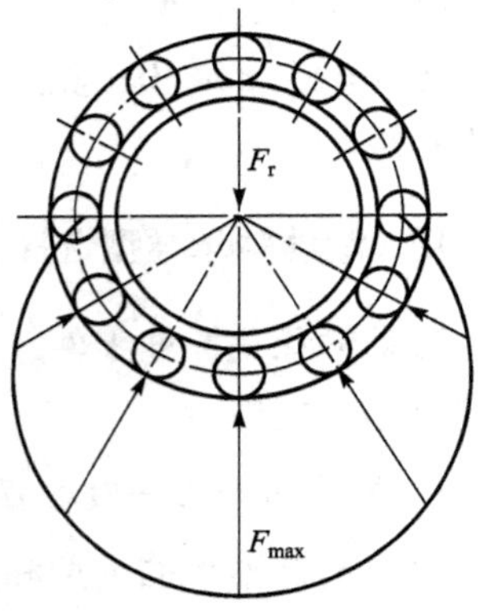

（2）塑性变形。在过大的静载荷或冲击载荷的作用下，套圈滚道或滚动体可能会发生塑性变形，滚道出现凹坑或滚动体被压扁，使运转精度降低，产生震动和噪声，导致轴承不能正常工作。

图 13-15 滚动轴承的载荷分析

（3）磨损。在润滑不良、密封不可靠及多尘的情况下，滚动体或套圈滚道易产生磨粒磨损，高速时会出现热胶合磨损，轴承过热还将导致滚动体回火。

另外，滚动轴承由于配合、安装、拆卸及使用维护不当，还会引起轴承元件破裂等其他形式的失效，也应采取相应措施加以防止。

3. 计算准则

针对上述的主要失效形式，滚动轴承的计算准则如下。

（1）对于一般转速（$n > 10$ r/min）的轴承，疲劳点蚀为其主要的失效形式，应进行寿命计算。

（2）对于低速（$n \leq 10$ r/min）、重载或大冲击条件下工作的轴承，其主要失效形式为塑性变形，应进行静强度计算。

（3）对于高转速的轴承，除疲劳点蚀外胶合磨损也是重要的失效形式，因此除应进行寿命计算外还要校验其极限转速。

二、基本额定寿命和基本额定动载荷

1. 轴承寿命

在一定载荷作用下，滚动轴承运转到任一滚动体或套圈滚道上出现疲劳点蚀前，两套圈相对运转的总转数（圈数）或工作的小时数，称为轴承寿命。这也意味着一个新轴承运转至出现疲劳点蚀就不能再使用了。如同预言一个人的寿命一样，对于一个具体的轴承，人们无法预知其确切的寿命。但借助于人口调查等相关资料，却可以预知某一批人的寿命。同理，引入下面关于基本额定寿命的说法。

2. 基本额定寿命

一批相同的轴承，在同样的受力、转数等常规条件下运转，其中有 10% 的轴承发生疲劳点蚀破坏（90% 的轴承未出现点蚀破坏）时，一个轴承所转过的总转（圈）数或工作的小时数称为轴承的基本额定寿命。用符号 L（10^6r）或 L_h（h）表示。需要说明的是：① 轴承运转的条件不同，如受力大小不一样，则其基本额定寿命值不一样；② 某一轴承能够达到或超过此寿命值的可能性即可靠度为 90%，达不到此寿命值的可能性即破坏率为 10%。

3. 基本额定动载荷

基本额定动载荷是指基本额定寿命为 $L = 10^6$r 时，轴承所能承受的最大载荷，用字母 C 表示。基本额定动载荷越大，其承载能力也越大。不同型号轴承的基本额定动载荷 C 值可查轴承样本或设计手册等资料。

三、滚动轴承的寿命计算公式

滚动轴承的基本额定寿命（以下简称为寿命）与承受的载荷有关，通过大量试验获得 6207 轴承寿命 L 与载荷 P 的关系曲线如图 13-16 所示，也称为轴承的疲劳曲线。其他型号的轴承，也存在类似的关系曲线。此曲线的方程为

$$LP^\varepsilon = 常数$$

式中，ε 为轴承的寿命指数，对于球轴承 $\varepsilon = 3$，对于滚子轴承 $\varepsilon = 10/3$。

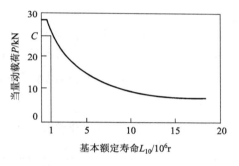

图 13-16 滚动轴承的 L-P 曲线

根据基本额定动载荷的定义，当轴承的基本额定寿命 $L = 1$（10^6r）时，它所受的载荷 $P = C$，将其代入上式得

$$LP^\varepsilon = 1 \times C^\varepsilon = 常数$$

或

$$L = \left(\frac{C}{P}\right)^\varepsilon \quad (10^6 \text{r})$$

实际计算中，常用小时数 L_h 表示轴承寿命，考虑到轴承工作温度的影响，则上式可改写为下面两个实用的轴承基本额定寿命的计算公式，由此可分别确定轴承的基本额定寿命或型号。

$$L_h = \frac{10^6}{60n}\left(\frac{f_T C}{P}\right)^\varepsilon \geq [L_h] \tag{13-2}$$

或

$$C \geq C' = \frac{P}{f_T}\left(\frac{60n[L_h]}{10^6}\right)^{\frac{1}{\varepsilon}} \tag{13-3}$$

式中，L_h 为轴承的基本额定寿命（h）；n 为轴承转数（r/min）；ε 为轴承寿命指

数；C 为轴承基本额定动载荷（N）；C' 为轴承所要求的预期基本额定动载荷（N）；P 为轴承当量动载荷（N）；f_T 为温度系数（表 13-13），是考虑轴承工作温度对 C 的影响而引入的修正系数；$[L_h]$ 为轴承的预期使用寿命（h），设计时如果不知道轴承的预期寿命值，表 13-14 所列的荐用值可供参考。

表 13-13　温度系数 f_T

轴承工作温度/℃	≤100	125	150	200	250	300
温度系数 f_T	1	0.95	0.90	0.80	0.70	0.60

表 13-14　滚动轴承预期使用寿命的荐用值

机　器　类　型	预期寿命/h
不经常使用的仪器或设备，如闸门开、闭装置等	300 ~ 3 000
短期或间断使用的机械，中断使用不致引起严重后果，如手动机械等	3 000 ~ 8 000
间断使用的机械，中断使用后果严重，如发动机辅助设备、流水作业线自动传动装置、升降机、车间吊车、不经常使用的机床等	8 000 ~ 12 000
每日 8 h 工作的机械（利用率不高），如一般的齿轮传动、某些固定电动机等	12 000 ~ 20 000
每日 8 h 工作的机械（利用率较高），如金属切削机床、连续使用的起重机、木材加工机械等	20 000 ~ 30 000
24 h 连续工作的机械，如矿山升降机、泵、电动机等	40 000 ~ 60 000
24 h 连续工作的机械，中断使用后果严重，如纤维生产或造纸设备、发电站主电机、矿井水泵、船舶螺旋桨等	100 000 ~ 200 000

四、滚动轴承的当量动载荷计算

轴承的基本额定动载荷 C 是在一定的试验条件下确定的，对向心轴承是指纯径向载荷，对推力轴承是指纯轴向载荷。在进行寿命计算时，需将作用在轴承上的实际载荷折算成与上述条件相当的载荷，即当量动载荷。在该载荷的作用下，轴承的寿命与实际载荷作用下轴承的寿命相同。当量动载荷用符号 P 表示，计算公式为

$$P = f_p \left(X F_r + Y F_a \right) \tag{13-4}$$

式中，f_p 为载荷系数，是考虑工作中的冲击和振动会使轴承寿命降低而引入的系数，见表 13-15；F_r 为轴承所受的径向载荷（N）；F_a 为轴承所受的轴向载荷（N）；X、Y 分别为径向载荷系数和轴向载荷系数，见表 13-16。

表 13-15 载荷系数 f_p

载荷性质	无冲击或轻微冲击	中等冲击	强烈冲击
f_p	1.0~1.2	1.2~1.8	1.8~3.0

表 13-16 径向载荷系数 X 和轴向载荷系数 Y

轴承类型		F_a/C_0	e	$F_a/F_r > e$		$F_a/F_r \leq e$	
				X	Y	X	Y
深沟球轴承		0.014	0.19	0.56	2.30	1	0
		0.028	0.22		1.99		
		0.056	0.26		1.71		
		0.084	0.28		1.55		
		0.11	0.30		1.45		
		0.17	0.34		1.31		
		0.28	0.38		1.15		
		0.42	0.42		1.04		
		0.56	0.44		1.00		
角接触球轴承	$\alpha = 15°$	0.015	0.38	0.44	1.47	1	0
		0.029	0.40		1.40		
		0.058	0.43		1.30		
		0.087	0.46		1.23		
		0.12	0.47		1.19		
		0.17	0.50		1.12		
		0.29	0.55		1.02		
		0.44	0.56		1.00		
		0.58	0.56		1.00		
	$\alpha = 25°$	—	0.68	0.41	0.87	1	0
	$\alpha = 40°$	—	1.14	0.35	0.57	1	0
圆锥滚子轴承		—	$1.5\tan\alpha$	0.40	$0.4\cot\alpha$	1	0

注：1. 表中均为单列轴承的系数值，双列轴承查《滚动轴承产品样本》。
   2. C_0 为轴承的基本额定静载荷；α 为接触角。
   3. e 是判别轴向载荷 F_a 对当量动载荷 P 影响程度的参数。查表时，可按 F_a/C_0 查得 e 值，再根据 $F_a/F_r > e$ 或 $F_a/F_r \leq e$ 来确定 X、Y 值。

五、角接触轴承的轴向载荷

1. 角接触轴承的内部轴向力

角接触向心轴承由于结构上的特点（有接触角 α），在承受径向载荷 F 时，要产生内部轴向力 F'，如图 13-17 所示，这个内部轴向力等于承受载荷的各滚动体产生的内部轴向分力 F'_i 之和。F'_i 的计算式见表 13-17，方向沿轴线由轴承外圈的宽边指向窄边。

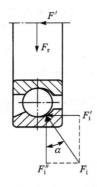

图 13-17 角接触轴承中的内部轴向力分析

表 13-17 角接触轴承的内部轴向力 F'

轴承类型	圆锥滚子轴承	角接触球轴承		
		70000C（$\alpha=15°$）	70000AC（$\alpha=25°$）	70000B（$\alpha=40°$）
F'	$F_r/2Y$	$F_s = eF_r$	$F_s = 0.68 F_r$	$F_s = 1.14 F_r$

注：表中 e 值查表 13-16 确定。

2. 角接触轴承轴向力 F_a 的计算

为了使角接触轴承能正常工作，一般这种轴承都要成对使用，并将两个轴承对称安装。常见有两种安装方式：图 13-18 所示为外圈窄边相对安装，称为正装或面对面安装；图 13-19 所示为两外圈宽边相对安装，称为反装或背靠背安装。

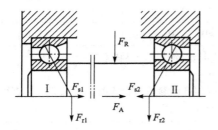

图 13-18 外圈窄边相对安装

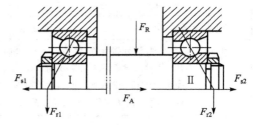

图 13-19 外圈宽边相对安装

下面以图 13-20 所示的角接触球轴承支承的轴系为例，分析轴线方向的受力情况。将图 13-19 抽象成为图 13-20（a）所示的受力简图，F_{a1} 及 F_{a2} 为两个角接触轴承所受的轴向力，作用在轴承外圈宽边的端面上，方向沿轴线由宽边指向窄边。F_A 称为轴向外载荷（力），是轴上除 F_a 之外的轴向外力的合力。在轴线方向，轴系在 F_A、F_{a1} 及 F_{a2} 作用下处于平衡状态。由于 F_A 为已知，F_{a1} 及 F_{a2} 待求，这属于超静定的问题，故引入求解角接触轴承轴向力 F_a 的方法如下。

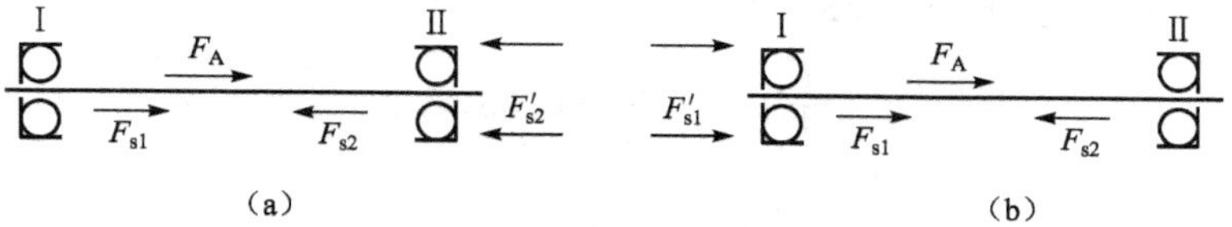

图 13-20 轴向力分析
(a) $F_{s1}+F_A > F_{s2}$；(b) $F_{s1}+F_A < F_{s2}$

（1）计算出轴上的轴向外力（合力）F_A 的大小及两支点处轴承的内部轴向力 F_{s1}、F_{s2} 的大小，并在计算简图 13-20（b）中绘出这 3 个力。

（2）将轴向外力 F_A 及与之同向的内部轴向力 F_{s1} 相加，取其和与另一反向的内部轴向力比较大小，如图 13-20（a）所示。若 $F_{s1}+F_A \geqslant F_{s2}$，根据轴承及轴系的结构，外圈固定不动，轴与固结在一起的内圈有右移趋势，则轴承 2 被"压紧"，轴承 1 被"放松"。若 $F_{s1}+F_A < F_{s2}$，根据轴承及轴系的结构，外圈固定不动，轴与固结在一起的内圈有左移趋势，则轴承 1 被"压紧"，轴承 2 被"放松"，如图 13-20（b）所示。

（3）"放松端"轴承的轴向力等于它本身的内部轴向力。

（4）"压紧端"轴承的轴向力等于除本身的内部轴向力外其余各轴向力的代数和。

例 13-2 图 13-21 所示为某机械中的主动轴，拟用一对角接触球轴承支承。初选轴承型号为 7211AC。已知轴的转速 $n = 1\,450$ r/min，两轴承所受的径向载荷分别为 $F_{r1}=3\,300$ N，$F_{r2}=1\,000$ N，轴向载荷 $F_A = 900$ N，轴承在常温下工作，运转时有中等冲击，要求轴承预期寿命 12 000 h。试判断该对轴承是否合适。

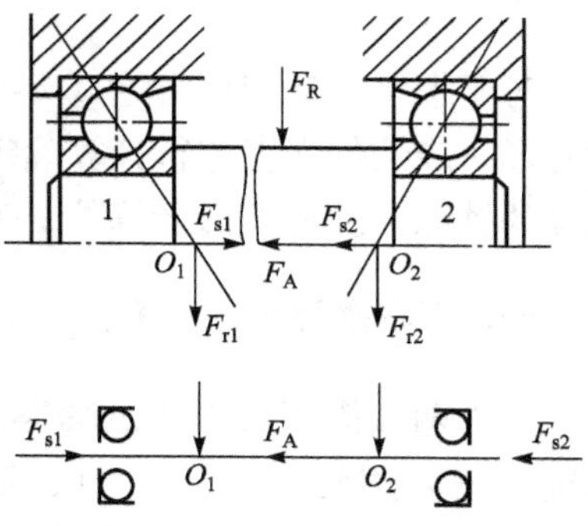

图 13-21 例 13-2 图

解：（1）计算轴承的轴向力 F_{a1}、F_{a2}。

由表 13-17 查得 7211AC 轴承内部轴向力的计算公式为 $F_s = 0.68 F_r$，故有

$$F_{s1}=0.68\,F_{r1}=0.68\times 3\,300\text{N}=2\,244\text{ N}$$

$$F_{s2}=0.68\,F_{r2}=0.68\times 1\,000\text{N}=680\text{ N}$$

因为

$$F_{s2}+F_A=(680+900)\text{N}=1\,580\text{ N} < F_{s1}=2\,244\text{ N}$$

故可判断轴承 2 被压紧，轴承 1 被放松，两轴承的轴向力分别为

$$F_{a1}=F_{s1}=2\,244\text{ N}$$

$$F_{a2}=F_{s1}-F_A=(2\,244-900)\text{N}=1\,344\text{ N}$$

（2）计算当量动载荷 P_1、P_2。

由表 13 – 16 查得 $e = 0.68$，而

$$\frac{F_{a1}}{F_{r1}} = \frac{2\,244}{3\,300} = 0.68 = e$$

$$\frac{F_{a2}}{F_{r2}} = \frac{1\,344}{1\,000} = 1.344 < e$$

查表 13 – 16 可得 $X_1 = 1$，$Y_1 = 0$；$X_2 = 0.41$，$Y_2 = 0.87$。由表 13 – 12 取 $f_p = 1.4$，则轴承的当量动载荷为

$$P_1 = f_p(X_1 F_{r1} + Y_1 F_{a1}) = 1.4 \times (1 \times 3\,300 + 0 \times 2\,244)\,\text{N} = 4\,620\,\text{N}$$

$$P_2 = f_p(X_2 F_{r2} + Y_2 F_{a2}) = 1.4 \times (0.41 \times 1\,000 + 0.87 \times 1\,344)\,\text{N} = 2\,211\,\text{N}$$

（3）计算轴承寿命 L_h。

因 $P_1 > P_2$，且两个轴承的型号相同，所以只需计算轴承 1 的寿命，取 $P = P_1$。查手册得 7211AC 轴承的 $C = 50\,500$ N。又球轴承 $\varepsilon = 3$，取 $f_T = 1$，则由式 (13 – 2) 得

$$L_h = \frac{10^6}{60n}\left(\frac{f_T C}{P}\right)^{\varepsilon} = \frac{10^6}{60 \times 1\,450} \times \left(\frac{1 \times 50\,500}{4\,620}\right)^3 = 15\,010\,\text{h} > 12\,000\,\text{h}$$

由此可见，轴承的寿命大于轴承的预期寿命，所以所选轴承型号合适。

第七节 滚动轴承的静强度计算

对于缓慢摆动或低转速（$n < 10$ r/min）的滚动轴承，其主要失效形式为塑性变形，应按静强度进行计算确定轴承尺寸。对在重载荷或冲击载荷作用下转速较高的轴承，除按寿命计算外，为安全起见，也要再进行静强度验算。

一、基本额定静载荷 C_0

轴承两套圈间相对转速为零，使受最大载荷滚动体与滚道接触中心处引起的接触应力达到一定值（向心轴承和推力球轴承为 4 200 MPa，滚子轴承为 4 000 MPa）时的静载荷，称为滚动轴承的基本额定静载荷 C_0（向心轴承称为径向基本额定静载荷 C_{0r}，推力轴承称为轴向基本额定静载荷 C_{0a}）。各类轴承的 C_0 值可由轴承标准中查得。实践证明，在上述接触应力作用下所产生的塑性变形量，除了对那些要求转动灵活性高和振动低的轴承外，一般不会影响其正常工作。

二、当量静载荷 P_0

当量静载荷 P_0 是指承受最大载荷滚动体与滚道接触中心处，引起与实际载荷条件下相当的接触应力时的假想静载荷。其计算公式为

$$P_0 = X_0 F_r + Y_0 F_a \tag{13 – 5}$$

式中，X_0、Y_0 分别为当量静载荷的系数径向和轴向系数，可由表 13-18 查取。若由式（13-5）计算出的 $P_0 < F_r$，则应取 $P_0 = F_r$。

表 13-18　单列轴承的径向静载荷系数 X_0 和轴向静载荷系数 Y_0

轴承类型		X_0	Y_0
深沟球轴承		0.6	0.5
角接触球轴承	$\alpha = 15°$	0.5	0.46
	$\alpha = 25°$		0.38
	$\alpha = 40°$		0.26
圆锥滚子轴承		0.5	$0.22\cot\alpha$
推力球轴承		0	1

三、静强度计算

轴承的静强度计算式为

$$C_0 \geqslant S_0 P_0 \qquad (13-6)$$

式中，S_0 称为静强度安全系数，其值可查表 13-19。

表 13-19　静强度安全系数 S_0

旋转条件	载荷条件	S_0	使用条件	S_0
连续旋转轴承	普通载荷	1~2	高精度旋转场合	1.5~2.5
	冲击载荷	2~3	振动冲击场合	1.2~2.5
不常旋转及做摆动运动的轴承	普通载荷	0.5	普通旋转精度场合	1.0~1.2
	冲击及不均匀载荷	1~1.5	允许有变形量	0.3~1.0

第八节　滚动轴承的润滑与密封

一、滚动轴承的润滑

润滑的目的主要是减少摩擦、磨损，同时也有冷却、吸振、防锈和减小噪声的作用。

滚动轴承常用的润滑剂有润滑油、润滑脂及固体润滑剂。润滑方式和润滑剂的选择，可根据速度因数 dn 值来定，如表 13-20 所列。d 代表轴承内径（mm），n 代表轴承转速（r/min）。

表 13-20　适用于油润滑和脂润滑的 dn 界限值（$\times 10^4$ mm·r/min）

轴承类型	脂润滑	油润滑			
		油浴	滴油	循环油（喷油）	油雾
深沟球轴承	16	25	40	60	>60
调心球轴承	16	25	40		
角接触球轴承	16	25	40	60	>60
圆柱滚子轴承	12	25	40	60	>60
圆锥滚子轴承	10	16	23	30	
调心滚子轴承	8	12		25	
推力球轴承	4	6	12	15	

当 $dn < (1.5 \sim 2) \times 10^5$ mm·r/min 时，一般滚动轴承可采用润滑脂润滑，脂润滑的优点是，润滑脂不易流失，便于密封和维护，一次填充可运转很长时间。当 dn 超过上述范围时宜采用油润滑，油润滑的优点是，摩擦阻力小，且可起到散热、冷却作用。

润滑方式常用浸油或飞溅润滑，浸油润滑时油面不应高于最下方滚动体中心，以免搅油能量损失较大，使轴承过热。而高速轴承可采用喷油或油雾润滑。

二、滚动轴承的密封

密封既可以防止润滑剂的泄漏，也可以防止外界有害异物的侵入。轴承的密封装置是轴承系统的重要设计环节之一。设计时应考虑能达到长期密封和防尘的作用，同时要求摩擦和安装误差小，拆卸、装配方便，维修保养简单。

密封结构分非接触式和接触式两大类。

非接触式不受轴表面速度限制，但结构简单的（如环槽式）密封效果差；密封效果要求高的，则结构较复杂（如迷宫式）。

接触式用在线速度不太高的场合，为保证密封件的寿命和减少轴的磨损，对轴的接触部分硬度和表面粗糙度要求都较高。

表 13-21 所列为几种最常见的轴承密封装置。

表 13-21　轴承密封装置

名称	结　构	原理和特点	使用条件
接触式密封	毡圈密封	矩形截面毡圈嵌入梯形截面槽内，压紧在轴上。毡圈能吸油，可自润滑	用于低速、低压、常温，不宜用于密封气体。粗毛毡：$v \leq 3$ m/s 优质细毛毡：$v \leq 10$ m/s，$t \leq 90$ ℃

续表

名称		结　　构	原理和特点	使用条件
接触式密封	唇形密封圈		唇口压紧在轴表面上。分为无骨架和有骨架	用于密封液体，也可用于气体，可防尘。橡胶唇形密封：当轴 $Ra \leq 1.25\ \mu m$ 时，$v \leq 3\ m/s$；$Ra \leq 0.32\ \mu m$ 时，$v = 3 \sim 5\ m/s$；$Ra \leq 0.08\ \mu m$ 时，$v > 5\ m/s$
非接触式密封	环槽式		槽内填润滑脂增加密封效果	用在污物和潮湿不严重的环境。多用于脂润滑条件。密封效果较差，结构简单
	迷宫式		利用曲折狭缝密封	脂和油润滑都可用，可用于多灰、潮湿环境。密封效果好，加工复杂

第九节　滚动轴承的组合设计

在确定了轴承的类型和型号以后，还必须正确地进行滚动轴承的组合结构设计，才能保证轴承的正常工作。轴承的组合结构设计包括：滚动轴承的轴向固定；轴承组合的调整；滚动轴承的配合；轴承的装拆。

一、滚动轴承的轴向固定

1. 两端固定

两端轴承各限制一个方向的轴向位移,如图 13-22(a)所示,这种结构形式简单,适用于普通工作温度下的短轴(跨距≤350 mm),考虑到轴受热后的伸长,一般在轴承端盖与轴承外圈端面上留有补偿间隙 $c = 0.2 \sim 0.3$ mm。间隙量的大小,通常用一组垫片来调整,如图 13-22(b)所示。

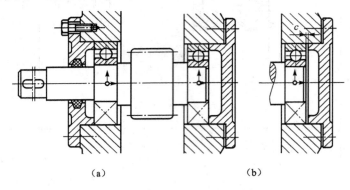

图 13-22 两端固定支承
(a)两端固定;(b)垫片调整

2. 一端固定、一端游动

当轴的跨距较大或工作温度较高时,轴的伸缩量大,可采用一端轴承双向固定,另一端轴承游动的形式,如图 13-23 所示。图 13-23(a)所示的右轴承外圈未完全固定,可以有一定的游动量;图 13-23(b)所示采用的圆柱滚子轴承,其滚子和轴承的外圈之间可以发生轴向游动。

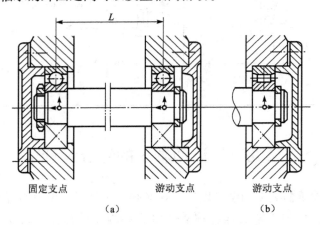

图 13-23 一端固定、一端游动支承
(a)外圈未完全固定;(b)圆柱滚子轴承

二、轴承组合的调整

1. 轴承间隙的调整

为保证轴承正常运转,在装配轴承时,一般都要留有适当的间隙,常用的轴承间隙的调整方法有3种。

（1）调整垫片,如图13-24（a）所示,靠加减轴承盖与机座间的垫片厚度进行调整。

（2）调整环,如图13-24（b）所示,增减轴承端面与轴承端盖间的调整环厚度以调整轴承间隙。

（3）调节压盖,如图13-24（c）所示,利用螺钉1通过轴承外圈压盖3移动外圈位置进行调整,调整后用螺母2锁紧。

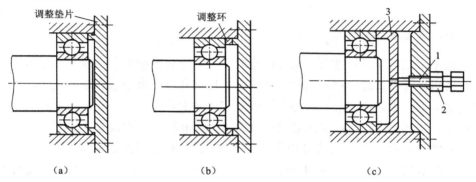

图13-24 轴承间隙的调整
1—螺钉；2—螺母；3—压盖
（a）调整垫片；（b）调整环；（c）调节压盖

2. 轴承的预紧

对某些可调游隙式轴承,在安装时给予一定的轴向压紧力,并使内、外圈产生相对位移而消除游隙,借此提高轴的旋转精度和刚度,这种方法称为预紧。常用的方法有利用金属垫片,如图13-25（a）所示,或磨窄套卷,如图13-25（b）所示等。

3. 轴承组合位置的调整

轴承组合位置调整的目的是使轴上零件具有准确的工作位置,如圆锥齿轮传动,要求两个节锥顶点相重合,方能保证啮合。又如蜗杆传动,则要求蜗轮主平面通过蜗杆轴线等。

图13-26所示为锥齿轮轴系支承结构,套杯与机座之间的垫片2来调整锥齿轮的轴向位置,而垫片1则用来调整轴承游隙。

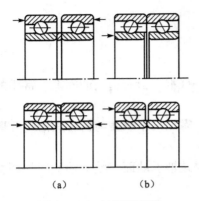
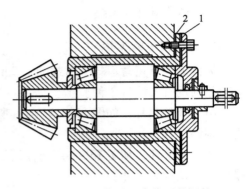

图 13-25 轴承的预紧
(a) 金属垫片；(b) 磨窄套卷

图 13-26 轴承组合位置的调整
1，2—垫片

三、滚动轴承的配合

由于滚动轴承是标准件，选择配合时就把它作为基准件，故轴承内圈与轴的配合采用基孔制，轴承座孔与轴承外圈则采用基轴制。由于轴承配合内外径的上偏差均为零，因而相同的配合种类，内圈与轴的配合较紧，外圈与轴承座孔的配合较松。选择配合时，应考虑载荷的方向、大小和性质，以及轴承类型、转速和使用条件等因素。当外载荷方向不变时，转动套圈应比固定套圈的配合要紧一些。一般情况下，是内圈随轴一起转动，外圈固定不动，故内圈常取有过盈配合的过渡配合。当轴承作游动支承时，外圈应取保证有间隙的配合。

滚动轴承配合的选择原则：

(1) 转动圈比不动圈的配合要松一些。

(2) 高速、重载、有冲击、振动时，配合应紧一些，载荷平稳时，配合应松一些。

(3) 旋转精度要求高时，配合应紧一些（减小游隙）。

(4) 常拆卸的轴承或游动套圈应取较松的配合。

(5) 与空心轴配合的轴承应取较紧的密合。

(6) 尺寸大、载荷大、振动大、转速高或工作温度高等情况下应选紧一些的配合。

四、轴承的装拆

轴承的内圈与轴颈的配合一般都较紧，安装时可以用压力机配专用压套在内圈上施加压力，将轴承压套到轴颈上，如图 13-27 所示，也可在内圈上加套后用锤子均匀地敲击装入轴颈，但不允许直接敲击外圈，以防损坏轴承。对尺寸较大、精度要求较高的轴承，可采用热油（油温 80～100 ℃）加热轴承的方法安装轴承。

轴承的拆卸应使用专门的拆卸工具，如图 13 - 28 所示，以使在拆卸过程中不致损坏轴承和其他零件，而且应注意轴肩高度应小于轴承内圈外径。

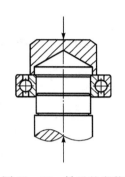
图 13 - 27　轴承的安装

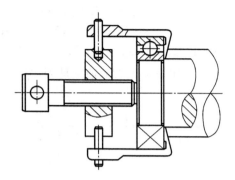
图 13 - 28　轴承的拆卸

思考题与习题

1. 滑动轴承的摩擦状态有几种？各有什么特点？
2. 根据结构特点，滑动轴承分哪几类？各有什么特点？
3. 轴瓦上为什么要开油槽？开油槽时应注意哪些问题？
4. 滑动轴承的常用材料有哪些？
5. 润滑油和润滑脂的主要性能指标有哪些？
6. 某起重机上采用的滑动轴承，其承受的径向载荷 $F_r = 21$ kN，载荷平稳；轴颈 $d = 120$ mm，轴承宽度 $b = 90$ mm，轴转速为 $n = 10^5$ r/min，间歇工作。试选择合适的润滑。
7. 滚动轴承有哪些基本类型？各自的特点是什么？
8. 什么是轴承基本额定寿命？什么是轴承基本额定动载荷？
9. 为什么滚动轴承寿命计算中要引进当量动载荷的概念？
10. 哪些类型的滚动轴承在承载时将产生内部轴向力？为什么？
11. 在进行滚动轴承组合设计中应考虑哪些问题？
12. 机械设计中，选择滚动轴承类型的原则是什么？
13. 说明轴承代号 7207C、30316、N210E、30209/P5 的含义。
14. 对于滚动轴承的轴系固定方式，什么叫"两端固定支承"？
15. 滚动轴承的密封方式有哪些？
16. 某传动装置中，已知轴径 $d = 50$ mm，转速 $n = 2\,900$ r/min，径向载荷 $F_r = 1\,810$ N，载荷有轻微冲击，轴向力 $F_A = 740$ N，常温下工作，要求轴承预期寿命 $[L_h] = 6\,000$ h，选择深沟球轴承，试选择轴承型号。

17. 一对 7210AC 角接触球轴承分别受径向载荷 $F_{r1}=6\,000\text{ N}$，$F_{r2}=5\,000\text{ N}$，轴向外载荷 F_A 的方向如题 17 图所示。试求下列情况下各轴承的内部轴向力 F_s 和轴向载荷 F_a。

① $F_A=2\,000\text{ N}$；② $F_A=500\text{ N}$。

18. 如题 18 图所示的一对轴承组合，已知 $F_{r1}=4\,000\text{ N}$，$F_{r2}=5\,000\text{ N}$，$F_A=2\,000\text{ N}$，转速 $n=1\,500\text{ r/min}$，轴承预期寿命 $[L_h]=5\,000\text{ h}$，中等冲击，温度正常。试问采用 30311 轴承是否适用？

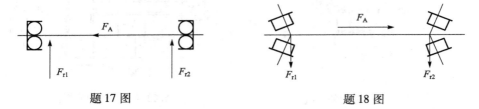

题 17 图　　　　　　　　题 18 图

第十四章　轴

本章要点及学习指导：
　　本章首先介绍了组成机器的重要零件——轴的类型、轴的材料及选用；然后着重讨论了决定轴的结构及尺寸的各个因素；最后介绍了轴的强度及刚度计算。通过对本章的学习，要求重点掌握轴上零件的定位和固定方法及其对轴结构的影响，了解提高轴的结构工艺性的方法及改善轴的强度、刚度的措施；具有对简单受力的轴强度及刚度计算的能力。

第一节　轴的分类

　　轴是组成机器的主要零件之一。其主要功用是支承回转类零件，以传递运动和动力。根据轴在工作时所受载荷的不同，轴可分为3类。

一、心轴

　　心轴是指只承受弯矩作用而不承受转矩作用的轴。按其是否与轴上零件一起转动可分为转动心轴[如机车车轮轴，图14-1（a）]和固定心轴[如自行车前轮轴，图14-1（b）]两种。

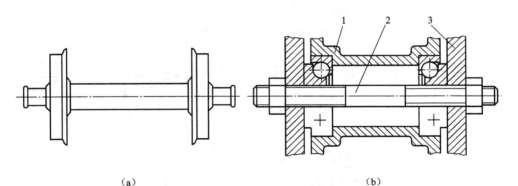

图14-1　心轴
1—前轮轮毂；2—前轮轴；3—前叉
（a）机车车轮轴；（b）自行车前轮轴

二、转轴

转轴是指既承受弯矩作用又承受转矩作用的轴，如齿轮减速器中的轴（图 14-2）。

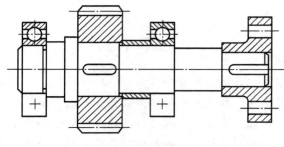

图 14-2 转轴

三、传动轴

传动轴是指主要承受转矩作用而不承受弯矩作用或只承受很小弯矩的轴（图 14-3）。

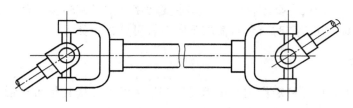

图 14-3 传动轴

根据轴线的形状不同，轴又可分为 3 类。直轴（图 14-4）、曲轴（图 14-5）和挠性钢丝轴（图 14-6）。后两种轴属于专用零件。

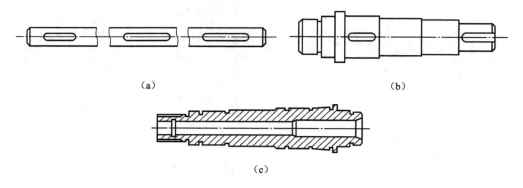

图 14-4 直轴
(a) 光轴；(b) 阶梯轴；(c) 空心轴

直轴应用较广,按其外形不同又可分为光轴[图14-4(a)]和阶梯轴[图14-4(b)]两种。光轴形状简单、加工容易、应力集中源少,主要用作传动轴。阶梯轴各轴段截面的直径不同,各轴段的强度相近,而且便于轴上零件的装拆和固定,所以阶梯轴在机器中有较广泛的应用。直轴通常都为实心轴,但为了减轻质量或为了满足一些机器结构上的需要,有时也做成空心轴[图14-4(c)]。

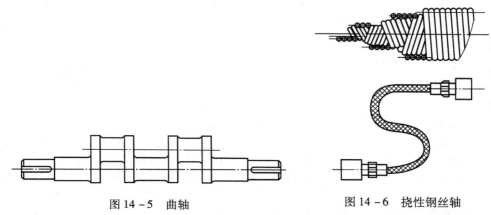

图14-5　曲轴　　　　　　　图14-6　挠性钢丝轴

第二节　轴的材料及选用

轴的主要失效形式为疲劳破坏。因此,轴的材料应有足够的疲劳强度,同时满足刚度、耐磨性及韧性要求,并应具有良好的加工工艺性和热处理性能。

轴的材料主要采用碳素钢和合金钢,轴的毛坯一般常用锻件。由于碳素钢比合金钢的成本低,且对于应力集中的敏感性小,所以得到广泛应用。

常用的碳素钢有30、40、45钢等,其中最常用的为45钢。为保证轴的力学性能,应对轴材料进行调质或正火处理。对于受力较小或不太重要的轴,可用Q235、Q275等碳素结构钢制造。

合金钢比碳素钢具有更高的机械强度和更好的淬火性能,但对应力集中较敏感,且价格较高,可以在传递大功率、要求减轻轴的质量和提高轴颈耐磨性等有特殊要求的场合采用,如20Cr、40Cr等。

轴也可以采用合金铸铁或球墨铸铁制造,其毛坯是铸造成形的,所以易于得到更合理的形状。合金铸铁和球墨铸铁的吸振性好,可用热处理方法提高材料的耐磨性,材料对应力集中的敏感性也较低。但是铸造轴的质量不易控制,可靠性较差。

轴的常用材料及其主要力学性能见表14-1。

表 14-1 轴的常用材料及其主要力学性能

材料及热处理	毛坯直径 /mm	硬度 /HBS	强度极限 σ_b (MPa)	屈服极限 σ_s (MPa)	弯曲疲劳极限 σ_{-1} (MPa)	应用说明
Q235			440	240	200	用于不重要或载荷不大的轴
Q275			580	280	230	
35 正火	≤100	149~187	520	270	250	有好的塑性和适当的强度，可做一般曲轴、转轴等
45 正火	≤100	170~217	600	300	275	用于较重要的轴，应用最为广泛
45 调质	≤200	217~255	650	360	300	
40Cr 调质	25	≤207	1 000	800	500	用于载荷较大，而无很大冲击的重要轴
	≤100	241~286	750	550	350	
	>100~300	241~266	700	550	340	
40MnB 调质	25	≤207	1 000	800	485	性能接近于 40Cr，用于重要的轴
	≤200	241~286	750	500	335	
35CrMo 调质	≤100	207~269	750	550	390	用于重载荷的轴
20Cr 渗碳淬火回火	15	表面 56~62 HRC	850	550	375	用于要求强度、韧性及耐磨性均较高的轴
	≤60		650	400	280	

第三节 轴的结构设计

图 14-7 所示为单级圆柱齿轮减速器的低速轴，主要由轴颈、轴头、轴身 3 部分组成。轴上被支承的部分称为轴颈，安装轮毂的部分称为轴头，连接轴颈和轴头的非配合部分称为轴身。

轴的结构和形状取决于下面几个因素：轴的毛坯种类；轴上作用力的大小及其分布情况；轴上零件的位置、配合性质及连接固定的方法；轴承的类型、尺寸

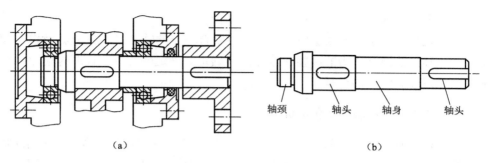

图 14-7 减速器的低速轴
(a) 结构；(b) 轴上各段的名称

和位置；轴的加工方法、装配方法及其他特殊要求。

对轴的结构进行设计主要是确定轴的结构形状和尺寸。一般在进行结构设计时的已知条件有机器的装配简图、轴的转速、传递的功率、轴上零件的主要参数和尺寸等。

一、轴上零件的装配方案

轴的结构形式取决于轴上零件的装配方案，如图 14-7（a）所示。为了便于轴上零件的装拆，常将轴做成阶梯状。轴上的齿轮、轴套、右端滚动轴承、轴承盖、联轴器依次从轴的右端装入，另一滚动轴承则从左端装入。在满足使用要求的情况下，轴的形状和尺寸应力求简单，以便于加工。

二、确定各轴段的直径和长度

1. 各轴段的直径

进行轴的初期设计时，由于轴承及轴上零件的位置均不确定，不能求出支反力和弯矩分布情况，因而无法按弯曲强度计算轴的危险截面直径，只能用估算法来初步确定轴的直径。

初步估算轴的直径可以采用以下两种方法。

（1）按类比法估算轴的直径。这种估算方法是根据轴的工作条件，选择与其相似的轴进行类比，从而进行轴的结构设计，并画出轴的零件图。用类比法估算轴的直径时一般不进行强度计算。由于完全依靠现有资料及设计者的经验估算轴的直径，结果比较可靠，同时又缩短了设计周期，因而较为常用。但这种方法也存在一定的盲目性。

（2）按抗扭强度初步估算轴的直径。在进行轴的结构设计前，先对所设计的轴按抗扭强度条件初步估算轴的最小直径。待轴的结构设计基本完成后，再对轴进行全面的受力分析及强度、刚度校核。

2. 各轴段的长度

各轴段的长度主要是根据安装零件与轴配合部分的轴向尺寸（或者考虑安装零件的位移以及留有适当的调整间隙等）来确定。确定轴的各段长度时应考虑保证轴上零件轴向定位的可靠。

三、轴上零件的轴向定位与固定

为了防止轴上零件的轴向移动，需对轴上零件进行轴向定位和固定。常用的轴向定位为轴肩定位（图 14-8）。为了保证轴上零件紧靠定位面（轴肩），轴肩的圆角半径 r 必须小于相配零件的倒角 C 或圆角半径 R，轴肩高 h 必须大于 C 或 R。

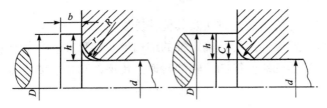

图 14-8 轴肩定位

常用的固定方法为圆螺母固定（图 14-9）、弹性挡圈固定（图 14-10）、紧定螺钉固定（图 14-11）、轴端挡圈（又称压板）固定（图 14-12）等形式。

当轴向力不大而零件间的间隔距离较大时，可采用弹性挡圈固定。当轴向力很小，转速很低或仅为防止零件偶然沿轴向滑动时，可采用紧定螺钉固定。

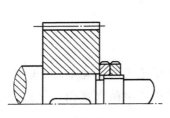 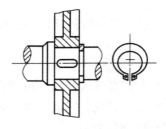

图 14-9 圆螺母固定　　　　图 14-10 弹性挡圈固定

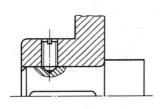 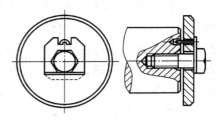

图 14-11 紧定螺钉固定　　　　图 14-12 压板轴端固定

采用套筒、螺母、轴端挡圈作轴向固定时，应把安装零件的轴段长度做得比零件轮毂短2～3 mm，以确保套筒、螺母或轴端挡圈能靠紧被固定的零件端面（图14-9）。

四、轴上零件的周向固定

轴上零件周向固定的目的是限制轴上零件相对于轴的转动。周向固定通常是以轮毂与轴连接的形式出现的。轴毂连接是为了可靠地传递运动和转矩。连接的形式很多，通常采用的有键、花键、销、过盈配合及成形连接等。在传力不大时，也可采用紧定螺钉对轴上零件作周向兼轴向固定。

五、轴的结构工艺性

轴的形状，从满足强度和节省材料的角度考虑，最好采用等强度的抛物线回转体，但这种形状的轴既不便于加工，也不利于轴上零件的固定；从加工的角度考虑，最好采用光轴，但光轴不利于轴上零件的装拆与定位。由于阶梯轴接近于等强度，且利于加工也便于轴上零件的定位与装拆，所以实际使用的轴多为阶梯轴。

从轴的结构工艺性考虑，轴设计时应注意以下几点。

（1）轴的形状应力求简单，阶梯数尽可能少。这样可以减少加工次数和应力集中。

（2）轴颈、轴头的直径应取标准值。

（3）轴上各段的键槽、圆角半径、倒角、中心孔等尺寸应尽可能统一，以利于加工和检验。

（4）需磨削的轴段要有砂轮越程槽（图14-13）；有螺纹的轴段应有退刀槽（图14-14）。

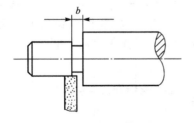

图14-13　砂轮越程槽

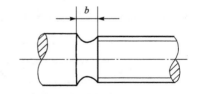

图14-14　螺纹退刀槽

（5）各轴段的键槽应设计在同一母线上。在同一轴段开设几个键槽时，各键槽应对称布置。

（6）为了便于装配，轴端应有倒角。

（7）阶梯轴常设计成两端小中间大的近似等强度形状，从而利于零件从两端拆装。

（8）轴的结构设计时应使各零件在装配时尽量不接触其他零件的配合表面。

六、提高轴的强度和刚度的措施

在进行轴的结构设计时，应考虑尽可能减轻轴的载荷，同时还要注意改善零件的结构形状，以避免或减小应力集中，这对于提高轴的疲劳强度都是非常有效的。

（1）合理布置轴上零件，减小轴上载荷。将图 14-15（a）中的输入轮的位置改在两输出轮之间，见图 14-15（b），则轴所受的最大扭矩将由 $T_{\max} = T_1 + T_2$ 降低到 T_1。

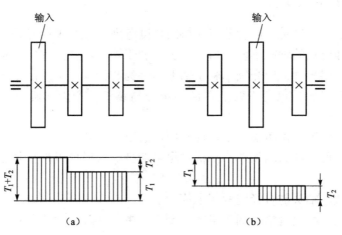

图 14-15 轴上零件的合理布置
（a）输入轮在前；（b）输入轴在中间

（2）改进轴上零件结构，减小轴承受的弯矩。图 14-16（b）所示的卷筒的轮毂很长，使轴的弯曲力矩较大；若把轮毂分成两段，见图 14-16（a），不仅可以减小轴的弯矩，提高轴的强度和刚度，而且能得到良好的轴孔配合。

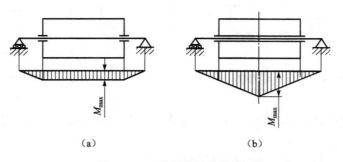

图 14-16 卷筒的轮毂结构
（a）轮毂分两段；（b）轮毂很长

(3) 减小应力集中。轴通常是在变应力条件下工作的，轴的截面尺寸发生变化处要产生应力集中，轴的疲劳破坏往往在此处发生。因此，设计轴的结构必须尽量减少应力集中源和降低应力集中处的局部最大应力。主要措施有：过盈配合的轴，可在轴上或轮毂上开设减载槽［图14-17（a）］；加装隔离环以保证圆角尺寸［图14-17（b）］；若圆角半径受到限制，可改用内圆角、凹切圆角［图14-17（c）］等。

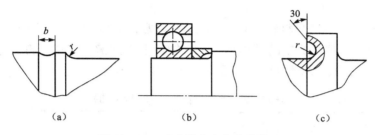

图14-17 减小轴应力集中的措施
(a) 减载槽；(b) 隔离杯；(c) 圆角半径

(4) 改善轴的表面质量，提高轴的疲劳强度。

第四节　轴的强度计算

进行轴的强度校核计算时，应根据轴的具体受载及应力情况，采取相应的计算方法，并恰当地选取其许用应力。对于仅仅（或主要）承受扭矩的轴（传动轴），应按扭转强度条件计算；对于只承受弯矩的轴（心轴），应按弯曲强度条件计算；对于既承受弯矩又承受扭矩的轴（转轴），应按弯扭合成强度条件进行计算，需要时还应按疲劳强度条件进行精确校核。此外，对于瞬时过载很大或应力循环不对称性较为严重的轴，还应按尖峰载荷校核其静强度，以免产生过量的塑性变形。

一、按扭转强度计算

这种方法适用于只承载转矩的传动轴的精确计算，也可用于既受弯矩又受扭矩的轴的近似计算。

对于只传递转矩的圆截面轴，其强度条件为

$$\tau = \frac{T}{W_T} \approx \frac{9.55 \times 10^6 P}{0.2 d^3 n} \leq [\tau] \tag{14-1}$$

式中，τ为轴的扭转切应力（MPa）；T为轴的转矩（N·mm）；W_T为轴的抗扭截面系数（mm³），对圆截面轴 $W_T = \frac{\pi d^3}{16} \approx 0.2 d^3$；$P$为轴传递的功率（kW）；$n$为轴的转速（r/min）；$d$为轴的直径（mm）；$[\tau]$为材料的许用扭转切应力

（MPa）。

由式（14-1）可得轴的直径的设计公式为

$$d \geqslant \sqrt[3]{\frac{T}{0.2[\tau]}} = \sqrt[3]{\frac{9.55 \times 10^6 P}{0.2[\tau] n}} = C\sqrt[3]{\frac{P}{n}} \qquad (14-2)$$

对于既传递转矩又承受弯矩的轴，也可用式（14-2）初步估算轴的直径，但必须把轴的许用扭转切应力 $[\tau]$ 适当降低（见表14-2），以补偿弯矩对轴的影响。

式中 C 是由轴的材料和承载情况确定的常数，见表14-2。应用式（14-2）求出的 d 值，一般作为轴的最小直径。若轴段上有键槽，应把算得的直径增大，单键增大3%，双键增大7%，然后圆整到标准直径。

表14-2 常用材料的 $[\tau]$ 和 C 值

轴的材料	Q235，20	35	45	40Cr，35SiMn
$[\tau]$/MPa	12~20	20~30	30~40	40~52
C	160~135	135~118	118~107	107~98

注：当作用在轴上的弯矩比传递的转矩小或只传递转矩时，$[\tau]$ 取较大值，C 取较小值；反之则 $[\tau]$ 取较小值，C 取较大值。

此外，也可采用经验公式来估算轴的直径。例如，在一般减速器中，高速输入轴的直径可按与其相连的电动机轴的直径 D 估算，$d = (0.8~1.2)D$；各级低速轴的轴径可按同级齿轮中心距 a 估算，$d = (0.3~0.4)a$。

二、按弯扭合成强度计算

对于一般钢制的轴，可用第三强度理论（即最大切应力理论）求出危险截面的当量应力 σ_e，其强度条件为

$$\sigma_e = \frac{M_e}{W} = \frac{\sqrt{M^2 + (\alpha T)^2}}{0.1 d^3} \leqslant [\sigma_{-1b}] \qquad (14-3)$$

式中，σ_e 为危险截面的当量应力（MPa）；M_e 为当量弯矩（N·mm）；M 为合成弯矩（N·mm）；T 为轴所传递的转矩（N·mm）；d 为危险截面处轴的直径（mm）；W 为危险截面的抗弯截面系数（mm³）；α 为将转矩转化为当量弯矩的折合系数。对于不变转矩，$\alpha = \frac{[\sigma_{-1b}]}{[\sigma_{+1b}]} \approx 0.3$；对于脉动转矩，$\alpha = \frac{[\sigma_{-1b}]}{[\sigma_{0b}]} \approx 0.6$；对于频繁正反转的轴，可按对称循环转矩处理，取 $\alpha = 1$；$[\sigma_{-1b}]$、$[\sigma_{0b}]$、$[\sigma_{+1b}]$ 分别为对称循环、脉动循环及静应力状态下的许用弯曲应力，见表14-3。

表14-3 轴的许用弯曲应力

材料	σ_b	$[\sigma_{-1b}]$	$[\sigma_{+1b}]$	$[\sigma_{0b}]$
碳素钢	400	40	130	70
	500	45	170	75
	600	55	200	95
	700	65	230	110
合金钢	800	75	270	130
	900	80	300	140
	1 000	90	330	150
	1 200	100	400	180

由式（14-3）可推得实心轴直径 d 的设计公式为

$$d \geqslant \sqrt[3]{\frac{M_e}{0.1 \times [\sigma_{-1b}]}} \tag{14-4}$$

由式（14-4）求得的直径如果不大等于由结构确定的轴径，说明原轴径强度足够；否则应加大各轴段的直径。

三、按弯扭合成强度校核轴的步骤

对轴进行弯扭合成强度校核轴的步骤如下。

（1）画出轴的空间受力图，计算出水平面内支反力和垂直面内的支反力。

（2）根据水平面内受力图画出水平面内弯矩图。

（3）根据垂直面内受力图画出垂直面内弯矩图。

（4）将矢量合成，画合成弯矩图。

（5）画出轴的扭矩图。

（6）计算危险截面的当量弯矩。

（7）进行危险截面的强度计算。对有键槽的截面，应将计算的直径增大，一个键槽时，轴径增大 4% ~ 5%；同一截面上二个键槽时，轴径增大 7% ~ 10%。当校核轴的强度不够时，应重新进行设计。

例 14-1 设计图 14-18 所示带式运输机减速器的输出轴，已知该轴传递功率为 $P = 5$ kW，转速 $n = 140$ r/min，齿轮分度圆直径 $d = 280$ mm，螺旋角 $\beta = 14°$，法向压力角 $\alpha_n = 20°$，$l = 200$ mm，载荷平稳，单向运转。轴的材料为 45 钢调质处理。

解：（1）确定许用应力：查表 14-1 得 $\sigma_b = 650$ MPa，由表 14-3 用插入法可得许用弯曲应力 $[\sigma_{-1b}] = 60$ MPa。

（2）按扭转强度估算轴的最小直径：输

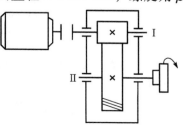

图 14-18 带式运输机减速器

出轴与联轴器相接，输出轴最小直径为

$$d \geqslant C\sqrt[3]{\frac{P}{n}} = 118 \times \sqrt[3]{\frac{5}{140}} = 38.85 \text{（mm）}$$

考虑键槽的影响，取 $d_1 = 38.85 \times 1.03 = 39.665$ mm，圆整后取标准直径 $d_1 = 40$ mm。根据轴系结构确定轴③处（图 14-19）的直径 $d_3 = 65$ mm。

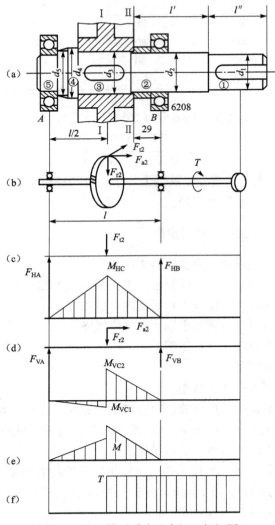

图 14-19　轴系受力及弯矩、扭矩图

（3）小齿轮（齿轮1）作用于大齿轮（齿轮2）的作用力的计算。

齿轮2所受的转矩为

$$T = 9.55 \times 10^6 \frac{P}{n} = 9.55 \times 10^6 \times \frac{5}{140} = 341\ 071 \text{ N} \cdot \text{mm}$$

齿轮2所受的作用力

圆周力
$$F_{t2} = \frac{2T}{d} = \frac{2 \times 341\ 071}{280} = 2\ 436\ \text{N}$$

径向力
$$F_{r2} = \frac{F_{t2}\tan\alpha_n}{\cos\beta} = \frac{2\ 436 \times \tan 20°}{\cos 14°} = 858\ \text{N}$$

轴向力
$$F_{a2} = F_{t2}\tan\beta = 2\ 436 \times \tan 14° = 833\ \text{N}$$

(4) 画出轴的空间受力图，如图 14-19 所示。

(5) 求水平面的支反力，画水平弯矩图。

水平面支反力
$$F_{HA} = F_{HB} = \frac{F_{t2}}{2} = \frac{2\ 436}{2} = 1\ 218\ \text{N}$$

水平面弯矩
$$M_{HI} = M_{HC} = F_{HA} \cdot \frac{l}{2} = 1\ 218 \times \frac{200}{2} = 121.8\ \text{N} \cdot \text{m}$$

(6) 求垂直面支反力，画垂直面弯矩。

垂直支反力
$$F_{VA} = \frac{F_{r2}}{2} - \frac{F_{a2} \cdot d}{2l} = \frac{858}{2} - \frac{833 \times 280}{2 \times 200} = -154\ \text{N}$$

$$F_{VB} = F_{r2} - F_{VA} = 858 + 154 = 1\ 012\ \text{N}$$

(7) 垂直面的弯矩。

Ⅰ-Ⅰ 截面左侧弯矩为
$$M_{VC1} = M_{VI左} = F_{VA} \cdot \frac{l}{2} = (-154) \times \frac{200}{2} = -15.4\ \text{N} \cdot \text{mm}$$

Ⅰ-Ⅰ 截面右侧弯矩为
$$M_{VC2} = M_{VI右} = F_{VB} \cdot \frac{l}{2} = 1\ 012 \times \frac{200}{2} = 101.2\ \text{N} \cdot \text{mm}$$

(8) 作合成弯矩图。

Ⅰ-Ⅰ 截面：
$$M_{I左} = \sqrt{M_{VI左}^2 + M_{HI}^2} = \sqrt{(-15.4)^2 + 121.8^2} = 122.8\ \text{N} \cdot \text{m}$$

$$M_{I右} = \sqrt{M_{VI右}^2 + M_{HI}^2} = \sqrt{(101.2)^2 + 121.8^2} = 158.4\ \text{N} \cdot \text{m}$$

(9) 作转矩图。
$$T = 9.55 \times 10^6 \frac{P}{n} = 9.55 \times 10^6 \times \frac{5}{140} = 341\ \text{N} \cdot \text{m}$$

(10) 求当量弯矩。

因减速器单向运转，故可认为转矩为脉动循环变化，修正系数 $\alpha = 0.6$

$$M_e = \sqrt{M_{VI右}^2 + (\alpha T)^2} = \sqrt{158.4^2 + (0.6 \times 341)^2} = 258.8\ \text{N} \cdot \text{m}$$

则 $d_3 \geq \sqrt[3]{\dfrac{M_e}{0.1 \times [\sigma_{-1b}]}} = \sqrt[3]{\dfrac{258.8 \times 10^3}{0.1 \times 60}} = 35.1 \text{ mm}$

考虑Ⅰ-Ⅰ截面处键槽对强度的影响,直径增加3%。

$$d_3 = 1.03 \times 35.1 = 36.2 \text{ mm}$$

由结构设计确定Ⅰ-Ⅰ截面处直径为65 mm,故强度足够。

(11) 绘制轴的零件图（略）。

第五节　轴的刚度计算

轴受弯矩作用会产生弯曲变形（图14-20），受转矩作用会产生扭转变形（图14-21）。如果轴的刚度不够,就会影响轴的正常工作。为了使轴不致因刚度不够而失效,设计时必须根据轴的工作条件限制其变形量,即

$$挠度 \quad y \leq [y] \quad (14-5)$$
$$转角 \quad \theta \leq [\theta] \quad (14-6)$$
$$扭角 \quad \varphi \leq [\varphi] \quad (14-7)$$

式中 $[y]$、$[\theta]$、$[\varphi]$ 分别为许用挠度、许用转角和许用扭转角,其值见表14-4。

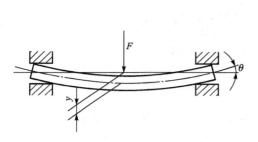

图14-20　轴的挠度和转角

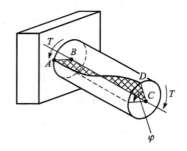

图14-21　轴的扭转角

表14-4　轴的许用变形量

变形种类	适用场合	许用值	变形种类	适用场合	许用值
挠度 /mm	一般用途的轴	$(0.0003 \sim 0.0005)L$	转角 /rad	滑动轴承	≤ 0.001
	刚度要求较高的轴	$\leq 0.0002L$		深沟球轴承	≤ 0.005
	感应电机轴	$\leq 0.01\Delta$		调心球轴承	≤ 0.05
	安装齿轮的轴	$(0.01 \sim 0.05)m_n$		圆柱滚子轴承	≤ 0.0025
	安装蜗轮的轴	$(0.02 \sim 0.05)m$		圆锥滚子轴承	≤ 0.0016
	L——支承间跨距			安装齿轮处轴的截面	0.001
	Δ——电机定子与转子间的间隙		每米长的扭转角 /(°/m)	一般传动	$0.5 \sim 1$
	m_n——齿轮法面模数			较精密的传动	$0.25 \sim 0.5$
	m——蜗轮模数			重要传动	< 0.25

实训　轴系结构的测绘与分析

一、实验目的

了解并正确处理轴、轴承和轴上零件间的相互关系，如轴与轴承及轴上零件的定位、固定、装拆及调整方式等，以建立对轴系结构的感性认识，并加深对轴系结构设计理论的理解。

二、实验设备

1. 设备

圆柱齿轮轴系、圆锥齿轮轴系、蜗杆轴系、蜗轮轴系等实物或模型。每个学生选择一种进行分析和测绘。

2. 工具

钢板尺，游标卡尺，内、外卡钳等。

三、实验要求

（1）分析一种典型轴系的结构，包括轴及轴上零件的形状及功用，轴承类型，安装、固定和调整方式，润滑及密封装置类型和结构特点等。

（2）测量一种轴系的各部结构尺寸，并绘出轴系结构装配图，标注必要的尺寸及配合，并列出标题栏及明细表。

四、实验步骤及方法

1. 分析轴系结构

（1）分析轴的各部结构、形状、尺寸与轴的强度、刚度、加工、装配的关系。

（2）分析轴上零件的定位及固定方式。

（3）分析轴承类型、支承结构形式、轴承的固定、调整方式。

（4）分析润滑及密封装置的类型、结构和特点。

2. 轴系结构尺寸确定

（1）测绘轴的各段直径、长度及主要零件的尺寸（对于拆卸困难或无法测量的某些尺寸，可以根据实物相对大小和结构关系估算）。

（2）查手册确定滚动轴承、螺纹连接件、键、密封件等有关标准件的尺寸。

3. 绘制轴系结构装配图（参考图 14-7）

（1）根据测量出的各主要零件的尺寸，绘制出轴系结构装配图。

（2）图幅和比例要求适当（一般按1:1），结构清楚合理，装配关系正确，符合机械制图的规定。

（3）对安装轴承的机座，只要求给出与轴承和端盖相配的局部。

（4）在图上标注必要的尺寸，主要有两支承之间的跨距、主要零件的配合尺寸等。

（5）对各零件进行编号，并填写标题栏及明细表（标题栏及明细表可参阅配套教材《机械设计课程设计》）。

五、思考题

（1）为什么轴通常要做成中间大两头小的阶梯形状？如何区分轴上轴颈、轴头和轴身各轴段？它们的尺寸是如何确定的？

（2）该轴系固定方式是"两端固定"还是"一端固定，一端游动"？试具体说明理由。轴的受热伸长问题是如何考虑处理的？

（3）轴承和轴上零件在轴上的轴向位置是如何固定的？轴系中是否采用了弹性挡圈、锁紧螺母、紧定螺钉、压板或定位套筒等零件？它们的作用是什么？

（4）轴承的间隙是如何调整的？调整方式有何特点？

（5）传动零件和轴承采用何种润滑方式？轴承采用何种密封装置？有何特点？

（6）试根据零件的结构特征分析轴系各零件所选用的材料。

思考题与习题

1. 轴按功用与所受载荷的不同分为哪三种？常见的轴大多属于哪一种？
2. 轴的结构设计应从哪几个方面考虑？
3. 制造轴的常用材料有几种？若轴的刚度不够，是否可采用高强度合金钢提高轴的刚度？
4. 轴上零件的周向固定有哪些方法？
5. 轴上零件的轴向固定有哪些方法？各有何特点？
6. 在齿轮减速器中，为什么低速轴的直径要比高速轴的直径大得多？
7. 在轴的弯扭合成强度校核中，α 表示什么？为什么要引入 α？
8. 常用提高轴的强度和刚度的措施有哪些？
9. 有一传动轴，材料为45钢，轴传递的功率 $P=35$ kW，转速 $n=260$ r/min，试求该轴的最小直径。
10. 试设计单级直齿圆柱齿轮减速器的低速轴。已知该轴传递功率为 $P=5$ kW，转速 $n=150$ r/min，齿轮模数 $m=4$ mm，齿数 $z=60$，支承间跨距 $l=180$ mm（齿轮位于跨距中央），载荷平稳，单向运转（取轴的材料为45钢，调质处理）。

第十五章 其他常用零、部件

本章要点及学习指导：
　　本章介绍了机械设备中3类常用的零、部件：联轴器、离合器及弹簧，其中介绍了联轴器的分类、常用联轴器的结构和特点，联轴器的选用及标记方法；离合器的分类及其特点；弹簧的功用及其类型。通过对本章的学习，要求了解这3类常用的零、部件的功用和特点，并能根据其特点正确选择使用。

第一节　联　轴　器

　　联轴器通常用来连接两轴并在其间传递运动和转矩。有时也可以作为一种安全装置用来防止被连接件承受过大的载荷，起到过载保护的作用。用联轴器连接轴时只有在机器停止运转，经过拆卸后才能使两轴分离。

　　联轴器所连接的两轴，由于制造及安装误差、承载后的变形及温度变化的影响，往往存在着某种程度的相对位移与偏斜，如图15-1所示。因此，联轴器应具有补偿各种偏移量的性能，否则就会在轴、联轴器、轴承中引起附加载荷，导致工作情况恶化。

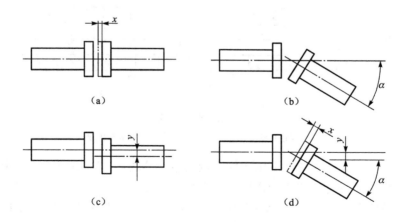

图 15-1　轴线的相对位移
(a) 轴向位移；(b) 偏角位移；(c) 径向位移；(d) 综合位移

一、联轴器的分类

根据联轴器补偿两轴相对位移能力的不同可将其分为两大类。

1. 刚性联轴器

这种联轴器不能补偿两轴的偏移,用于两轴能严格对中并在工作中不发生相对位移的场合。

2. 挠性联轴器

这种联轴器具有一定补偿两轴偏移的能力。根据联轴器补偿位移方法的不同又可分为下面两类。

(1) 无弹性元件联轴器。这种联轴器是利用联轴器工作元件间构成的动连接来实现位移补偿的。

(2) 弹性联轴器。这种联轴器是利用联轴器中弹性元件的变形来补偿位移的,它还具有减轻振动与冲击的作用。

二、常用联轴器的结构和特点

1. 刚性联轴器

常用的刚性联轴器有套筒联轴器和凸缘联轴器等。

(1) 套筒联轴器。如图15-2所示,将套筒与被连接两轴的轴端分别用键或销固定连成一体,即称为套筒联轴器。它结构简单,径向尺寸小,但要求被连接两轴必须很好地对中,且装拆时需要较大的轴向移动,故常用于要求径向尺寸小、两轴能严格对中、启动频繁的场合。

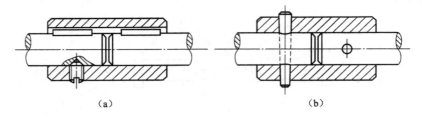

图15-2 套筒联轴器
(a) 单键连接的套筒联轴器;(b) 销连接的套筒联轴器

单键连接的套筒联轴器可用于传递较大转矩的场合。若用销连接,则常用于传递较小转矩的场合,或用于作剪销式安全联轴器。

(2) 凸缘联轴器。如图15-3所示,凸缘联轴器由两个半联轴器及连接螺栓组成。凸缘联轴器结构简单,成本低,但不能补偿两轴线的径向位移和偏角位移,故多用于转速较低、载荷平稳、两轴线对中性好的场合。它有两种对中方法,一种用两半联轴器的凹凸圆柱面配合对中;另一种是用铰制孔螺栓连接对中。前者制造简单,在外缘圆周速度 $v \leqslant 35$ m/s 时,半联轴器材料多采用铸铁;在 $v \leqslant 65$ m/s 时,一般采用中碳钢。

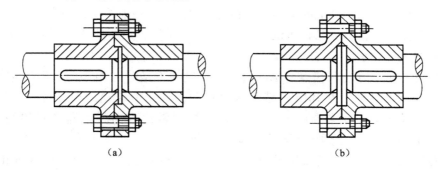

图 15-3 凸缘联轴器
(a) 用凸肩和凹槽对中;(b) 用铰制孔螺栓对中

凸缘联轴器已经标准化,其型号和尺寸可根据所传递的转矩和转速从手册中选取。

2. 挠性联轴器

(1) 无弹性元件联轴器。常用的无弹性元件联轴器有滑块联轴器、万向联轴器和齿式联轴器等。

1) 滑块联轴器。滑块联轴器如图 15-4 所示,滑块联轴器由两个带有凹槽的半联轴器 1、3 和两端都有凸起的榫的中间圆盘 2 组成。圆盘两面的榫位于互相垂直的两条直径方向上,可以分别嵌入半联轴器相应的凹槽中。当被连接的两轴有径向位移时,中间圆盘将在半联轴器的凹槽中做偏心回转,由此引起的离心力将使工作表面压力增大而加快磨损。为此,应限制两轴间的径向位移不大于 0.04d (d 为轴径),偏角位移量 $\alpha \leqslant 30'$,轴的转速不超过 250 r/min。

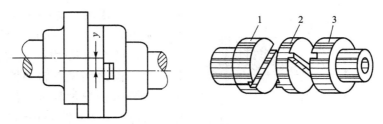

图 15-4 滑块联轴器
1,3—半联轴器;2—中间圆盘

滑块联轴器主要用于没有冲击载荷而又允许两轴线有径向位移的低速轴连接。联轴器材料常选用 45 钢或 ZG 310—570,中间圆盘也可用铸铁。摩擦表面应进行淬火,硬度在 46~50 HRC。滑块联轴器已标准化,选用时可查阅《机械设计手册》。

2）万向联轴器。图 15-5（a）所示为以十字轴为中间件的万向联轴器。它由装在两轴端的叉形接头 1、2 以及与叉形接头相连的十字轴 3 组成。十字轴的四端用铰链分别与两轴上的叉形接头相连。因此，当一轴的位置固定后，另一轴可以在任意方向偏斜 α 角，角位移 α 可达 $40°\sim50°$。为了增加其灵活性，可在铰链处配置滚针轴承。

但是，单个万向联轴器两轴的瞬时角速度并不是时时相等的，即当主动轴以等角速度回转时，从动轴作变角速度转动，从而引启动载荷，对使用不利。为了克服单个万向联轴器的上述缺点，机器中常使万向联轴器成对使用，如图 15-5（b）所示。这种由两个万向联轴器组成的装置称为双万向联轴器。

对于连接相交或平行二轴的双万向联轴器，欲使主、从动轴的角速度相等，必须满足两个条件：主动轴、从动轴与中间轴的夹角必须相等，即 $\alpha_1 = \alpha_2$；中间件两端的叉形接头面必须位于同一平面内。

显然，中间件本身的转速是不均匀的。但因它的惯性小，由它产生的动载荷、振动等一般不致引起显著危害。

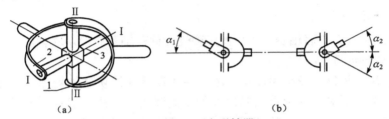

图 15-5 万向联轴器
1、2—叉形接头；3—十字轴
(a) 以十字轴为中间件；(b) 成对使用

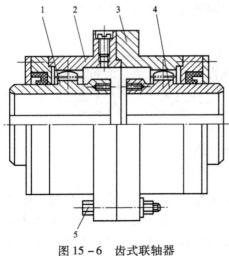

图 15-6 齿式联轴器
1、4—内套筒；2、3—凸缘外壳；5—螺栓

3）齿式联轴器。齿式联轴器是由两个具有内齿的外壳和两个有外齿的套筒所组成（图 15-6）。套筒与轴用键相连，两个外壳用螺栓连成一体，外壳与套筒之间设有密封圈。内齿轮齿数和外齿轮齿数相等。齿轮通常采用压力角为 $20°$ 的渐开线齿廓。工作时靠啮合的轮齿传递转矩。

由于轮齿间留有较大的间隙和外齿轮的齿顶制成球形，所以能补偿两轴的不对中和偏斜。齿式联轴器允许角位移在 $30'$ 以下，若将外齿轮做成鼓形齿，则允许角位移可达 $3°$。

为了减小轮齿的磨损和相对移动时的摩擦阻力,在外壳内储有润滑油。

齿式联轴器最大的优点是能传递很大的转矩和补偿适量的综合位移,因此常用于重型机械中。但是,当传递大转矩时,齿间的压力也随着增大,使联轴器的灵活性降低,而且其结构笨重、造价较高。

(2) 弹性联轴器。常用的弹性联轴器有弹性套柱销联轴器、弹性柱销联轴器等。

上述两种联轴器中,动力从主动轴通过弹性件传递到从动轴。因此,它能缓和冲击、吸收振动。适用于正反向变化多、启动频繁高速轴。最大转速可达 8 000 r/min, 使用温度范围为 $-20 \sim 60 ℃$。

这两种联轴器能补偿较大的轴向位移。依靠弹性柱销的变形,允许有微量的径向位移和角位移。但若径向位移或角位移较大,则会引起弹性柱销的迅速磨损,因此采用这两种联轴器时,仍须较仔细地安装。

1) 弹性套柱销联轴器。弹性套柱销联轴器结构上和凸缘联轴器很近似,但是两个半联轴器的连接不用螺栓,而是用带橡胶弹性套的柱销,如图 15-7 所示。为了补偿轴向位移,安装时应注意留出相应大小的间隙 c。弹性套柱销联轴器在高速轴上应用十分广泛。

2) 弹性柱销联轴器。弹性柱销联轴器如图 15-8 所示,弹性柱销联轴器是利用若干非金属材料制成的柱销置于两个半联轴器凸缘的孔中,以实现两轴的连接。柱销通常用尼龙制成,而尼龙是具有一定弹性的材料。弹性柱销联轴器的结构简单,更换柱销方便。为了防止柱销滑出,在柱销两端配置挡板。安装时应注意留出间隙。

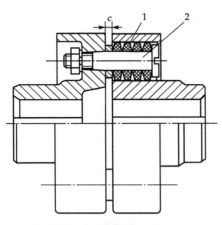 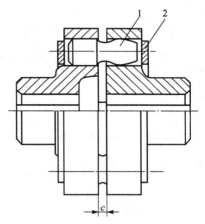

图 15-7　弹性套柱销联轴器　　　　　图 15-8　弹性柱销联轴器
1—弹性圈；2—柱销　　　　　　　　　1—尼龙柱销；2—挡板

三、联轴器的选择

大多数联轴器已经标准化或规格化,一般机械设计者的任务是选用联轴器,选用的基本步骤如下。

选择联轴器的类型；确定联轴器的型号；校核最大转矩；协调轴孔直径；计算联轴器的计算转矩；进行必要的承载能力校核；规定部件相应的安装精度；进行必要的校核。

1. 选择联轴器的类型

（1）应全面了解工作载荷的大小和性质、转速高低、工作环境等，结合常用联轴器的性能、应用范围及使用场合选择联轴器的类型。

（2）低速、刚性大的短轴可选用刚性联轴器。

（3）低速、刚性小的长轴可选用无弹性元件挠性联轴器。

（4）传递转矩较大的重型机械选用齿式联轴器。

（5）对于高速、有振动和冲击的机械，选用弹性元件挠性联轴器。

（6）轴线位置有较大变动的两轴，应选用万向联轴器。

（7）有安全保护要求的轴，选用安全联轴器。

2. 计算联轴器的计算转矩

$$T_c = KT$$

式中，K 为工作情况系数，见表 15-1；T 为联轴器所传递的公称转矩。

表 15-1 联轴器工作情况系数

设 备 名 称	K
发电机	1.0~2.0
带式运输机、鼓风机、连续运动的金属切削机床	1.25~5
离心泵、螺旋输送机、链板运输机、混砂机	1.5~2
往复运动的金属切削机床	1.5~2
往复式泵、活塞式压缩机	2.0~2
球磨机、破碎机、冲剪机、锤	2.0~2
升降机、起重机、轧钢机	3.0~4

3. 确定联轴器的型号

按 $T_c \leq [T]$，由联轴器标准确定联轴器型号，$[T]$ 为联轴器的许用转矩。

4. 校核最大转速

被连接轴的转速 n，不应超过联轴器许用的最高转速 $[n]$，即 $n \leq [n]$。

5. 协调轴孔直径

被连接两轴的直径和形状（圆柱或圆锥）均可以不同，但必须使直径在所选联轴器型号规定的范围内，形状也应满足相应要求。

6. 规定部件相应的安装精度

联轴器允许轴的相对位移偏差是有一定范围的，因此，必须保证轴及相应部件的安装精度。

7. 进行必要的校核

联轴器除了要满足转矩和转速的要求外，必要时还应对联轴器中的零件进行承载能力校核，如对非金属元件的许用温度校核等。

8. 联轴器的标记方法

联轴器标记时应注意以下几点。

（1）在联轴器型号之后紧接一分数线，分数线之上标记主动轴，分数线之下标记从动轴。

（2）Y 型孔和 A 型键槽的代号，在标记中可省略。

（3）联轴器两端轴孔和键槽的形式、尺寸相同时，只标记一端，另一端省略。

标记示例：凸缘联轴器的型号 YL3，主动端：J 型轴孔，A 型键槽，$d_1 = 30$ mm，$L = 60$ mm；从动端：J_1 型轴孔，B 型键槽，$d_2 = 28$ mm，$L = 44$ mm。其标记为：

$$\text{YL3 联轴器} \frac{\text{J}30 \times 60}{\text{J}_1 \text{B}28 \times 44} \text{GB/T 5843—2003}$$

第二节 离 合 器

离合器也主要用于轴和轴之间的连接，使它们一起回转并传递转矩。与联轴器连接不同的是：用离合器连接的两轴，可在机器运转过程中随时进行分离或接合。

离合器主要分牙嵌式和摩擦式两类。另外，还有电磁离合器和自动离合器。电磁离合器在自动化机械中作为控制传动的元件而被广泛应用。自动离合器能够在特定的工作条件下（如一定的转矩、一定的转速或一定的回转方向）自动接合或分离。

1. 牙嵌离合器

牙嵌离合器是由两个端面带牙的套筒所组成，如图 15-9 所示，其中套筒 1 紧配在轴上，而套筒 3 可以沿导向键在另一根轴上移动。利用操纵杆移动滑环 4 可使两个套筒接合或分离。为避免滑环的过量磨损，可动的套筒应装在从动轴上。为便于两轴对中，在套筒 1 中装有对中环 2，从动轴端则可在对中环中自由转动。

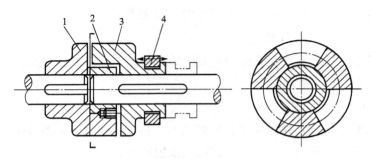

图 15-9 牙嵌离合器

1,3—套筒；2—对中环；4—滑环

离合器牙的形状有三角形、梯形和锯齿形。三角形牙传递中、小转矩，牙数为 15～60。梯形、锯齿形牙可传递较大的转矩，牙数为 3～15。梯形牙可以补偿磨损后的牙侧间隙。锯齿形牙只能单向工作，反转时由于有较大的轴向分力，会迫使离合器自行分离。各牙应精确等分，以使载荷均布。

牙嵌离合器的承载能力主要取决于牙根处的弯曲强度。对于操作频繁的离合器，尚需验算牙面的强度，由此控制磨损。

牙嵌离合器结构简单，外廓尺寸小，能传递较大的转矩，故应用较多。但牙嵌离合器只宜在两轴不回转或转速差很小时进行接合，否则牙齿可能会因受撞击而折断。

牙嵌离合器的常用材料为低碳合金钢（如 20Gr、20MnB），经过渗碳淬火等处理后使牙面硬度达到 56～62 HRC。有时也采用中碳合金钢（如 40Gr、45MnB），经表面淬火等处理后硬度达 48～58 HRC。

牙嵌离合器可以借助电磁线圈的吸力来操纵，称为牙嵌式电磁离合器。牙嵌式电磁离合器通常采用嵌入方便的三角形细牙。它依据电流而动作，所以便于遥控和程序控制。

2. 摩擦离合器

摩擦离合器可分为单盘式和多盘式。

(1) 单盘式摩擦离合器。图 15-10 所示为单盘式摩擦离合器的简图，其中圆盘 1 紧配在主动轴上，圆盘 2 可以沿导向键在从动轴上移动。移动滑环 3 可使两圆盘接合或分离。工作时轴向压力使两圆盘的工作表面产生摩擦力。

与牙嵌离合器比较，摩擦离合器具有以下优点：在任何不同转速条件下两轴都可以进行接合；过载时摩擦面间将发生打滑，可以防止损坏其他零件；接合平稳，冲击和振动较小。

摩擦离合器在正常的接合过程中，从动轴转速从零逐渐加速到主动轴的转速，因而两摩擦面间不可避免地会发生相对滑动。这种相对滑动要消耗一部分能量，并引起摩擦片的磨损和发热。

单盘式摩擦离合器多用于转矩在 2 000 N·m 以下的轻型机械（如包装机械、纺织机械）。

（2）多盘式摩擦离合器。图 15-11 所示为多盘式摩擦离合器，图中主动轴 1 与外壳 2 相连接，从动轴 3 与套筒 4 相连接。外壳内装有一组外摩擦片 5，它的外缘凸齿插入外壳 2 的纵向凹槽内，因而随外壳 2 一起回转，它的内孔不与任何零件接触。套筒 4 上装有另一组内摩擦片 6，它的外缘不与任何零件接触，而内孔凸齿与套筒 4 上的纵向凹槽相连接，因而带动套筒 4 一起回转。这样，就有两组形状不同的摩擦片相间叠加。图中位置表示杠杆 8 经压板将摩擦片压紧，离合器处于接合状态。若将滑环 7 向右移动，杠杆 8 逆时针方向摆动，压板松开，离合器即分离。调节螺母 10 用来调整摩擦片间的压力。

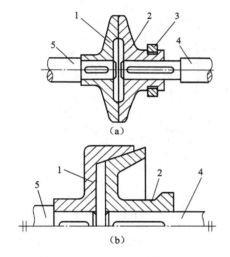
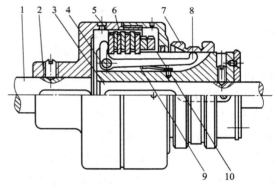

图 15-10 单盘式摩擦离合器
（a）平面接触单盘式摩擦离合器；
（b）锥面接触单盘式摩擦离合器
1、2—半离合器；3—滑环；
4—主动轴；5—从动轴

图 15-11 多盘式摩擦离合器
1—主动轴；2—外壳；3—从动轴；4—从动轴套筒；
5—外摩擦片；6—内摩擦片；7—滑环；
8—杠杆；9—弹簧片；10—调节螺母

摩擦片材料常用淬火钢片或压制石棉片。摩擦片数目多，可以增大所传递的转矩。但片数过多，将使各层间压力分布不均匀，所以一般不超过 12~15 片。

3. 其他特殊功用离合器

（1）安全离合器。安全离合器是当传递转矩超过一定数值后，主、从动轴可自动分离，从而保护机器中其他零件不被损坏的离合器。

图 15-12 所示为牙嵌式安全离合器。它与牙嵌式离合器很相似，仅是牙的倾斜角较大。它没有操纵机构，过载时牙面产生的轴向分力大于弹簧压力，迫使离合器退出啮合，从而中断传动。它可用螺母调节弹簧压力大小的方法来控制所

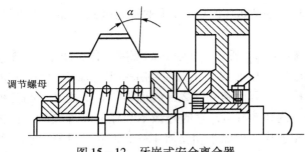

图 15-12　牙嵌式安全离合器

传递转矩的大小。

（2）超越离合器。超越离合器的特点是能根据两轴角速度的相对关系自动结合和分离。当主动轴转速大于从动轴时，离合器将两轴结合起来，把动力从主动轴传给从动轴；而当主动轴转速小于从动轴时，则使两轴脱离。因此，这种离合器只能在一定的转向上传递转矩。

图 15-13 所示为滚柱式定向离合器，图中是星轮 1 和外环 2 分别装在主动件和从动件上，星轮和外环间的楔形空腔内装有滚柱 3，滚柱数目一般为 3~8 个。每个滚柱都被弹簧推杆 4 以不大的推力向前推进而处于半楔紧状态。星轮和外环均可作为主动件。现以外环为主动件来分析，当外环逆时针方向回转时，以摩擦力带动滚柱向前滚动，进一步楔紧内外接触面，从而驱动星轮一起转动，离合器处于接合状态。反之，当外环顺时

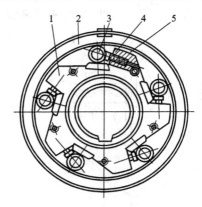

图 15-13　滚柱式超越离合器
1—星轮；2—外环；3—滚柱；4—推杆；5—弹簧

针方向回转时，则带动滚柱克服弹簧力而滚到楔形空腔的宽敞部分，离合器处于分离状态，所以称为定向离合器。当星轮与外环均按顺时针方向做同向回转时，根据相对运动原理，若外环转速小于星轮转速，则离合器处于接合状态。反之，如外环转速大于星轮转速，则离合器处于分离状态，因此又称为超越离合器。定向离合器常用于汽车、机床等的传动装置中。

第三节　弹　簧

弹簧是利用材料的弹性和结构特点，能够在受载后产生变形，卸载后通常立即恢复原有形状和尺寸的弹性零件。由于弹簧的这种特性，使其在机器中得到广泛的使用。

一、弹簧的功用和类型

1. 弹簧的功用

由于使用场合不同，弹簧在机器中所起的作用也不同，其主要功用如下。

(1) 缓冲和减振。改善被连接件的工作平稳性,如汽车上的减振弹簧,以及各种缓冲器用的弹簧。

(2) 存储及输出能量。提供被连接件运动所需动力,如机械式钟表中的发条弹簧、枪闩弹簧等。

(3) 测量载荷大小。标志被连接件所受外力的大小,如测力计和弹簧秤的弹簧。

(4) 控制运动。控制被连接件的工作位置变化,如内燃机凸轮机构上的弹簧等。

2. 弹簧的类型

弹簧的类型很多,按弹簧形状不同可分为螺旋弹簧、蝶形弹簧、环形弹簧、盘簧、板弹簧等;按承受载荷的不同可分为拉伸弹簧、压缩弹簧、扭转弹簧和弯曲弹簧等。表 15-2 中列出了常用类型弹簧的特点和应用。

表 15-2 弹簧的类型及应用

名称	弹簧简图	特点及应用
圆柱形螺旋弹簧	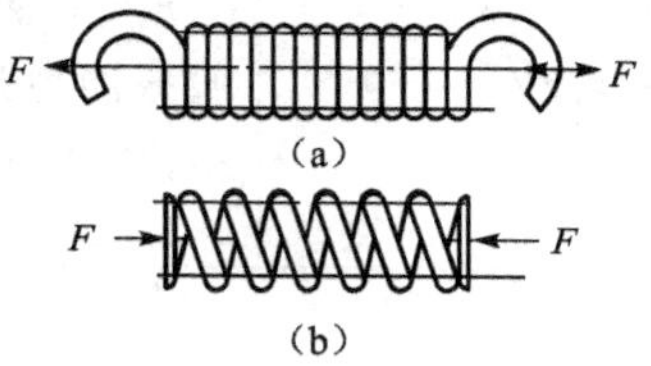	图 (a) 为承受拉力,图 (b) 承受压力;结构简单,制造方便,应用最为广泛
圆柱形螺旋扭转弹簧	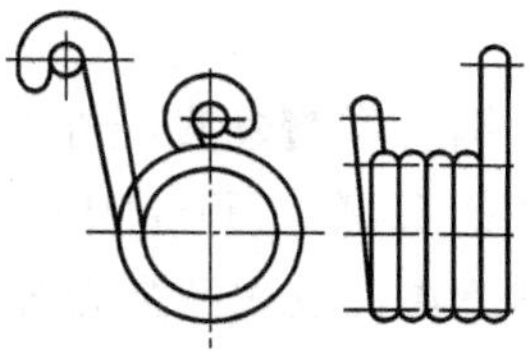	承受转矩,主要用于各种装置中的压紧和蓄能
圆锥形螺旋压缩弹簧	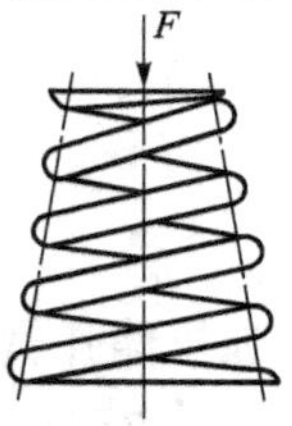	承受压力,结构紧凑,稳定性好,防振能力较强,多用于承受大载荷和减振的场合
蝶形弹簧	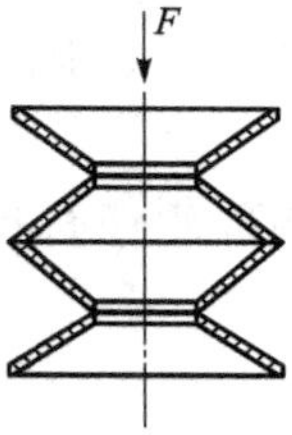	承受压力、缓冲及减振能力强,常用于重型机械的缓冲和减振装置

续表

名称	弹簧简图	特点及应用
环形弹簧	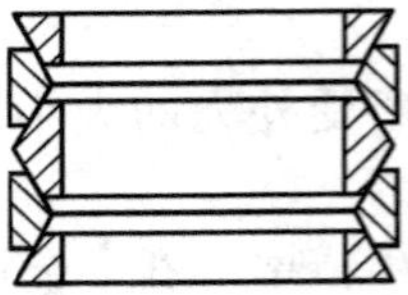	承受压力,是目前最强的压缩、缓冲弹簧,常用于重型设备,如机车车辆、锻压设备和起重机械中的缓冲装置
盘簧		承受转矩,能储存较大的能量,常用作仪器、钟表中的储能弹簧
板弹簧	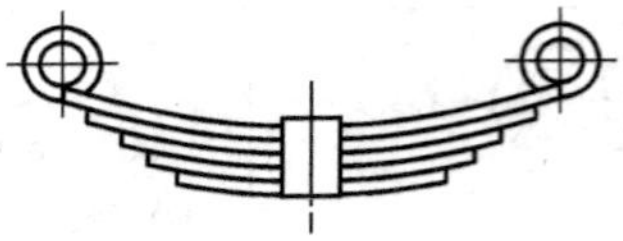	承受弯曲,这种弹簧变形大,吸振能力强,主要用于汽车、拖拉机和铁路车辆的悬挂装置

二、弹簧的材料与制造

弹簧的材料主要是热轧和冷拉弹簧钢。弹簧丝直径在 8~10 mm 以下时,弹簧用经过热处理的优质碳素弹簧钢丝(如 65Mn、60Si2Mn 等)经冷卷成形制造,然后经低温回火处理以消除内应力。制造直径较大的强力弹簧时常用热卷法,热卷后须经淬火、回火处理。

三、圆柱形螺旋弹簧

1. 圆柱形螺旋弹簧的结构

圆柱形螺旋弹簧包括螺旋压缩弹簧和螺旋拉伸弹簧两种,如图 15-14 所示。压簧在自由状态下各圈间留有间隙 δ,经最大工作载荷的作用压缩后各圈间还应有一定的余留间隙 δ_1。为使载荷沿弹簧轴线传递,弹簧的两端各有 3/4~5/4 圈与邻圈并紧。

拉伸弹簧在自由状态下各圈应并紧,端部制作有挂钩,以利于安装及加载,常见的端部结构如图 15-15 所示。

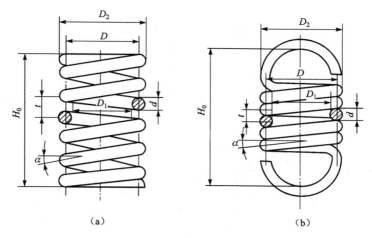

图 15-14 圆柱形螺旋弹簧
(a) 螺旋压缩弹簧；(b) 螺旋拉伸弹簧

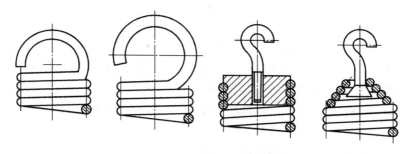

图 15-15 圆柱形螺旋拉伸弹簧的端部结构

2. 圆柱形螺旋弹簧的主要参数和几何尺寸

圆柱形螺旋弹簧的主要参数和几何尺寸有弹簧丝直径 d、弹簧圈外径 D_2、内径 D_1 和中径 D、节距 t，螺旋升角 α、弹簧有效工作圈数 n 和弹簧自由高度 H_0 等。螺旋弹簧各参数间的关系见表 15-3。

表 15-3 圆柱形螺旋弹簧基本参数及几何尺寸计算公式

名称	代号	压缩弹簧	拉伸弹簧
弹簧丝直径	d	由强度计算决定	
弹簧中径	D	$D = Cd$，C 为旋绕比	
弹簧内径	D_1	$D_1 = D - d$	
弹簧外径	D_2	$D_2 = D + d$	
有效工作圈数	n	由刚度计算决定	
支承圈数	n_2	$n_2 = 1.5 \sim 3.5$	$n_2 = 0$

续表

名称	代号	压缩弹簧	拉伸弹簧
总圈数	n_1	$n_1 = n + n_2$	$n_1 = n$
节距	t	$t = d + \dfrac{\lambda_2}{n} + \delta$，$\lambda_2$ 为最大工作载荷下的压缩量	$t = d + \delta$
螺旋角	α	$\alpha = \arctan \dfrac{t}{\pi D}$，压缩弹簧 α 推荐值为 $5° \sim 9°$	
自由高度	H_0	两端并紧磨平： $H_0 = nt + (n_1 - 0.5)d$ 两端并紧不磨平： $H_0 = nt + (n_1 +)d$	$H_0 = nd +$ 钩环尺寸
簧丝展开长	L	$L = \dfrac{\pi D n_1}{\cos \alpha}$	$L \approx \pi D n +$ 钩环的展开长度

思考题与习题

1. 联轴器所连接的两轴线的偏移形式有哪几种？
2. 联轴器与离合器的功用是什么？它们之间有何区别？
3. 常用联轴器和离合器有哪些类型？各有何特点？
4. 无弹性联轴器与弹性联轴器在补偿位移的方式上有何不同？
5. 弹簧的功能是什么？弹簧的热处理须满足哪些要求？
6. 圆柱螺旋弹簧的端部结构有何功用？

参 考 文 献

［1］杨可桢，程光蕴．机械设计基础［M］．北京：高等教育出版社，1999．
［2］李长本．机械设计［M］．北京：清华大学出版社，2006．
［3］孙恒，陈作模．机械原理［M］．北京：高等教育出版社，1996．
［4］李国斌，梁建和．机械设计基础［M］．北京：清华大学出版社，2007．
［5］龙振宇．机械设计［M］．北京：高等教育出版社，2002．
［6］黄华梁，彭文生．机械设计基础［M］．北京：机械工业出版社，2001．
［7］郭卫凡，李其钒．金属工艺学［M］．徐州：中国矿业大学出版社，2006．
［8］实用机械设计手册编写组．实用机械设计手册［M］．北京：机械工业出版社，1998．